后浪

复杂生命的起源

THE
VITAL
QUESTION
Nick Lane

[英] 尼克·莱恩 著 严曦 译

U0347133

贵州大学出版社
Guizhou University Press

图书在版编目（CIP）数据

复杂生命的起源 / （英）尼克·莱恩 (Nick Lane)
著；严曦译 . —— 贵阳：贵州大学出版社，2020.9（2022.4 重印）

ISBN 978-7-5691-0346-5

Ⅰ.①复… Ⅱ.①尼… ②严… Ⅲ.①生命起源—研
究 Ⅳ.①Q10

中国版本图书馆CIP数据核字 (2020) 第 149025 号

复杂生命的起源

著　　者：[英] 尼克·莱恩
译　　者：严　曦

- -

出 版 人：闵　军
责任编辑：徐　乾　李　厅
选题策划：后浪出版公司
出版统筹：吴兴元
特约编辑：费艳夏
装帧制造：墨白空间·陈威伸

- -

出版发行：贵州大学出版社有限责任公司
　　　　　地址：贵阳市花溪区贵州大学北校区出版大楼
　　　　　邮编：550025　电话：0851-88291180
印　　刷：北京盛通印刷股份有限公司
开　　本：655毫米×1000毫米　1/16
印　　张：21
字　　数：292千字
版　　次：2020年9月第1版
印　　次：2022年4月第4次印刷

- -

书　　号：ISBN 978-7-5691-0346-5
定　　价：84.00元

献给安娜

这趟奇妙之旅的灵感与陪伴

目　录

绪 论
为什么生命会是这样？

在生物学的核心地带，存在着一个未知的黑洞。坦白说，我们不知道生命为什么是现在这样。地球上所有的复杂生命拥有一个共同祖先，它从简单的细菌演化而来，在40亿年的漫长岁月中只出现了一次。这究竟是一个反常的孤立事件，还是因为其他的复杂生命演化"实验"都失败了？我们不知道。已知的是，这个共同祖先一出场，就已经是一个非常复杂的细胞。它的复杂程度，与你身上的细胞不相上下。这份复杂性遗产传给了你我，也传给了其他所有后代，从树木到蜜蜂。你可以试试在显微镜下观察自己的细胞，并和蘑菇细胞比较。二者几乎无从分辨。我们与蘑菇的生命显然天差地远，那么，为什么我们的细胞却如此相似？而且并不只是外观相似，所有复杂生命都有同一套细胞特征，从有性生殖到细胞衰老再到细胞凋亡，其机制之精巧复杂，与物种间的相似程度同样惊人。为什么这些特征会在我们的共同祖先身上积聚？为什么在细菌身上却找不到这些特征独立演化的痕迹？如果这些特征是通过自然选择微步演化而来，每一小步都带来一点点优势，那么为什么类似的特征没有出现在各类细菌中？对这些问题的探讨可谓众说纷纭，但学界至今没有给出令人信服的解释。

这些问题反映了地球生命奇特的演化轨迹。生命在地球形成约5亿年后就已出现，距今大约 40 亿年。然而，此后的 20 多亿年中，也就是地球历史一半的时间，生命一直停滞在细菌水平。直到 40 亿年后的今天，细菌仍然保持简单的形态，虽然它们发展出丰富的生物化学代谢能力。所有形态复杂的生物，包括植物、动物、真菌、藻类和阿米巴原虫等单细胞原生生物，与细菌形成了鲜明的对比。它们是同一个祖先的后代，这个祖先大约于 20 亿～15 亿年前出现，从外形到内在都是一种"现代"细胞，拥有精细的内部结构和空前的能量代谢水平。所有这些新特征，都由一套复杂的蛋白纳米机器驱动，由数以千计的新基因编码，而这些基因在细菌身上几乎从未发现。在复杂生命的共同祖先与细菌之间，没有现存的演化中间型，没有"缺失环节"来揭示为什么这些复杂的特征会出现，以及它们是如何演化的。在细菌的简单与其他一切生命令人敬畏的复杂之间，只有一片无法解释的空白。一个演化的黑洞。

人类为什么会遭到各种疾病的侵袭，这是一系列复杂到无法想象的问题。为了寻求答案，人类每年都会在生物医学研究上投入巨额的金钱。我们现在对基因和蛋白质的关系、对生物调节系统之间的反馈互动，都掌握了海量的细节。我们建立了精密的数学模型，设计了计算机模拟程序，以信息化的方式来重建这些生物过程。然而我们仍然不知道，所有这些生物组件都是如何演化而来的！如果我们不知道细胞**为什么**是这样运行的，又如何能指望理解疾病呢？不了解历史，我们就不可能理解一个社会；不了解细胞的演化史，我们就不可能理解细胞的运作方式。这些问题不仅有重要的实用意义，它们本身也是人类要面对的终极问题：我们为什么会存在？是什么样的法则创生了宇宙、恒星、太阳、地球，以及生命本身？同样的法则是否也在宇宙中的其他地方创造了生命？外星生命是否和我们相似？诸如此类的形而上之问，关乎我们何以为人的核心。然而，自人类发现细胞 350 年之后，我们仍然不知道地球生命为什么会是这样。

读者你可能还没注意到人类在这方面的无知，这不是你的错。各种教科书和学术刊物上满载科学信息，但绝大多数都不会探究这种"幼稚"的问题。我们被互联网上各式各样、良莠不齐的信息淹没，难以辨别它们的真伪与用途。但这不仅仅是信息过载的后果，就连生物学家自己，对这个专业领域中心的黑洞，也没有多少清醒的认识。绝大多数生物学家忙于研究其他问题。大多数学者研究大型生物、特定的动物或植物，少数人研究微生物，更少数的人研究细胞的早期演化。另外，生物学界还要担心神创论者和智慧设计论的攻击。他们担心：承认科学家不知道所有的答案，也许会让反演化论者乘虚而入，让他们嘲笑自己对演化实际上一无所知。这种担心其实毫无必要，我们对已经掌握的知识很有信心。生命起源和早期细胞演化理论能够解释海量的事实，与其他科学知识严密符合，能对未知的生物学关系进行预测，并且经得起实证检验。我们对自然选择机制，对另一些塑造基因组的随机过程都理解得非常充分。所有这些事实，都能与细胞的演化理论互相印证。然而，我们对事实的高度掌握恰恰凸显了一个问题：我们不知道为什么生命会以如此奇特的路径演化。

科学家是充满好奇心的人，如果这个问题确实像我说的这么严峻，它本应该广为人知。然而实际情况并非如此，科学界对这个问题的意识远没有明确。现有的各种解释互相争论，但大都晦涩难懂，反而掩盖了问题本身。另一个难点在于，问题的相关线索分散在众多不同的研究领域之中：生物化学、地质学、种系发生学、生态学、化学和宇宙学。几乎没有人能成为所有这些领域真正的专家。生物学现在正处于"基因组革命"的进程之中，我们掌握了成千上万种生物完整的基因组序列，包含亿万数位的代码。在这些数字化的生物信息中，从远古遗留至今的线索经常互相矛盾，令人迷惑。对这些数据的解读要求研究者拥有精深的逻辑、计算和统计技能，生物学上的理解反倒被挤到了从属地位，"有当然好，没有也无大碍"。大数据研究方法的迷雾在我们周围涌动，争论交缠。每当稍稍拨开迷雾，更加离奇的新课题就会涌现。科学家曾经的自信从容逐渐消失，我们现在面对着一幅崭新的生物学场景：真实、严峻、令人不安。然而，从一个研究者的角度来看，能够发现一个重要的新课题并寻求答案，非常激动人心！生物学中最大的问题还有待解决，本书正是我起手的尝试。

细菌和复杂生命有什么样的关系？早在 17 世纪 70 年代，荷兰科学家安东尼·列文虎克（Antonie van Leeuwenhoek）在自制的显微镜下发现微生物时，对这个问题的初步研究就开始了。他镜头下生机勃勃的"微型动物"，让当时很多人都难以置信。但这些生命的存在，很快被同样天才的罗伯特·胡克（Robert Hooke）再次证实。列文虎克还发现了细菌，他在 1677 年那篇著名的论文中写道：它们"小到令人难以置信；以我视野中能看到的估计，100 个这样极其微小的动物排成一行，宽度也超不过一粒细砂；如果我的估计正确，那么一百万个加起来，也不会比一粒细砂重"。不少后世的研究者怀疑，列文虎克是否真的用他简单的单镜头显微镜观察到了细菌。现在已经没有争议：他确实做到了。可以通过两点证明：首先，他发现细菌无处不在——雨水中，海水中，并不仅仅在自己的牙齿上才能找到；其次，他通过敏锐的直觉发现了两种微生物的区别，一种被他称为"非常微小的动物"（即细菌），另一种则是"巨大的怪物"（实际是单细胞的原生生物，protists）。他区别二者的依据，在于观察到后者旺盛的运动行为和"小脚"（纤毛）；他甚至注意到有些较大的细胞由多个小"液泡"组成，并与细菌进行了比较（当然他用的不是这些现代术语）。几乎可以肯定，列文虎克在这些液滴中观察到了细胞核，即所有复杂细胞贮藏基因的地方。接下来，关于这个课题的研究停滞了几个世纪。在列文虎克发现微生物 50 年后，著名的分类学家卡尔·林奈（Carl Linnaeus）把所有微生物不加区别地分在 Vermes 门（意为"蠕虫"）的 Chaos 属（意为"无形状"）。到了 19 世纪，与达尔文同时代的德国演化论学者恩斯特·海克尔（Ernst Haeckel）才再次确认微生物之间存在重大差别，并把细菌与其他微生物区分开来。20 世纪中期以前，关于细菌的生物学认知没有多少进展。

生物化学的统一，使细菌研究迈入了一个关键阶段。此前，细菌花样百出的新陈代谢能力让它们似乎无法归类。它们可以依靠任何物质生存，从混凝土到电池液到气体。如果这些完全不同的生活方式没有任何共同点，我们用什么依据来确定细菌的分类呢？如果无法归类，我们又怎能理解细菌？正如化学元素周期表为化学研究带来了理论的统一，生物化学也为细胞演化研究带来了秩序。另一位荷兰人阿尔贝特·克吕沃尔（Albert Kluyver）阐明：生命令人眼花缭乱的多样性，其实是由非常相似的生物化学过程支撑。呼吸作用、发酵作用和光合作用虽然各有区别，但全都有共同的生物化学基础。这种概念的整合，证明了所有生物起源于一个共同的祖先。克吕沃尔认为，在生物化学层面，对细菌成立的理论，对大象也成立；细菌和复杂生物之间几乎没有界限。细菌的代谢多样性远超复杂生物，但二者最基本的生命活动过程都很相似。克吕沃尔的学生科内利斯·范尼尔（Cornelis van Niel），以及罗杰·斯塔尼尔（Roger Stanier），可能是那个时代最能理解细菌的本质不同于其他生物的科学家。他们认为，细菌就像原子，不可再分。它们是最小的生物功能单位。很多细菌和人类一样能进行有氧呼吸，但必须通过整个细菌才能执行这种功能，细菌没有人类细胞中专门进行呼吸作用的组件。细菌繁殖时会分裂，但从功能角度来说，细菌不可再分。

　　过去的半个世纪中出现了三次颠覆人类以往生命观念的生物学革命。第一次在 1967 年的盛夏，由林恩·马古利斯（Lynn Margulis）挑起。马古利斯提出，复杂细胞不是经由"标准"的自然选择演化而来，而是通过一场合作共生的盛宴；细胞之间进行非常密切的合作，直到永久入住彼此体内。共生是指两个或更多物种之间一种长期的互动关系，通常伴随着物质和服务的交换。对微生物来说，物质交换涉及的是新陈代谢所需的、构成细胞生命的基础物质。马古利斯使用的术语是**内共生**（*endosymbiosis*）：同样是交换物质，但这种合作方式极为亲密，合作一方干脆住到另一方的身体里面去了。马古利斯这些观点可以溯源到 20 世纪初期的研究，而且让人想起大陆漂移学说：非洲和南美洲的海岸线大致吻合，在地图上看，二者就像是曾经连在一起，后来才分开的。这种"幼稚"的想法，曾经被长期嘲笑为荒诞不经之谈。与之类似，复杂细胞的某些内部结构看起来很像细菌，而且好像是独立生长与分裂的。也许，解释就是那么简单——它们本来就是细菌！

与大陆漂移学说一样，这些思想都走在了时代的前面，直到分子生物学于 20 世纪 60 年代兴起，才给出了有力的论证。马古利斯以细胞内的两种专门构造为研究对象：线粒体和叶绿体。线粒体是细胞进行有氧呼吸的场所，食物在线粒体内氧化，并提供维持生命所需的能量。叶绿体是植物细胞进行光合作用的发动机，太阳能在这个场所中转化为化学能。这两种细胞器都保留了自身的微型基因组，其中只有几十个基因，编码几十种呼吸作用或光合作用所需的蛋白质。对这些基因测序后，真相终于明朗：简而言之，线粒体和叶绿体确实源自细菌。但它们不再是细菌，没有真正的独立性，因为绝大多数对它们自身存在必需的基因（至少有 1 500 个）都储存在细胞核内。细胞核，才是细胞的"基因控制中心"。

马古利斯对线粒体和叶绿体的认识是正确的。到了 20 世纪 80 年代，反对者已经寥寥无几。但是她的野心远不止于此：在她看来，整个复杂细胞（现在的正式名称是**真核细胞**）都由共生细菌拼接而成。很多其他的细胞组成部分，尤其是纤毛（即列文虎克描述的"小脚"），同样起源于细菌（在马古利斯看来，纤毛起源于螺旋体）。她认为，一连串细菌共生合并造就了真核细胞。该理论后来被她命名为"系列内共生理论"。她认为还不只是单个的细胞，整个生物界的本质就是一张巨大的细菌协作网络：盖亚（Gaia）。她和詹姆斯·洛夫洛克（James Lovelock），成了"盖亚理论"的先驱。[1] 近些年，盖亚理论改头换面为"地球系统科学"（但摒弃了洛夫洛克原来的目的论成分），迎来了一次复兴；但是，马古利斯的观点，即认为真核细胞是细菌的集合体，从来没有多少实证

1　盖亚是希腊神话的主神之一，大地女神，万神万物之母。"盖亚"理论由英国的独立科学家詹姆斯·洛夫洛克率先提出，马古利斯的学说是其最重要的理论支柱，她本人也积极参与盖亚理论的发展与宣传。洛夫洛克原始的"盖亚"理论认为，生物圈的存在有其内在的目的性，即调节生命与非生命世界之间的平衡关系，因此作者提到它在哲学上的目的论（teleology）意味。"盖亚"理论在自然保护主义者中备受推崇，但严肃的科学界通常不予接受，认为其目的论和自然选择的"无意识"相左，同时理论证据也很不充分。——译者注

基础。绝大多数真核细胞的内部构造，从形态上看并不像是起源于细菌，基因测序后更没有获得什么证据。所以，马古利斯在某些问题上是正确的，但在其他问题上几乎肯定错了。2011 年，马古利斯因中风而过早去世。但她的斗士精神，她强烈的女性意识，她对达尔文主义式的竞争的排斥和她对阴谋论的轻信，都让她留下的智识遗产珠砾混杂。有人把她看作女权主义的英雄，有人认为她是我行我素的偏执狂。可悲之处在于，无论褒贬，这些争议大都远离科学。

第二次革命是种系发生学革命。这是一门关于基因族谱的学问，早在 1958 年，弗朗西斯·克里克（Francis Crick）就预见了这场革命的开端。克里克的预言，字里行间都带着他特有的从容自信："生物学家应该意识到，很快我们就会迎来一门全新的学科，名字可能是'蛋白分类学'，即对生物蛋白质氨基酸序列的研究，以及物种间的比较。这些序列是某种生物表型（phenotype）最细致的信息表达，它们之中可能隐藏着海量的生物演化信息。"他的预言果然成真。现代生物学的研究，很大程度上重心在于解开蛋白质和基因序列中隐藏的信息。我们已经不再直接比较氨基酸序列，而是比较 DNA 的字母序列（由它们编码蛋白质），[1] 因为这样准确度和灵敏度更高。尽管克里克有如此敏锐的预见性，但是他或者其他任何人，当时也完全想象不到，基因序列研究会牵出怎样的生命秘密。

卡尔·乌斯（Carl Woese）是一位历经坎坷的革命者。20 世纪 60 年代，他低调开启了自己的研究工作，十年后才收获成果。当时，乌斯需要选择一个单一的基因来比较不同的物种。很明显，这个基因必须存在于所有物种之中，必须具有同一种功能。对细胞而言，这种功能必须非常基本、极为重要，任何细微改变都会遭到自然选择的惩罚。如果绝大多数变异都会被自然选择淘汰，那么留存下来的必然是基本不变或者说极端缓慢的演化，在漫长的岁月中改变非常小。如果我们要比较不同

1　DNA 字母是对 DNA 信息基本代码（DNA 碱基对）的通称，一般记为 A、G、T、C。——译者注

物种几十亿年间累积下的差异，就必须遵守以上选择标准。如果奏效，我们就能得到一张宏大的生命树图，一直追溯到生命起源。乌斯的计划就是这样志存高远。为了选出满足这些苛刻要求的基因，他开始研究细胞的基本功能，即细胞制造蛋白质的能力。

所有细胞都有核糖体。这是一种精巧的纳米机器，蛋白质的组装就是在核糖体上完成的。除了已经成为时代标志的 DNA 双螺旋，在信息时代的生物学领域，没有什么东西比核糖体更有象征意义了。它的构造还体现了一种人类思维难以测度的矛盾现象：比例。核糖体小到难以想象。细胞已经小到必须用显微镜观察；人类历史上的绝大多数时候，我们对细胞的存在都毫无概念。但核糖体比细胞还要小几个数量级，人类的一个肝细胞中就有 1 300 万个核糖体。然而在原子维度上看核糖体，它又是非常巨大、极其复杂的超级建筑。由几十个基本部件组成，这些活动零件的运行精度，远超现代的自动化工厂流水线。这毫不夸张：核糖体首先与编码蛋白质的"穿孔带"代码脚本（即信使 RNA）结合，然后按照序列逐个字母精确转译成蛋白质。核糖体捕获细胞质中的游离氨基酸作为基本构件，并把它们连成一条长链，顺序由代码脚本决定。核糖体的错误率大约为每 10 000 个字母出现一次错误，比人类高端制造业的废品率低得多。它们的工作效率大约为每秒钟处理 10 个氨基酸；由几百个氨基酸组成的蛋白质，一分钟内就能合成完。乌斯最终选择了核糖体的一个亚基，可以说是选了这台精密机器上的一个小零件，把它的编码基因作为比较对象。他比较了从细菌（例如大肠杆菌）到酵母再到人类等不同物种中的这一基因序列。

他的发现颠覆了我们的世界观。细菌和复杂真核生物之间的区别很明显，在表示亲缘关系的分支树图上，二者分属不同的分支大类。其中唯一的意外在于真核生物分支内部，即植物、动物和真菌之间的区别极小，但是，大多数生物学家仍在这个大类中投入了毕生的研究精力。真正出乎所有人意料的是，生命居然存在第三个域（最顶端的生物分类）。

几个世纪以前，我们就已经知道这些简单细胞的存在，但一直把它们误认为细菌。它们的外观和细菌一模一样：同样微小，同样缺乏可以辨认的内部结构。但二者之间核糖体的区别，如同柴郡猫的神秘微笑[1]，揭示了另有一种不同于细菌的生命存在——尽管同样缺乏复杂度。这种新的生物类群和细菌一样，没有真核生物的复杂形态，但它们的基因和蛋白质与细菌截然不同。这类生物被命名为古菌（archaea），因为当时的研究人员猜测，它们比细菌更古老。他们很可能猜错了，现代的研究认为，二者一样古老。然而在基因和生物化学层面，细菌和古菌之间的鸿沟就像细菌和真核生物（人类）之间一样巨大。在乌斯著名的"三域"生命树上，古菌域和真核生物域是"姊妹分支"，有较为接近的共同祖先。

古菌与真核生物在某些方面确实有很多相似之处，尤其是生物信息的流动（即读取基因序列并转化为蛋白质的方式）。古菌有几种精巧的分子机器，类似于真核生物的对等特征，只是少一些部件——也许这正是演化出真核生物复杂性的源头。乌斯不顾细菌和真核生物在形态上的巨大差异，而是把所有生物分成了地位相当的三个域，每个域内都经历了充分的演化，没有哪一支比其他任何一支更本源。他力主抛弃以前的术语"原核生物"（英文术语的原意为"出现细胞核之前"，适用于描述细菌和古菌），他的生命树图上也没有任何基因特征来反映"原核生物"这一划分。三个分支域都直接连回生命原点，拥有同一个神秘的祖先，不知如何就凭空出现了三支后代。乌斯晚年对生命最早期的演化持一种几乎是神秘主义的态度，呼吁用整体论来研究生命[2]。这很讽刺，因为他本人掀起的生物学革命，恰恰是基于纯粹的还原论方法，即仅仅分析一个基因。细菌、古菌和真核生物确实是不同的类群，这点毫无疑问；乌斯的革命性开创也确实意义重大。但是他倡导的整体论方法，即以生物的整个基

1　英国童话《爱丽丝漫游奇境》中的虚构角色。故事中的它一直咧嘴微笑，形体消失后，微笑却还悬挂空中。——译者注

2　整体论（holism）是一种哲学观念（属于认识论和方法论范畴），认为整体的意义优先于部分，或者只有整体才有意义。整体论最重要的应用是在科学哲学方面。与之相对，强调结构精简、局部细节和层层细化方法的科学哲学观念为还原论（reductionism）。——译者注

因组为研究对象，正在引发第三次细胞学革命。而这场革命，又推翻了乌斯自己的认识。

我们正处在第三次革命的进程之中。它的推理方法比较曲折，但带来的冲击最大。它的理论起源于前两次革命，特别致力于在二者之间建立联系。乌斯的生命树图，描绘了一个底层基因在三个生物域中的趋异演化关系。马古利斯描述的图景，则是不同物种的基因通过融合、捕获和共生行为，最终汇聚在一起的进程。如果把后者的想法也画成树图，会是一张汇聚图，而不是分支图，与乌斯的树图恰好相反。他们两个不可能全都正确！不过也不会全错。真相就隐藏在二者之间的某个位置，这是科学研究中常常遇到的情况。但不要以为这只是对两个理论的折中。目前正在成形的答案，比之前的两种结论都更加激动人心。

我们知道，线粒体和叶绿体确实源于细菌，它们是通过内共生作用融入细胞的；而真核细胞的其他部分，很可能通过常规方式演化而来。关键问题在于，融合究竟是什么时候发生的？叶绿体只存在于藻类和植物中，所以很可能是由这两类的某个共同祖先单独获得的。因此，这应该是一次较晚发生的事件。而线粒体存在于所有真核细胞之中（有一个实际上不是例外的"例外"，我们将在第一章中讨论），所以获得线粒体应该是一次较早发生的事件。有多早？或许我们可以换个问法：什么样的细胞获取了线粒体？以下是标准的教科书观点：它是一种十分复杂的细胞，类似于阿米巴原虫，是可以自由运动的捕食者，能够变形，并通过吞噬作用吞噬其他细胞。也就是说，与货真价实、构造完备的真核细胞相比，当初获得线粒体的细胞并没有多大差别。然而我们现在知道，这种看法是错误的。过去几年间，研究人员选择了更具代表性的物种，比较了大量基因，由此得出了毫不含糊的结论：那个宿主细胞是一个古菌，属于古菌域。所有的古菌都是原核生物，顾名思义，它们没有细胞核，没有性别，没有包括吞噬作用在内的一切复杂生命特征。这个宿主细胞在形态方面几乎没有任何复杂度可言。然而，不知如何，它捕获了后来变成线粒体的细菌。**自那之后**，它才演化出了所有的复杂特征。如果事实的确如此，那么复杂生命的单一起源很可能有赖于对线粒体的获取，是线粒体触发了复杂生命的狂飙演化。

复杂生命的起源，是发生在古菌宿主细胞和后来变成线粒体的细菌之间的内共生事件，而且只发生过一次。这个激进的理论，其实早在1998年就由演化生物学家比尔·马丁（Bill Martin）提出。马丁才华横溢，直觉敏锐，思维开阔。他发现了真核细胞不同寻常的基因嵌合现象，并据此提出了大胆的新理论。以发酵作用这条生物化学路径为例：古菌使用一种特定的方式，细菌则采用另一种，两种方式涉及的基因也大不一样。而真核生物会使用几种发现于细菌中的基因、几种发现于古菌中的基因，并把它们编织成一条精密的复合路径。这种错综复杂的基因嵌合现象，不止发酵作用有，复杂细胞中的所有生物化学过程几乎都是如此。从演化遗传学的角度来看，这种情况简直是"岂有此理"！

马丁考虑得十分周详。为什么宿主细胞从它的内共生体那里获取了这么多基因，并把它们深深地融入自己的基础架构之中，取代了很多自身原有的基因？马丁和米克洛什·米勒（Miklós Müller）共同提出的答案是"氢气假说"。他们认为，宿主细胞是一个古菌，能利用两种简单的气体生活：氢气和二氧化碳。内共生体（未来的线粒体）是一个有着多种代谢方式的细菌（这对细菌而言很普遍），为宿主细胞提供氢作为养料。马丁和米勒通过逻辑推理，一步步明确了这种共生关系的细节，解释了为什么一种原本依靠简单气体存活的细胞，后来会为了供养它的内共生体而变成以有机物为食。但这些都不是这里的关键。关键在于，马丁推测复杂生命起源于两种细胞之间的单一内共生事件。他认为，宿主细胞是古菌，不具有真核细胞的那些复杂特征；他还认为，从来就没有所谓的"中间型"，即不存在尚未获得线粒体的简单真核细胞；线粒体的获得和复杂生命的起源，本来就是同一事件。他还认为，真核细胞那些精巧繁复的特征，诸如细胞核、性和吞噬作用，全都发生在获取线粒体之后，是在这种独特的内共生状态下演化而来的。马丁的研究代表了演化生物学中最深刻的洞察力，本应该更加广为人知。但是它太容易被人与系列内共生理论混为一谈（后面我们会看到，内共生理论并没有提出马丁的这些推论），所以当时未能脱颖而出。然而过去 20 年间，马丁这些详尽的理论预言全都得到了基因组研究的证实。这真是一座生物化学逻辑严密推理的丰碑！如果诺贝尔奖单独设立生物学奖项，没有人比马丁更配得奖。

所以，我们现在又回到了起点。我们掌握了很多知识，但还是不知道为什么生命会是这样。我们知道复杂细胞起源于 40 亿年演化史中的单一事件：一个古菌和一个细菌的内共生（图 1）。我们知道复杂生命的特征在这次结合之后才演化出现。但我们仍然不知道，为什么这些特征会出现在真核细胞中，在细菌和古菌中却没有留下演化的痕迹。我们不知道是什么力量限制了细菌和古菌：为什么它们的生物化学机制如此多姿多彩、基因多态性如此丰富、依靠气体和石头都能顽强生存，但一直保持着简单的形态？我们真正拥有的是一个新颖大胆的理论构架，可以依此继续探索。

我相信，线索就藏在细胞的生物能量生产机制中。这种怪异的机制从各方面限制了细胞，但很少有人理解这一点。本质上，所有的活细胞都通过质子（带正电荷的氢原子）回流来为自身提供能量，就像是某种电流——只是用质子代替了电子。我们通过呼吸作用氧化食物而获得的能量，被用来把质子泵过一层膜，在膜的另一边形成质子蓄积。从这个"水库"回流的质子可以为细胞工作供能，如同水电站的涡轮电机。这种利用跨膜质子梯度为细胞供能的奇特机制，发现之初完全出人意料。彼得·米切尔（Peter Mitchell）是 20 世纪最具独创性的科学家之一，他于 1961 年首先提出了这一理论，并在此后的 30 年间逐渐将其完善。米切尔的学说被认为是自达尔文以来最"反直觉"的生物学理论，可与爱因斯坦、海森堡和薛定谔的物理学思想相媲美。现在，我们对质子动力的工作方式理解得十分详尽，已经深入到蛋白质层面。我们还发现，所有的地球生命，无一例外都利用质子梯度供能。质子动力是生命不可或缺的成分，就像通用遗传密码。然而，这种反直觉的能量利用机制最

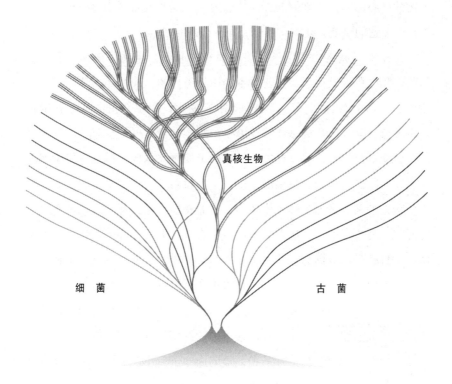

真核生物

细 菌　　　　　　　　　　　　古 菌

图 1　显示复杂细胞嵌合起源的生命树

　　这是马丁于 1998 年绘制的复合生命树，依据的是对整个基因组的比较。细菌、古菌和真核生物三个域的关系如图所示。真核生物的起源是嵌合式的，古菌宿主和细菌内共生体的基因混合，宿主最终演化成了形态复杂的真核细胞，内共生体最终演化成了线粒体。某一类真核生物后来又获取了第二种细菌内共生体，最终演化成了藻类和植物的叶绿体。

初是怎么演化出来的，我们几乎一无所知。在我看来，这就是位于当代生物学核心的两大未知问题：为什么生命以如此令人困惑的路径演化？为什么细胞的供能方式如此古怪？

写作本书就是为了尝试回答以上两个问题，而且我相信二者紧密相关。我希望说服读者，演化是围绕能量进行的，我们必须考虑能量才能理解生命的各种特征。我希望向读者展示，能量与生命从一开始就密不可分，地球生命的基本特征源于一颗躁动行星的能量失衡。生命的起源由能量流推动，质子梯度对细胞的出现至关重要，但是对质子梯度的利用又限制了细菌和古菌的结构。这些限制条件主宰了细胞之后的演化历程，细菌和古菌虽然在生物化学方面花样百出，却一直保持着简单的形态。我想证明，一次罕见的内共生事件，即一个细菌入住一个古菌体内，打破了这些限制，使复杂细胞的演化成为可能。一个细胞在另一个活细胞内生活并逐渐融合，这是很难实现的变化；形成这种关系的困难程度，解释了为什么复杂生命的起源只有一次。我还想证明，这种密切的共生关系决定了后来出现的很多复杂细胞特征，包括细胞核、有性生殖、两性，还有不朽的种系和无常的肉体——也是有限寿命和基因预定死亡的源头。最后，从能量角度思考生命能让我们认识人类自身的生物学特性，特别是演化过程中深层次的取舍权衡：生殖力和年轻时的健康，代价是衰老和疾病。我认为，这些见解能够帮助人类增进健康，至少能加深对健康的理解。

有些人可能对我的做法不以为然，认为我身为科学家却致力于口舌之辩。但是，生物学家向来沿承了这个优秀传统，达尔文就是鼻祖。他把自己的不朽巨著《物种起源》称为"一篇长长的辩论"。生物学的辩论常常横跨整个科学框架，涉及各个细分学科的知识，运用各个领域的事实，把它们都联系起来，勾勒出科学地平线上的景象；这是一个框架庞大的科学假说，从宏观角度全景式地解释所有现象。要表达清楚这样的思想，写一本书仍是上佳之选。彼得·梅达沃（Peter Medawar）把科学假说形容为"想象力向未知空间的奋力一跃"。然而一旦跃了出去，科学假说就必须以人类能够理解的语言讲述自己的故事。要坚持科学性，一个假说就必须做出可验证的科学预测。科学辩论中可能受到的最大侮辱，莫过于一个观点被评价为"连错误都算不上"——因为它无法证伪。所以，我将在本书中详细阐述一个把能量和演化联系起来的假说，讲述一个逻辑清晰的故事。我会给出足够多的细节，以供证伪检验；同时，我会尽可能写得有趣、易懂。这个故事部分基于我自己的研究（本书的参考书目中列出了我的原始论文），部分基于其他科学家的贡献。我与他们在杜塞尔多夫大学的合作取得了丰硕的成果，其中就有马丁的贡献，他总能做出正确判断的天赋让我觉得不可思议；还有安德鲁·波米杨科夫斯基（Andrew Pomiankowski），一位数学头脑出众的演化遗传学家，也是我在伦敦大学学院（UCL，University College London）最棒的同事；另外还有几位十分优秀的博士生。与他们合作是我极大的荣幸和快乐。在这趟伟大的探索旅程中，我们刚刚踏上起点。

　　我力图把本书写得简明扼要，尽可能避免偏离主题，或者分心撰写有趣但无关的故事。本书是一部长篇论证，行文简明与否，完全取决于论证的需要。我引入了很多比喻和富有趣味的（希望如此！）细节；这是让一本基于生物化学的书能够吸引普通读者的关键。没有多少人能想象出微观世界中"巨大"分子互相作用的奇异景象，尽管这正是生命本来的面貌。然而本书的写作目的是科学，这决定了我的写作风格。老老实实把一把铲子叫作铲子是写作中的传统美德。这样写很简洁，而且直入主题。如果我每隔几页就啰啰唆唆提醒你"铲子是一种挖掘工具，可以用来掩埋尸体"，你很快就会不胜其烦。"线粒体"这样的术语没有铲子那么容易理解，但如果我一直重复"所有的大型复杂细胞，例如你我身上的细胞，都有微型的动力工厂，它们很久以前起源于自由生活的细菌，今天为我们提供所有必需的能量"，那也同样烦冗。所以我会这样写："所有真核细胞都有线粒体。"这样更清楚，而且思想冲击力更强。如果你熟悉科学术语（不用很多），它们就能承载更大的信息密度，而且能立即发出疑问：为什么会是这样？这样的交流方式能把我们直接引到未知的边缘，让我们感受到科学的乐趣。所以我会避免不必要的行话，有时也会简单解释某些术语，但除此以外，我希望读者自己能尽快熟悉反复出现的科学术语。保险起见，我在书末加上了一份简短的术语表，囊括了本文出现的主要术语。我希望所有感兴趣的读者偶尔查阅相关词汇后都能读懂本书。

　　衷心希望读者能从本书中找到乐趣！书中的美丽新世界尽管离奇古怪，但真的激动人心：新颖的思想，无限的可能性，对人类在广阔宇宙中定位的感悟。我将为一片罕为人知的科学奇景勾勒出它的轮廓；本书的视角从生命起源发端，直至人类自身的健康与生死。这个巨大的跨度将由一些简单的概念融会贯通，而它们都与跨膜质子梯度有关。对我而言，自达尔文以来最好的生物学书籍，本质上都是强力的论证。本书也将延续这一传统。我将论证能量限制了地球生命的演化，同样的限制力量也应该适用于宇宙别处的生命演化；能量与演化的结合可以令生物学更富有预见性，帮助我们理解生命为何如此运作——不仅在地球上，还在宇宙中任何可能存在生命的地方。

第一部

问　题

1
什么是生命?

42台巨大的射电天文望远镜耸立在加利福尼亚北部灌木丛生的山区, 它们组成了松散的"艾伦"望远镜阵列:扫视天空, 全神贯注, 夜以继日。白色的碟状天线如同一张张没有表情的脸, 全体凝视着天外遥不可及的某一点, 就像一群渴望回家的外星入侵者在此集结。这幅奇异的景象似有深意。望远镜阵列属于"搜寻地外文明计划"(SETI)。半个世纪以来, 该组织一直致力于扫描太空, 寻找地外智慧生命的踪迹, 至今仍一无所获。即使是SETI的支持者们, 也不对它的成功抱太多希望。然而, 热情并未因此消退。几年前拨款资金用尽时, 他们直接求助于公众, 很快"艾伦"望远镜阵列就恢复了运作。在我看来, SETI的探索象征着人类为自己在宇宙中的处境无限困惑, 也象征着科学本身的脆弱。这样通天彻地、近似科幻的技术, 却被用来证明一个科学基础薄弱、近乎天真的梦想:我们在宇宙中并不孤独。

即使SETI的望远镜永远找不到地外生命, 它的努力仍然很有价值。我们不能把射电望远镜倒过来使用, 但可以把其中的科学思路倒过来, 由此产生强大的冲击力。我们到底在寻找什么?宇宙中其他的智慧生命应该和我们一样使用电磁波吗?它们一定是碳基生命吗?它们是否依赖水和氧气?这些问题, 其实不是在思考可能存在的外星生命, 而是在思考地球上已知的生命：为什么地球上的生命会是这样？SETI 的望远镜就像一面反射镜，把问题抛回给地球生物学家。科学之精要，在于能够提供规律。比如物理学中最迫切的问题在于，为什么物理定律是这样的？使用什么样的基本规律，才能推演出宇宙中已知的各种物理特性？生物学的规律性远弱于物理学。尽管生物学规律不需要像物理定律那样严密普适，演化生物学的预言能力还是弱得令人汗颜。关于演化的分子生物机制和地球的生命历史，我们已经积累了海量的知识，但对其中的规律性仍然知之甚少。在生命的历史中，哪些部分事出偶然？如果在另一颗行星上演化，生命可能会经历完全不同的轨迹。而哪些部分又由物理定律和约束条件决定？

　　并非科学家不够努力。一大批诺贝尔奖得主和生物学巨匠都活跃在这个领域，然而以他们的学识和智慧，甚至也远远不能达成共识。40 年前分子生物学发端之时，法国生物学家雅克·莫诺（Jacques Monod）在他的名作《偶然性和必然性》中悲叹，生命在地球上的起源是一次异乎寻常的偶然事件，人类在空荡荡的宇宙中绝对孤立。莫诺书中的最后一段结合了科学与形而上学，充满诗意：

　　　　上古的神契不复存在；人类终于认识到，他在无知无觉的浩瀚宇宙中孤立无助，他的出现只是偶然的产物。何为他的天命，何为他的职责，更是无从索解。仰视天国的信念，还是沉入现实的混沌？他只能独自抉择。

　　也有人提出对立的观点：生命是宇宙化学的必然产物。在每颗条件适宜的行星上，生命都会迅速产生。那么，一旦行星上有了生命，接下去又会如何演化呢？科学家们再一次无法达成共识。生命可能受制于有限的系统工程方案，无论始于哪里，演化的路径最终都将汇聚到有限且相似的形式。因为有重力的限制，飞行动物的体重应该较轻，而且都会有类似翅膀的器官。生物应该都由类似细胞的部件组成，依靠这些微小的单元把自身内部环境与外部世界隔离。如果此类约束条件主导着生命的发展，那么，外星生命很可能十分类似于地球生命。另一方面，生命的演化也可能由偶发事件决定。生命是什么样子，可能纯属随机结果，由全球性灾难事件的偶然幸存者决定，比如地球生命史上导致恐龙灭绝的小行星撞击事件。假设我们把时钟拨转到5亿多年前的寒武纪，也就是化石记录中的"生命大爆炸"刚刚发生之时，然后重新开始——那个平行世界会与我们的世界相似吗？也许是巨型章鱼满山乱爬呢。

用望远镜搜索太空的计划，还承担着一个重要的理论目的。在行星生命研究中，我们的地球只是一个孤零零的样本。纯粹从统计角度来看，由于样本空间为1，我们根本无法得出结论，无法确定到底是什么约束着生命的演化。如果真是如此，本书或者任何关于演化生物学的书，都没有方法上的根基或存在的必要。然而，物理学的基本定律适用于整个宇宙，元素的性质和丰度也由此决定，也决定了化学的普适性。地球上的生命拥有许多奇妙的特征，例如衰老和性，这些都困扰着一代又一代最杰出的生物学家，他们费尽心力，只为求索其中的因果。如果我们能够从最基本的规律，即宇宙的化学元素构成，推演出为什么会产生这些特征，生命为什么是这样，那么，统计和概率方法的科学殿堂就会再次大门洞开：地球上的生命不再是孤立的样本。实际上，它们是在无限的时间跨度中不断演化的无限种生物。演化生物学的样本空间不是1，而是无穷大。演化论没有预见性，不能从基本规律推演出生物演化的过程。我当然不是否定演化论的正确性——演化论是正确的！我只是指出它的客观局限：它没有根据基本规律预见生物演化途径的能力。而本书的中心论点是，生物的演化过程中，确实存在着强有力的、能量方面的约束条件，让我们有可能从基本规律出发，推演出一些最重要又最基础的生命特征。在讨论这些约束条件之前，我们必须考虑：为什么演化生物学没有预见性？为什么能量方面的约束条件一直遭到忽视？为什么科学界此前几乎没有认识到这方面存在严重的空白？直到最近几年，演化生物学的前沿研究者才开始认清，在生物学的核心地带存在着一个幽深的断层，阻断了相关研究的进展。

　　某种意义上，造成这个困局的罪魁是 DNA。现代分子生物学，以及随之而来的各种 DNA 技术，肇因于物理学家薛定谔 1944 年的著作《生命是什么》。薛定谔在书中提出了两个核心论点：首先，生命以某种方式抵抗着宇宙万物趋于崩坏的趋势，在局部抑制熵增（混乱），以此对抗热力学第二定律；其次，生命能在局部逃避熵增的诀窍隐藏在基因中。他猜测基因物质是某种"非周期性"的晶体，其晶格结构不做精确重复，因此可以作为"代码脚本"——这是该术语首次应用在生物学语境中。薛定谔和同时代的大多数生物学家，都以为这种奇特的"类晶体"是某种蛋白质。此后，分子生物学研究突飞猛进，不到十年时间，克里克和沃森就推导出了 DNA 的晶体结构。1953 年，他们在《自然》杂志上发表了第二篇论文，宣布："……因此，我们有相当的把握认为，精确的碱基序列就是承载基因信息的代码。"这句话分量千钧，一举成为现代生物学的基石。当代生物学就是信息的科学，主流研究方法是在电子芯片中分析基因组序列，信息转移的概念赋予了生命新的定义。

　　基因组是通往奇迹世界的大门。堆积如山的代码，单以人类基因组计数，就有 30 亿个字符之多，读起来像一部后现代小说。有条理的故事偶尔会出现在短短的章节中，其间夹杂着大段重复的文字和段落、空白页、意识流般的胡言乱语，还有怪异的标点符号。人类基因组中只有极少一部分代码（不到 2%）为蛋白质编码，更大一部分是基因调控区域。至于剩下的部分是什么，平日里彬彬有礼的科学家一直为此争论不休。[1] 对本书而言，这些细节并不重要。真正重要的事实在于，基因组包含着成千上万个基因的代码，以及更加复杂的基因调控区域。毛虫破茧化蝶，小孩长大成人，其间需要的一切化学物质和信号都由基因组提

1　对于这些非编码 DNA 是否有任何意义，学术界有持续且激烈的争论。有些学者认为它们有意义，"废物 DNA"（Junk DNA）这个术语应该予以废除。反对者则提出了著名的"洋葱问题"：假如绝大多数非编码 DNA 有意义，那么为什么洋葱需要超出人类 5 倍之多的非编码 DNA？我的观点是，现在抛弃"废物 DNA"这个术语还为时过早。"废物"（Junk）和"垃圾"（Garbage）并不是一回事。垃圾需要马上扔出去，废物则常常弃置在车库中，还指望某一天能够再派上用场。

供、操纵。我们比较动物、植物、真菌和单细胞的阿米巴原虫后发现，其中在发挥作用的是同样的生物过程。我们会在大小和类型差异极大的基因组中发现同一个基因的不同变体，同样的调控因子，同样的"自私"复制因子（replicator），以及同样的无意义重复片段。洋葱、小麦和阿米巴原虫比人类拥有更多的 DNA 和基因。蛙和蝾螈等两栖动物的基因组，大小差异可达两个数量级：某些蝾螈的基因组比人类的大 40 倍，某些蛙类的基因组不及人类的 1/3。如果必须用一句话概括生物基因组的结构限制，那只能说"怎么都行"。

这点非常关键。如果基因组仅仅等同于信息，而基因组的大小和结构又没有根本的限制，那么信息也就没有限制。但这并不意味着基因组完全不受任何限制，有些限制还是很明显的。作用于基因组的力量包括自然选择和另一些随机因素：基因、染色体，乃至整个基因组的偶然复制、倒位、丢失，以及寄生 DNA 的入侵。所有这些因素加在一起会导致怎样的结果呢？这取决于生态位、物种间的竞争和种群数量等因素。从我们的立场来看，这些因素都是环境的一部分，是不可预测的。如果能够精确指定环境，我们也许能预测某个物种的基因组大小。但实际状况是，无尽多的物种生存在无限多样的微环境中：小到其他生物的细胞内部，大到人类都市，深至高压的大洋之底。与其说"怎么都行"，不如说"什么都有"。在各种各样的环境中，有多少环境因素作用于基因组，基因组就应该有多少种变化。基因组不能预言未来，只能记载过去。它们反映的是环境历史的影响。

让我们再次考虑其他星球世界。如果生命的意义仅仅在于信息，而信息又不受到限制，那么我们就无法预测另一颗行星上的生命会是什么模样，只知道它不能违反物理定律。一旦出现某种遗传物质，不论是 DNA 还是其他什么东西，演化的轨迹就不再受到信息的控制，那么从最初的规律出发也无法预测生命的演化。最终会演化出怎样的物种呢？这依赖于具体的环境、偶发的历史事件，以及高明的自然选择。可是，我们回望地球时发现，这种说法对极度复杂的现存物种也许合理，但对于地球生命的绝大多数历史阶段而言，这并不成立。几十亿年以来，地球生命在基因组、历史和环境之外，仿佛还被另一些看不见的因素限制着。直到最近，地球生命的奇妙历史还远算不上清晰。容许我先勾勒出科学界最新的看法，并与现在看来有误的旧版本进行比较。

生命最初 20 亿年的简史

我们的行星已经存在了 45 亿年。地球诞生之初，太阳系也新生不久，创世的喧嚣逐渐平息，地球在长达 7 亿年间都承受着陨石大轰炸。月球的形成，很可能源于地球与一个火星大小的天体发生了剧烈撞击。地球的地质活动非常活跃，地壳和表面地貌不断翻新。月球则正好相反，其表面保持原貌，陨星坑忠实地记录了早期的大轰炸。研究人员对"阿波罗"号宇航员带回的月岩进行年代测定后也证明了这一点。

尽管地球上找不到与陨坑月岩同样古老的岩石，但仍有一些线索能够为我们揭示早期地球的环境条件。现代的锆石（zircon，硅酸锆的细微晶体，比砂粒还小，存在于很多岩石中）成分分析结果表明，地球上开始存在海洋的时间点，比我们之前估计的早得多。通过铀同位素年代测定，我们发现，这些极其耐久的晶体有的形成于 44 亿 ~ 40 亿年前，后来在沉积岩层中聚集成碎屑沉积物。锆石晶体就像微小的囚笼，困住化学杂质，能反映其形成之际周围的地质环境。早期锆石的化学成分表明，它们形成于相对较低的温度条件下，而且所处的环境存在液态水。这个时代的地质术语是冥古宙（Hadean Period），艺术复原图曾生动地把它描绘成炼狱般的世界：到处是喷发的火山和沸腾的岩浆海洋。通过锆石晶体获得的线索表明，真实情况可能大不一样，那很可能是一个更为平静的水世界，陆地面积有限。

研究者过去认为，原始大气中充满了气态的甲烷、氢和氨，它们在某种条件下发生反应，形成有机分子。这个场景同样经不起锆石化学成分研究的推敲。多种微量元素（比如铈）以氧化物的形式存在于锆石晶体中。最早的锆石中铈含量很高，意味着当时的大气大多由火山喷出的氧化物构成，大气成分主要有二氧化碳、水蒸气、氮气和二氧化硫。这种混合物的成分与今天的空气大致相似，不同在于前者缺少氧气——直到很久以后，光合作用问世，氧气才丰富起来。从几颗零散的锆石晶体中阅读早已消逝的原始世界是什么样子，这可能让这些砂粒担负了太多重任，但总比没有证据好。这些证据一致描绘出一颗行星，与我们今天所知的地球惊人相似。偶尔的小行星撞击可能导致部分海洋蒸发，但不太可能影响生活在深海中的任何细菌（如果它们当时已经演化出现）。

　　最早的生命证据同样薄弱，其中很多都发现于格陵兰岛西南部的伊苏亚和阿基利亚（Isua and Akilia）。那里已知最古老的岩石，大约形成于 38 亿年之前（见图 2 的时间线）。这些证据不是以化石或者活细胞产生的复杂有机分子（即所谓"生物标记"）形态存在的，只是石墨中碳原子的某种非随机积聚。自然界的碳元素以两种稳定的同位素存在，原子质量有细微的差别。[1] 酶（活细胞中可以催化反应的蛋白质）稍稍偏好较轻的碳原子（碳-12），因此有机物中碳-12 的浓度略高于自然状态。你可以把碳原子想象成弹跳的微小乒乓球，较轻的球弹得略快一些，更容易碰到酶，所以更容易转化为有机碳。相反，碳-13 是较重的同位素，在自然界的全部碳元素中只占 1.1%，更容易留在海洋中。当海水中的碳酸盐沉淀形成沉积岩（如石灰岩），碳-13 就更容易在其中积聚。这种差异虽然细微，但具有非常稳定的一致性，通常被视为标识着生命存在的地质特征。不只是碳，还有铁、硫、氮等其他元素，也会被活细胞以类似的方式分馏。研究人员分析了伊苏亚和阿基利亚古老岩石的石墨成分，的确发现了这种同位素分馏现象。

　　这项工作的每一个方面——从岩石本身的定年，到标志着生命存在的碳微粒——都饱受质疑。而且现在的研究越来越清楚，同位素分馏现象并不是生命独一无二的特征。热液喷口中的地质过程也能造成这种现

1　还有第三种不稳定的同位素：碳-14。它具有放射性，半衰期为 5 570 年。该同位素经常被用来进行人类遗物定年，但是对于地质定年没有用处，所以它与我们这里的讨论无关。

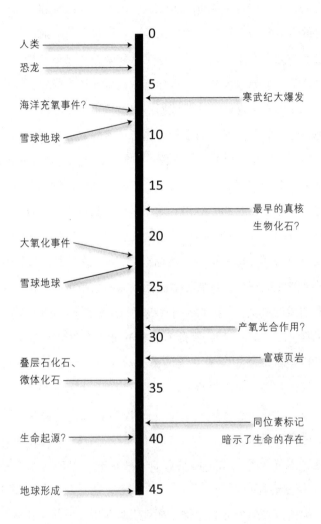

（竖轴单位：亿年）

图 2   生命的时间线

这条时间线上列出了早期演化中的重要事件和大致年代。这些年代中有很多不确定性，存在争议。但绝大部分证据显示细菌和古菌出现于真核生物之前的 15 亿 ~ 20 亿年间。

象，虽然程度更加轻微。即使格陵兰岛的岩石确实古老，而且确实含有同位素分馏的碳，仍然不是生命存在的确定证据。这也许有点令人气馁，但从另一方面看，也在意料之中。我的观点是，一颗"活跃行星"（即地质活动活跃的行星）与一个活细胞之间的区别，只在于定义方式的不同，并不存在明确、严密的界限。地球化学必然渐变到生物化学。以这种观点来看，我们不能分辨存在于这些古老岩石中的到底是地质现象还是生物现象，倒也恰好说得通。一颗活跃的行星上形成了生命，行星与生命本身也构成了难以分割的连续体。

让我们快进几亿年。这个地质时代的生命证据更加可靠，且易于解读。澳大利亚和南非的古老岩石中含有外观非常像细胞的微体化石，虽然不太可能以现代方法为它们分类。这些微小的化石很多都含有暗示生命存在的碳同位素标记，更加稳定、明显。这表明这些微体化石是有秩序的新陈代谢，而不是随机的地热分馏过程造成的。而且，这些岩石中有些结构很像叠层石（stromatolites）。叠层石是一种由细菌构成的大型拱状结构，其中单细胞生物层层覆盖生长，掩埋在底部的层级逐渐被矿物质置换，继而变成化石，最终形成奇特的高达一米的叠层石质结构。除了这些直接的化石证据，32 亿年前的岩层还存在大规模地质构造，面积可达数百平方公里，深达数十米，包括条带状铁矿构造和富碳页岩。很多人认为细菌和矿物属于不同的领域，分别是生命与无生命物质；其实，很多沉积岩都是大规模的细菌活动造成的。例如条带状铁矿构造，黑红相间的条纹美丽夺目，其来源就与细菌有关。远古的海洋缺乏氧气，大量二价铁溶于海水，而细菌的化学活动剥离了二价铁的电子，使其变为三价铁。不溶于水的三价铁（即铁锈的成分）附着在死去细菌的残躯上，大量沉积海底。这些富铁矿带为什么呈条纹状？至今还是个未解之谜。但是，同位素标记再次揭示了其中的生物影响。

这些巨大的沉积构造不仅标志着生命，还揭示了曾经存在的光合作用。那不是我们平日所见的由绿色植物和藻类进行的光合作用，而是一种更简单的初期形式。在所有的光合作用中，光的能量都被用来从供体上剥离电子，然后电子再被"强加"给二氧化碳分子，形成有机分子。不同形式的光合作用使用不同的电子供体，来源各异，最普遍的是溶解态的（二价）铁、硫化氢或者水。各种形式的光合作用中，电子都被转移给二氧化碳，留下"废料"：沉积的铁锈，游离态硫元素（即硫黄）或者氧气。最难对付的供体是水，其能量要求远超其他物质。32亿年前，生命活动从水以外的各种物质中提取电子。正如生物化学家艾伯特·圣哲尔吉（Albert Szent-Györgyi）的诠释：生命不过是一个电子寻找归宿的过程。光合作用的最终形态（从水中提取电子）是何时产生的，学界还存在很大的争议。一些学者认为这是一起早期演化事件，但目前的证据表明，产氧光合作用出现于29亿~24亿年前，此后不久，地球就爆发了"中年危机"，全球地质和气候大动荡。世界范围的大规模冰川作用导致了雪球地球时期（Snowball Earth）的形成，接下来是大约发生在22亿年前的"大氧化事件"（Great Oxidation Event），陆地岩石被广泛氧化——地层中遗留下的铁锈色"红色岩床"证明当时的大气中存在大量氧气。甚至雪球地球本身的形成，也很可能是大气中氧含量上升所致：氧气能够氧化甲烷，把大气中这种强力的温室气体消耗殆尽，从而触发了全球冰冻期。[1]

　　产氧光合作用的出现，标志着生命的新陈代谢手段已经趋于完备。我们这趟走马观花的早期地球历史追溯之旅，跨越了近20亿年，是整部动物史时长的3倍，不太可能穷尽所有细节。然而，我们应该在此处停留一会儿，思考一下这个大背景反映出的世界本质。首先，生命在地球极早期就已出现，起码是在40亿~35亿年前，而当时的世界是一个类似于当代地球的水世界。其次，35亿~32亿年前，细菌已经发展出几乎所有的新陈代谢形式，包括各种呼吸作用和光合作用。在

1　这些甲烷是由产甲烷菌制造的，准确地说是古菌。产甲烷菌的碳同位素标记很强，根据标记，它们繁盛于34亿年前。前面说过，最初的原始大气中甲烷成分很少。

大约10亿年间，地球都是一口细菌繁盛的大锅[1]，而细菌在生物化学上的创造力令人叹为观止。同位素分馏证据表明，所有主要的营养循环，包括碳循环、氮循环、硫循环、铁循环等，在25亿年前就已经存在。然而直到24亿年前，随着大气氧含量的上升，生命才开始彻底改变我们这颗行星的景观。一度只活跃着细菌的世界，这时才有可能从外太空观察到生命的存在。直到这时，大气才开始积累化学性质活泼的气体，如氧气和甲烷，都由生命细胞不断补充。自此之后，生物才开始显露出行星规模的伟力。

基因与环境的问题

大氧化事件一直被认为是地球生命历史的关键转折点，但是近年来，科学界对其意义的认识发生了剧变。新的解释对本书的中心论点非常关键。过去研究人员认为，对生命而言，氧气是关键的**环境**决定因素：氧气并不限定地球上可以演化出哪种生命，而是如同松开了闸门，容许演化产生更大的复杂度。例如，动物的生活方式是运动，它们追逐猎物或者被追逐，这显然需要很多能量。而有氧呼吸提供的能量，比其他形式的呼吸作用高出几乎一个数量级，[2] 因而不难设想，如果没有氧气，动物就不可能存在。这条逻辑如此直白，很少有人兴起疑问，但这正是麻烦所在：它掩盖了更深入的问题。我们认为动物需要氧气（实际上并非总是如此），环境中也存在氧气，那么氧气就是共同点，演化生物学的课题就是动物或植物的行为和特征。一切好像都顺理成章。

1　简单起见，我在第一章的大部分内容中都通称它们为细菌。实际上我指的是原核生物，包括细菌和古菌。我们在本章的结尾处再来讨论古菌的重要性。

2　这个说法严格来说并不正确。有氧呼吸作用制造的能量确实比发酵作用高出一个数量级，但严格来说，发酵作用根本不是一种呼吸作用。真正的无氧呼吸作用会使用氧气以外的物质作为电子受体，比如硝酸盐，能量产出水平与使用氧气的呼吸作用相差无几。但只有在有氧世界中，这类氧化剂才能聚集到适合进行呼吸作用的浓度，因为它们的形成依赖氧气。所以，即使水生动物能够用硝酸盐代替氧气，这种生命运作形式也只有在充氧的世界才可能发生。

　　传统的地球生命史观念，一直以这种观点为不假思索的默认基础。我们通常认为，氧气是有益的，有利于生命。然而实际上，在太初世界的生物化学机制中，氧气所处的地位恰好相反：它具有强氧化性，是生命的毒药。教科书上的描述是，随着大气中的氧含量上升，这种危险的气体成为整个微生物世界强大的选择压力。有些学者甚至推测，微生物在压力下发生了大规模灭绝——马古利斯称这一事件为"氧气大屠杀"。虽然根本找不到任何化石证据证明这种大规模灾难事件发生过，支持者却不以为意；他们为此找到的借口是微生物太小，事件发生的时间太过久远，证据早已湮没。氧气迫使单细胞生命形成新的生存关系：共生和内共生，细胞通过在内部或外部共享或交换代谢工具继续生存。几亿年间，生命的复杂度不断增加，细胞不仅学会了抵抗氧气，还学会了利用其化学活性：细胞演化出有氧呼吸，为自身提供更多的能量。这些大型、复杂、进行有氧呼吸的细胞把它们的 DNA 聚集在一个特化的结构内，形成了细胞核，并由此得名为"真核细胞"。我再提醒一次读者，以上是教科书上的标准理论。但我认为，它错了。

　　今天，我们周围所有的复杂生命，包括所有的植物、动物、藻类、真菌和原生生物（阿米巴原虫等大型单细胞生物）在内，都由真核细胞构成。真核生物在出现后的十亿年间，逐渐在生物圈取得统治地位，这个地质时期又被称为"无趣的十亿年"，因为化石证据稀缺。然而，研究人员在 16 亿 ~ 12 亿年前的地质层中发现了单细胞生物的化石。它们像极了真核生物，其中一些的特征甚至非常符合现代生物分类标准，例如红藻类和真菌类。

　　接下去的 7.5 亿 ~ 6 亿年前，地球又经历了一个全球气候动荡期，伴随着一连串雪球地球时期。此后不久，大气氧含量迅速上升至接近现代水平，最初的动物化石突然出现在化石记录中。最早的大型化石（直径可达 1 米）是神秘的埃迪卡拉生物群（又名文德纪生物），外形像对称的蕨状叶。大多数古生物学家认为它们是滤食性动物，也有一些学者认为它们不过是地衣。紧接着，绝大多数埃迪卡拉生物就在化石记录中消失了，灭绝和出现一样突兀。5.41 亿年前的寒武纪初期，可以明确辨认的动物类群爆炸式地出现。对生物学家来说，这个日期就像 1066 年或者 1492 年对于历史学家那样意义非凡[1]。寒武纪动物的个头更大，能运动，长着复杂的眼和攻击性附肢；这些凶猛的捕食者，还有它们那些形状可怕、长有甲壳的猎物突然涌入演化的竞技场，牙尖爪利，物竞天择。

以上版本的地球生命史，究竟有多少内容是错的呢？表面上看，这一套似乎言之成理。但在我看来，其理论内涵首先就有误；随着知识的积累，我们会发现，很多细节也是错的。理论内涵的问题在于基因与环境的互动。对上述整个场景的描述都围绕着氧气进行，认为氧气是关键的环境变量，它松开了能量供应对基因创新的约束，从而促成遗传演化。大气氧含量明显上升了两次，分别是在 24 亿年前的大氧化事件时期，以及 6 亿年前漫长的前寒武纪最后阶段。氧气含量的每一次上升都解放了新的细胞结构和功能。大氧化事件同时带来了新的威胁和机遇，细胞通过一系列内共生，彼此交换、整合，逐渐积累起真核细胞的复杂度。而氧含量在寒武纪大爆发之前的第二次上升，彻底打破了细胞此前受到的物理束缚，就像魔术师的斗篷挥过，刹那间动物生命的无限可能喷涌而出。没人说是氧气本身驱动了这些改变；氧气只是让自然选择发挥作用的大环境完全改观。在这个不受束缚、海阔天空的新环境中，基因组自由扩张，它们携带的信息千变万化。生命欣欣向荣，以无穷无尽的形式充满所有的生态位。

这种演化史观基于辩证唯物主义，代表了 20 世纪中前期形成的新达尔文主义演化生物学观点。这一派认为，演化生物学中主要的对立互动因素是基因和环境，也可称为先天和后天。生物完全由基因决定，而它们的行为又完全取决于环境。除此之外，还能有什么呢？然而，真实世界的生物学并不只有基因和环境，还有细胞，以及约束它们物理结构

1　1066 年发生"诺曼征服"，英格兰最后一次被外部入侵征服。1492 年哥伦布到达新大陆。——译者注

的条件，而这些因素与基因和环境并没有直接关系。两种迥异的世界观会导致截然不同的预测。

先看第一种观念，即以基因和环境的互动来解释演化。早期地球缺乏氧气，这是最主要的环境约束。加入氧气这个变量后，生物演化就马上蓬勃发展。所有被氧气包围的生物都会受其影响，它们必须适应新的环境。有些细胞恰巧比其他细胞更适应有氧环境，因此可以繁衍生息下去；不适应者则自然灭绝。当然，地球上有很多不同的局部微环境，增加的氧气并没有充满整个世界，所以并没有形成单一的全球生态系统。氧气氧化各类矿物质，进而溶解于海洋，使各种无氧环境也变得更加丰富，硝酸盐、亚硝酸盐、硫酸盐和亚硫酸盐等各种物质供应都相应增加。细胞可以用这些物质来代替氧气进行呼吸作用，因此在无氧环境中，无氧呼吸作用也很旺盛。所有这些影响加在一起，造就了一个拥有多样生命形式的全新世界。

想象在某个环境中有一群随机混合的细胞。有些细胞，如阿米巴原虫，通过吞噬其他细胞生活，这种行为名为吞噬作用；有些细胞能进行光合作用；另一些细胞，比如真菌，能通过渗透营养（osmotrophy）在外部消化食物。假定细胞结构上没有不可逾越的约束条件，我们会推测这些不同种类的细胞源自不同的细菌祖先。某个祖先细菌可能会进行某种原始的吞噬作用，另一个擅于简单的渗透营养，另一个则会进行光合作用。日积月累，它们的后代越来越特化，越来越适应某种特定的环境和代谢方式。

用更专业的术语来描述就是，如果氧气水平上升能让新的生命形式蓬勃发展，我们就会观察到**多系辐射演化**（polyphyletic radiation），即在同一时段的同一环境中，没有亲缘关系的各种单细胞或多细胞生物（来自不同的门）迅速适应，辐射出新的种系，填充空白的生态位。我们确实在某些情况下观察到了这种演化模式。例如在寒武纪大爆发中，海绵、棘皮动物、节肢动物和蠕虫等几十个不同种系的动物辐射演化。伴随它们出现的是藻类、真菌和原生生物（例如纤毛虫）的辐射演化。

生态系统变得更加复杂，因此又驱动了更进一步的变化。无论究竟是不是氧气水平的上升触发了寒武纪大爆发，学界的基本共识是，环境的变化确实重塑了自然选择的模式。重要的变化发生了，世界从此改变。

如果细胞结构上的限制是主导因素，那么我们观察到的现象就不会符合这种模式。如果结构限制不变，无论环境怎么变化，生物的变化都很有限。我们会看到长时期的演化停滞，对环境变化无动于衷，偶尔会出现**单源辐射演化**（monophyletic radiation）：在非常罕见的情况下，某个种群克服了自身特有的结构限制。那么，只有这种生物会产生辐射演化（而且很可能会推迟，直到历经合适的环境变化后才会发生），其后代会填充生态位空白。当然，这也是我们观察到的实际情况。我们在寒武纪大爆发中看到了不同动物种群的辐射演化，但它们并非起源于不同的动物。所有的动物种群都拥有共同的祖先，植物也一样。对于复杂的多细胞生物来说，其特定的种系和身体构建是一项难度惊人的工程：构建程序极其精密复杂，对个体细胞的命运施加严格的控制，因此产生了对细胞结构的限制。在全局层面，这种限制相对较为宽松，各种生物的多细胞构建程序既有相同成分，又有细节差异。在所有生物中，大约有30种不同起源的多细胞构建模板，包括藻类（海藻）、真菌和黏菌。然而，在一种特殊情况下，细胞的结构限制成了压倒一切的主导因素：从细菌到真核细胞（大型复杂细胞）的起源。这恰好发生在大氧化事件之后。

生物学核心的黑洞

如果复杂的真核细胞演化确实源自大气中氧含量的上升，那么我们应该发现多系辐射演化，即不同种群的细菌独立发展出不同的复杂细胞种类。我们应该观察到，光合作用细菌演化为更大、更复杂的藻类，渗透营养细菌演化为真菌，运动捕食细菌演化为噬菌生物，以此类推。这种迈向更高复杂度的演化，可以通过标准的基因变异、基因交换和自然选择等方式进行，也可以通过细胞融合与摄入等方式进行，正如马古利斯在她的系列内共生理论中设想的那样发展。如果细胞结构方面不存在根本的限制条件，无论具体采用哪种演化方式，氧气的增长总会催生出更高的生物复杂度。氧气会突破所有细胞的能量限制，让所有种类的细菌独立演化，造成多源辐射演化。但是，我们观察到的实际情况并非如此。

容我通过更多细节展开，因为其中的推理过程至关重要。如果复杂细胞是通过"标准"的自然选择过程演化而来的，即基因变异导致多样化，自然选择从中遴选适者，那么，我们观察到的各种细胞内部结构，就会和细胞的外观一样迥然各异。真核细胞的大小和形状差异极大，从巨大的叶状藻类细胞到纺锤状神经元，还有随意延展的阿米巴原虫。如果真核生物的不同种群因为亿万年来在不同环境中适应不同的生活方式而发展出各自的复杂度，那么，如此久远的演化历程会反映为完全不同的内部结构。但是，请仔细观察真核细胞的内部细节。我们会发现，所有的真核细胞内部，都由基本相同的部件构成。在电子显微镜下，绝大多数人都无法分辨一个植物细胞、一个肾脏细胞和家门口池塘里的一个原生生物细胞：它们看起来全都一样。请看图 3。如果大气氧含量的升高移除了对复杂度的限制，"标准"自然选择演化理论的预期是，不同种群适应不同的生境，这将导致多系辐射演化。但事实并非如此。

马古利斯自 20 世纪 60 年代后期开始发表自己的理论，她认为以上说法是错误的：真核细胞的演化不是通过标准的自然选择，而是通过系列内共生实现的。某些细胞迫于环境压力紧密地合作共生，最终，其中一些进入另一些体内生活。这种理论的源头，可以追溯到 20 世纪初的理查德·阿尔特曼（Richard Altmann）、康斯坦丁·梅利什科夫斯基（Konstantin Mereschkowski）、乔治·波蒂捷（George Portier）和伊万·瓦林（Ivan Wallin）等科学家。他们认为，所有的复杂细胞都起源于简单细胞之间的共生。他们的理论没有被人遗忘，但遭到了无情的嘲笑："纯属异想天开，这在正经的生物学讨论中不值一提。"直到 60 年代分子

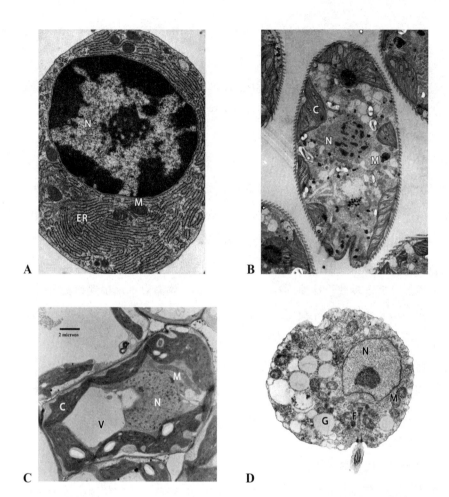

图 3 真核细胞的复杂度

　　四种不同的真核细胞表现出相似的形态复杂度。小图 **A** 是一个动物细胞（浆细胞），有大型的中央细胞核（N）和线粒体（M），层层叠叠的内膜（内质网，ER）镶嵌着核糖体。小图 **B** 是裸藻属的单细胞藻类生物眼虫藻（*Euglena*），常见于池塘，能看见其中央细胞核（N）、叶绿体（C）和线粒体（M）。小图 **C** 是被细胞壁包被的植物细胞，有液泡（V）、叶绿体（C）、细胞核（N）和线粒体（M）。小图 **D** 是壶菌（一种真菌）的游动孢子，它已导致 150 种蛙类的灭绝。（N）细胞核，（M）线粒体，（F）鞭毛，（G）是功能未知的伽马小体。

生物学取得革命性进展，马古利斯的理论才获得了更坚实的基础，虽然仍存在很大的争议。我们现在知道，真核细胞至少有两个部件来源于细菌内共生：线粒体（复杂细胞中的能量转换器）起源于α-变形菌，叶绿体（植物细胞的光合作用机器）起源于蓝细菌。真核细胞中其余所有的特化细胞器，都曾在不同的阶段被看作内共生体，包括细胞核、纤毛和鞭毛（纤细弯曲的构造，以节律性的旋转来驱动细胞运动），以及过氧化物酶体（进行毒性物质代谢的细胞器）。因此，系列内共生理论认为，真核细胞本质上是由多种细菌整合而成的，在大氧化事件之后的几亿年间，细菌的合作共生慢慢发展成一种"公共企业"，也就是真核生物。

　　这真是史诗一般的瑰丽观念，但是系列内共生理论的间接推论与标准的自然选择理论殊途同归。如果它成立，我们应该观察到细胞内部结构的多源性，其差异程度与细胞外观之间的差异相当。任何一个内共生实例都发生在一个特定的环境中，细胞共生总是要依赖于某种适应这个环境的代谢交换。那么，既然有那么多不同的环境，就应该有不同类型的细胞间代谢互动。如果这些细胞后来特化为复杂真核细胞的细胞器，那么内共生假说应该有以下推论：一些真核细胞有一套特定的部件，另一些有不同的一套。我们还应该在死水淤泥等各种生态角落中发现各种中间型，以及各种无亲缘关系的变异种类。2011年，马古利斯不幸因为中风而过早离开人世。直至去世前，她一直坚持自己的信念，认为真核生物就是由内共生形成的繁复拼图。对她来说，内共生是一种基本的生活方式，是很少有人探索的"雌性"演化途径，其中的合作因素（她的叫法是"联网"）超越了令人反感的"雄性"竞争因素，即捕猎者与猎物的关系。然而，马古利斯迷醉于"真正"的生命细胞，却忽视了另一个枯燥但极其重要的学术领域：种系发生学。种系发生学会对基因序列和整个基因组进行定量研究，能够告诉我们不同的真核生物之间究竟存在着怎样的亲缘关系。通过这方面研究而建立起来的理论，与马古利斯的假说大异其趣，而且更有说服力。

　　这项研究基于一大类（超过1 000种）简单的单细胞真核生物，它们的共同特征是没有线粒体。科学家曾经以为，这些生命是从细菌到复杂真核生物的演化中"缺失的环节"，恰好是系列内共生理论曾经预言过的中间型。这类生物包括梨形鞭毛虫（*Giardia*），一种危害严重的肠道寄生虫，科普作家埃德·扬（Ed Yong）曾把它比作"一滴邪恶的眼泪"。它的危害与其造型相称，会导致恶性腹泻。它的细胞拥有不止一个而是两个细胞核，所以毫无疑问是真核细胞。但它缺少真核细胞的其他结构特征，尤其是没有线粒体。20世纪80年代中期，标新立异的生物学家汤姆·卡瓦利耶-史密斯（Tom Cavalier-Smith）提出，梨形鞭毛虫和其他一些较为简单的真核生物，很可能是自真核细胞演化早期残存至今的生命，早在真核细胞获取线粒体之前。卡瓦利耶-史密斯同意线粒体源自细菌内共生的假说，但他对马古利斯后来的系列内共生理论没有多少耐心。直到现在他都认为最早的真核生物是原始的噬菌生物，类似于现代的阿米巴原虫，通过吞噬其他细胞生存。他还认为，最早获得线粒体的细胞已经有细胞核，也有动态的细胞"内骨架"，能够变形、移动，另外还有进行胞内物质运输的蛋白结构，以及专门用于消化食物的内部分区，等等。获取线粒体当然很有好处，因为线粒体大大提升了这些原始细胞的能量水平。但是，对一辆汽车进行动力改装，并不会改变汽车的基本架构：你用到的仍然是发动机、变速箱、刹车等一切基本的汽车部件。动力改装只是增加了汽车的输出功率。卡瓦利耶-史密斯的原始噬菌细胞假说与此同理，除了线粒体，其他所有部件都已就位，线粒体只是为细胞提供了更多能量。截至目前，这是关于真核细胞起源最正统的理论。

卡瓦利耶-史密斯把这些早期的真核生物命名为"源真核生物"（archezoa，意为"古代动物"），以强调它们的古老程度。其中有几种是致病的寄生虫，因此它们的生物化学细节和基因组引起了医学研究者的兴趣，随之带来了研究经费。所以，我们现在对它们了解得非常深入。过去的20年间，我们通过它们的基因组序列和生物化学细节得出了结论：源真核生物中没有一种是真正意义上的缺失环节，它们也不是

A

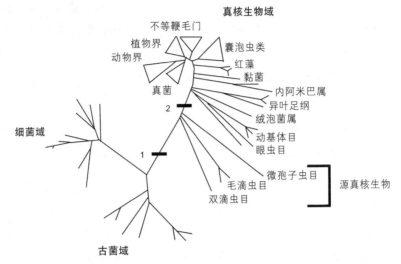

真核生物域

不等鞭毛门

植物界

动物界   囊泡虫类

红藻

黏菌

真菌   内阿米巴属

异叶足纲

2   绒泡菌属

动基体目

细菌域   眼虫目

微孢子虫目   源真核生物

1   毛滴虫目

双滴虫目

古菌域

B

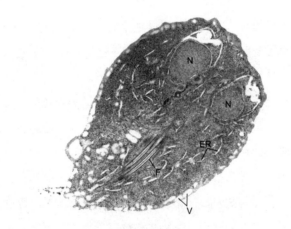

图 4 源真核生物，曾经被误认为演化过程中"缺失的环节"

小图 A 是早期不正确的生命树图，是基于核糖体 RNA 研究绘制的。图中分为三个域（生物学中最大的分类单位）：细菌域、古菌域和真核生物域。图中标记条 1 表示细胞核的早期演化，标记条 2 表示后来获取了线粒体。两条标记条之间发出的三个分支组成了源真核生物，理论上还没有获取线粒体的原始真核生命，例如梨形鞭毛虫（小图 B）。我们现在已经明确，所谓的源真核生物根本不是原始的真核生命，而是源于拥有线粒体的更加复杂的祖先。它们正确的分支点应该在真核生物分支的内部。（N= 细胞核，ER= 内质网，V= 液泡，F= 鞭毛）

真正的演化中间型。恰恰相反，它们全部起源于更复杂的真核生物，这些祖先曾经拥有所有的真核细胞特征，包括线粒体。源真核生物（注意这一术语本身的误导性）为了适应它们所处的简单生态环境，失去了其祖先曾经拥有的复杂度。它们全都保留着氢酶体或者纺锤剩体这样的结构部件，实际上是线粒体退化的产物。这些部件虽然同样有双层膜结构，但从外观看并不像线粒体，这才造成了"源真核生物没有线粒体"的误解。分子生物学和种系发生学的研究数据也证明，氢酶体和纺锤剩体起源于线粒体，而非源于某种细菌的内共生（根据马古利斯的理论）。所以，所有真核生物都有线粒体，虽然形式上可能会有所不同。我们可以推论：所有真核生物的最后共同祖先已经拥有线粒体，正如马丁于1998年预言的那样（详见绪论）。"所有真核生物都有线粒体"，乍一看来好像并不起眼。然而，随着对微生物世界基因组测序的广泛开展，这一认知彻底颠覆了科学界对真核生物演化的理解。

我们现在知道，所有的真核生物都有一个共同的祖先。这个"共同祖先"的生物学定义意味着，在40亿年的地球历史中它只出现过一次。让我再次强调这个概念的重要意义：所有的植物、动物、藻类、真菌和原生生物都有共同的祖先——真核生物是单源性的！也就是说，植物、动物和真菌并非分别从不同的细菌演化而来，恰好相反：一个形态复杂的真核细胞种群在某个特定历史场合出现，而所有的植物、动物、藻类和真菌都演化自这个始祖种群。共同祖先，概念上就必须是单一的实体——不是指一个单独的细胞，而是一个单独的种群，其中所有的细胞本质上完全相同。这个概念本身，并不意味着复杂细胞的起源是演化中的稀有事件。理论上，复杂细胞可能出现过很多次，但只有一个种群生存下来，后代繁衍至今，而其他的都早已灭绝。我认为实际情况并非如此，但是，首先我们必须更详细地考虑真核生物的特征。

所有真核生物的共同祖先很快繁衍出了五个细胞形态各异的生物"超类群"（supergroups），其中大多数，甚至对接受过正统学术训练的生物学家都很陌生。这些超类群有诸如"单鞭毛界"（unikonts，包括动

物和真菌）、"古虫界"（excavates）、"囊泡藻界"（chromalveolates）和
"植物界"（plantae，包括陆地植物和藻类）等古怪的名字。名字不重要，
重要的是两个细节。第一，每个超类群内部的基因多态性，远远超出各
个超类群祖先之间的基因差异（图5）。这标志着早期的爆发性辐射演
化，准确地说是**单源**辐射演化，意味着生命体从某种结构限制中解脱出
来。第二，真核生物的共同祖先已经是非常复杂的细胞。通过比较各个
超类群之间的特征，我们能归纳出共同祖先可能具有的特征。每个超类
群中每个物种的共同特征，有理由认为继承自共同祖先；只有一两个超
类群中才有的特征，则可以认为是后续演化出来的。叶绿体是后一种情
况的典型例子：它仅见于植物界和囊泡藻界，是广为人知的内共生演化
结果。所以，真核生物的共同祖先没有叶绿体。

　　那么，根据种系发生学的研究，哪些特征才是共同祖先固有的呢？答
案令人惊讶：几乎所有其他特征都是。让我们来看一下几种典型的细胞
成分。我们已知共同祖先有细胞核，其中贮藏着DNA。细胞核的结构
非常复杂，所有真核生物都保留了下来。细胞核被双层膜包裹，或者说
是很多看起来像双层膜的扁囊状膜结构，并续接至细胞质中的内质网
膜。核膜上镶嵌着精细的蛋白质核孔，具有弹性内衬支撑结构。细胞核
内部的其他结构，比如核仁，同样在所有真核生物中保留。值得强调的
是，这些复杂结构中有十多种发挥核心功能的蛋白质，都存在于所有的
超类群中；包裹着DNA的各种组蛋白也是如此。所有真核生物的DNA
都是线性染色体，两头有端粒，其功能类似于鞋带上的顶盖，可以防止
染色体两端"磨损"。真核细胞的基因是所谓的"碎片基因"：编码蛋
白质的基因被分成很多个小片段（外显子），散布在长长的非编码区域
（内含子）之间。在基因转译成蛋白质之前，内含子会被剪切出去，而
这种剪切的生化机制在所有真核生物中都一样。内含子所处的位置，很
多时候也都保留下来：在各种真核生物的同一个基因上，同一个序列位
置会插入相似的内含子。

　　细胞核之外的情况也差不多。除了简单的源真核生物（后来发现按

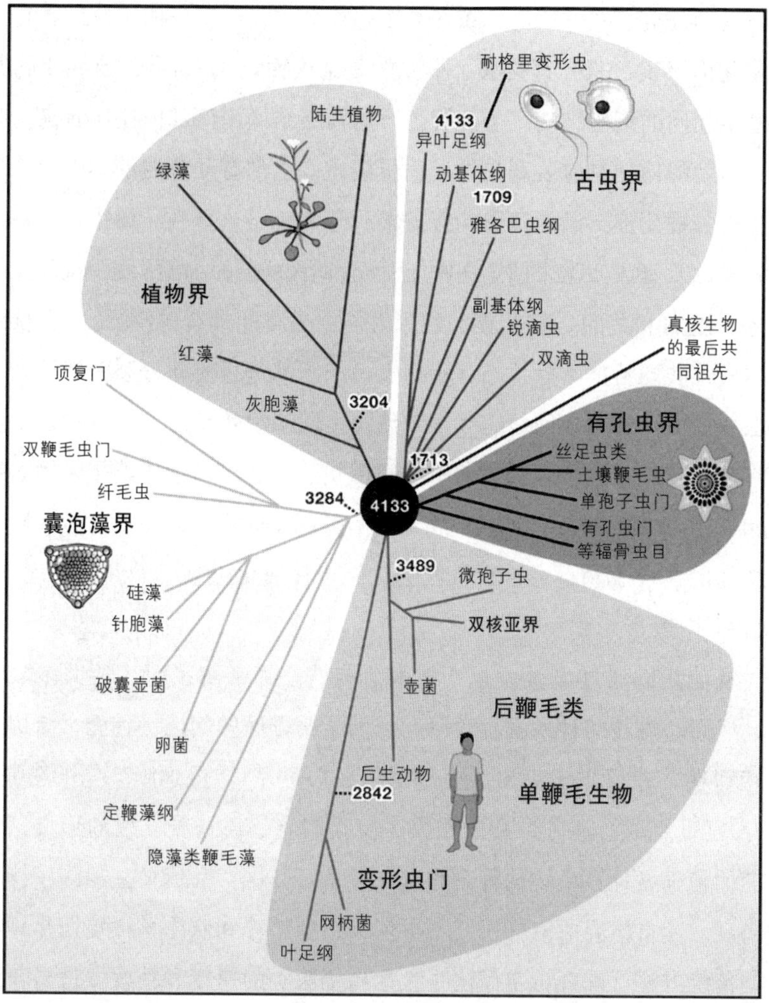

图5 真核生物的超类群

　　库宁于2010年基于几千个基因制作的真核生物树，显示5个超类群。图中的数字表示超类群和真核生物最后共同祖先（LUCA）共有的基因个数。每个超类群都独立获得或丢失了其他很多基因。单细胞原生生物的差别最大。注意每个超类群的内部差异远大于各群之间的祖先差异，这反映了爆炸性的辐射演化。我喜欢中间那个富有深意的"黑洞"。真核生物的共同祖先已经演化出了所有的真核生物共同特征，但是种系发生学不能告诉我们这些特征是怎么从细菌或古菌演化而来的。这是一个位于演化中心的黑洞。

照正确的分类，它们广泛分布在五个超类群中，再次证明了它们各自独立演化的事实，只是都失去了早先的复杂度而已），所有的真核生物都有基本相同的细胞结构：全都有复杂的内膜结构，例如内质网和高尔基体，后者的功能是包装和向外运输蛋白质；全都有动态的细胞骨架，能够进行各种变形，满足各类功能需求；全都有马达蛋白，作用是沿着细胞骨架的微管或微丝来回运送物质；全都有线粒体、溶酶体、过氧化物酶体、胞内和跨膜运输机制，以及相同的生物化学信号系统。真核生物的其他共同特征不胜枚举：所有真核细胞都进行有丝分裂，同源染色体在一个由微管构成的纺锤体上分离，由同一组酶控制。所有的真核生物都进行有性生殖，生命周期中都经历减数分裂，以形成配子（例如精子和卵子）；配子再结合成合子，开始下一周期。极少数失去了有性生殖特征的真核生物，通常很快就会灭绝（在演化生物学的时间尺度下，"很快"一般指几百万年）。

从前我们通过显微镜观察细胞结构就已经了解了上述的大多数情况，然而新时代的种系发生学研究澄清了两方面的问题。首先，结构上的相似性并非仅限于表面，而是源于相似的基因序列细节，由亿万个DNA字母组成。这种数据的积累，使我们能够通过分支树的形式，以空前的精确度计算生物的种系和亲缘关系。其次，高通量基因测序技术的出现，使自然界的取样研究不再依赖细胞培养和制作显微镜切片等烦冗的传统方法。霰弹枪定序法（又称鸟枪法）的速度和精度才是当今技术的极限代表。我们发现了几种意料之外的真核生物类型，包括真核嗜极生物，它能够利用高浓度的毒性金属进行代谢或者在高温下生活；还有尺寸极小但结构完整的单细胞"微型真核生物"，大小与细菌类似，但仍然拥有简化的细胞核和小型线粒体。我们如今对真核生物的多样性有了更清楚的认识。所有这些新发现的真核生物，都能被很清楚地归类到现存五大超类群中，它们并没有开辟出新的种系大类。如此高度的多样性反映了一条铁一般的事实：真核生物实在是太相似了。我们没有找到任何演化中间型或者非亲缘变体，系列内共生理论预言我们应该找到很多，所以它不正确。

这又带来了新的问题。种系发生学的惊人成功和生物学研究的信息化，很容易让我们忽视它们的局限性。用种系发生学方法研究真核生物起源，会受困于"事件视界"（event horizon）[1]，止步于"黑洞"边缘。所有的基因组都可以回溯到真核生物的最后共同祖先，而它几乎具备所有的真核生物特征。那么，所有这些部件又从何而来呢？真核生物共同祖先的出现，就像雅典娜从宙斯的头颅中跳出来，一出生就全副武装。[2]共同祖先出现之前，这些特征（也就是全部的特征）是怎么形成的？我们对这个问题的理解还极为浅薄。为什么会演化出细胞核？是如何演化的？性又是怎么来的？为什么几乎所有的真核生物都是两性的？繁复的细胞内膜结构源自何处？细胞骨架是怎么变得动态可塑的？为什么细胞的成熟分裂（即减数分裂）最终是为了让染色体数目减半，首先会使其倍增？为什么我们会衰老、会得癌症、会死去？种系发生学的研究方法虽然极尽精妙，却无法为生物学中这些核心问题提供多少答案。几乎所有涉及这些真核生物特征的基因（即编码真核生物"特征蛋白"的基因），都无法在原核生物中找到。反过来看，细菌也并未显示出任何向真核生物复杂特征演化的倾向。在原核生物的简单形态和真核生物复杂到令人不安的共同祖先之间，我们没有找到任何演化中间型（图6）。如此种种，都意味着复杂生命是从种系发生学的虚空中一跃而出。生物学的核心地带，存在着一个未知的黑洞。

复杂之路上的缺失环节

演化理论做过一项简单的预测：复杂特征产生自一系列微步演化，

1　天体物理理论中黑洞的信息边界。事件视界之内对于外部而言是不可观察的，因为在此界限内的黑洞引力太大，传递信息的电磁波（包括光）都无法逃逸。——译者注

2　在希腊神话中，雅典娜有父无母。她出生前，主神宙斯的头部裂开，从中跃出的雅典娜已经是成年形态，全副铠甲头盔，持矛执盾，而且一出生就已经拥有全部智慧。——译者注

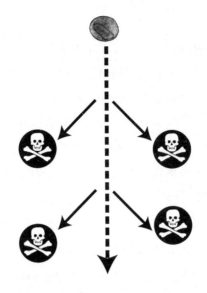

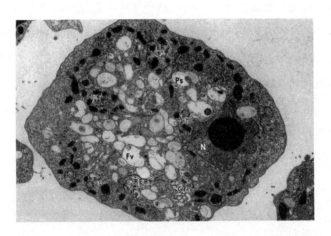

图 6　生物学核心的黑洞

　　图中下方的细胞属于耐格里属（*Naegleria*），它的大小和复杂度都被认为近似于真核生物共同祖先。它具有细胞核（N）、内质网（ER）、高尔基体（Gl）、食物液泡（Fv）、吞噬体（Ps）和过氧化物酶体（P）。上方是一个比较复杂的细菌：浮霉菌（*Planctomycetes*），大致以同比例显示。此图并不表示下方的真核细胞是从浮霉菌演化来的（肯定不是），而是展示了一个复杂细菌和一个单细胞真核生物的相对比例和巨大差异。它们之间没有发现任何存活的中间种，所以无法提供演化的线索（用骷髅表示）。

每一次微小的变化都会为生物提供相对于前一步的些许优势。自然选择保留最适应环境的特征，不适应的会遭到淘汰，所以自然选择会不断清除中间型。随着时间的积累，生物特征会达到适应的巅峰，所以我们会看到功能完美的眼睛，但无法发现眼睛演化历程中不够完美的中间形态。达尔文在《物种起源》中提出，自然选择机制本身就决定了中间型的缺失。在这个理论背景下，细菌和真核生物之间没有现存的中间型并不特别令人惊奇。真正出人意料的是，真核生物的特征并不像眼睛那样，在演化史上一再重现。

　　我们没有发现眼睛在演化史上的中间步骤，但确实发现了眼睛在生态系统中的连续分布。从一种古老蠕虫身上简陋的感光点开始，眼睛的独立演化发生了几十次。这正如自然选择学说预测的那样。在特定环境中，每一小步演化都会带来一点优势，具体是什么优势取决于具体的环境。生物在不同的环境下演化出形态各异的各种眼睛，差异演化使苍蝇的复眼与扇贝的镜面眼迥然不同，而收敛演化让人类和章鱼拥有非常相似的照相机式眼睛。我们能设想到的每种眼睛演化中间型，从小孔聚焦到可变焦透镜，都能在某种生物身上找到。我们甚至在一些单细胞的原生生物中发现了"微缩眼睛"，它具有类似"透镜"和"视网膜"的构造。简而言之，演化理论预言生物特征应该有多次起源，每次微步演化都会带来一些相对优势。理论上，这应该对每种生物特征都成立，也与我们平常的观察相符。动力飞行至少独立演化了 6 次，分别是蝙蝠、鸟类、翼龙和不同种类的昆虫；多细胞组织独立演化了大约 30 次，正如前面所述；不同形式的温血特征在好几类生物中独立出现，包括哺乳动物和鸟类，还包括某些特殊的鱼类、昆虫和植物；[1] 甚至连大脑意识，似乎都是在哺乳动物和鸟类中分别独立出现的。正如眼睛的演化，我们观察到无数的形态差异，反映了各种形态在演化过程中经历的环境差异。

1　植物也有内温性（endothermy），这可能令人吃惊，但是很多种开花植物都是如此。它们可能是为了提高温度来释放化学物质，引诱授粉的昆虫，热量本身对授粉昆虫也是一种鼓励。另外，植物内部产热还可能促进开花，以及抵御低温。有些植物甚至可以调节体温。比如莲（Nelumbo nucifera）就能够感知温度的变化并调节细胞产热，把组织温度维持在一个狭窄的范围内。

物理上的限制固然存在，但并没有严苛到排除多次起源的程度。

那么，性、细胞核和吞噬作用又是怎么回事呢？同样的理论应该仍然适用。如果这些特征是通过自然选择形成的（这无疑是事实），如果每一次微步演化都会提供某些优势（这当然也是事实），那么我们就应该在细菌中发现真核生物特征的多次起源。但实际上并未发现。这简直是演化论的"丑闻"！我们在细菌中最多只发现了真核生物特征的一丝开端。以有性生殖为例：有些研究者提出，细菌进行某种类似于性行为的交配，以"水平"基因转移的方式彼此交换 DNA。细菌有重组 DNA 的全套机制，让它们可以形成多样的新染色体，这通常被认为是有性生殖的优势。不过，细菌的 DNA 交换和真正的有性生殖，实际上存在巨大的差异。有性生殖包括两个配子的结合，每个配子只有一半正常剂量的基因，另外还包括遍布整个基因组的互惠性基因重组。而细菌的水平基因转移既不互惠，也不系统，只是零敲碎打。可以说，真核生物会进行完全彻底的有性生殖，细菌只是粗枝大叶地随便玩玩。真核生物的完全有性生殖肯定有其优势；但如果是这样，我们应该能发现某种进行类似生殖活动的细菌，即使具体运行机制的细节存在差异。但我们没发现任何细菌有类似的行为。细胞核和吞噬作用也是如此，所有的真核生物特征大致都是如此。最初的演化步骤并不是问题。我们发现有些细菌具有折叠的内膜，有些没有细胞壁但有简单的动态细胞骨架，还有些有线性染色体，或者基因组的多重拷贝，又或者硕大的细胞尺寸——所有真核生物复杂特征的最初状态。但细菌总是浅尝辄止，远远赶不上真核细胞的精密复杂程度；而且不同的复杂特征，极少以组合形式出现在同一个细菌细胞上。

对于细菌和真核生物本质上的不同，最简单的解释是生存竞争。这种解释认为，一旦最初的真核生物演化出来，它们的竞争力就远超细菌，马上就统治了整个适合复杂形态生存的生态位，其他物种全都无法与之竞争。任何"试图"入侵真核生物生态位的细菌，都被已经存在的高级细胞迅速击败。换句话说，中间型细菌因为竞争失败而灭绝。我们熟知恐龙和其他一些大型动植物的全体灭绝事件，所以这种解释看起来完全合理。现代哺乳动物的那些毛茸茸的小个头祖先，被恐龙压制了数百万年，只有在恐龙灭绝后才辐射演化成为现代的物种。然而，我们有充分的理由来质疑这种解释。它表面看来很合理，实则有欺骗性。微生物和大型动物不能相提并论。前者的数量多得多，它们利用水平基因转移在种群中扩散有用的基因（比如抗生素抗性基因），使自身难以灭绝。所谓的"大氧化事件"据说导致了绝大多数厌氧单细胞古生物灭绝，实际上无迹可寻，无论从种系发生学还是地球化学出发，都找不到证据证明曾经发生过这样的大灭绝事件。事实恰好相反，厌氧微生物活得好好的。

更重要的是，目前已有非常有力的证据表明，中间型并没有因为高级真核生物的竞争而灭绝。它们仍然存活着。我们已经认识它们了——"源真核生物"，曾经被误认为缺失环节的一大类低级真核生物。它们不是**演化**意义上的中间种类，而是**生态**意义上的中间种类。它们与高级真核生物占据相同的生态位。一个真正的演化中间型可以被称为缺失环节，例如长腿的鱼（*Tiktaalik*，提塔利克鱼），或者身披羽毛、长有翅膀的恐龙（*Archaeopteryx*，始祖鸟）。一个生态意义上的中间型不是真正的缺失环节，但它的存活证明在这个特定的生态位中，这种生活方式是可行的。一只飞鼠与其他会飞的脊椎动物（比如蝙蝠和鸟类）亲缘关系很远，但它证明了即使没有发达的翅膀，仍然可以靠在树间滑翔而存活。这意味着，真正的动力飞行演化，有可能就像飞鼠这样开始。这才是源真核生物真正的演化意义所在：它们是生态中间种，证明某种生活方式是可行的。

先前我提到过，源真核生物包含了上千个不同的种。这些细胞都是货真价实的真核生物，只是适应了这个中间生态位，因此变得更简单，而不是变成了更复杂的细菌。我再强调一遍：这个生态位是允许生命存在的。形态简单的细胞多次侵入，并在其中生存繁衍。这些简单的细胞并没有被生活在同一生态位的复杂真核生物竞争到灭绝。恰恰相反，它们之所以繁盛，是因为自身变得更简单。从概率上看，如果其他条件不变，仅有简单真核生物（而没有复杂的细菌）入侵这个生态位一千次的

概率是 $1/10^{300}$，小到不可思议。即使做更保守的假设：源真核生物是通过 20 次独立入侵出现（每次都辐射演化出一大堆后代物种），这个概率仍然低至 $1/10^6$。更合理的解释是，真核生物具备某种结构特征，有利于它们占据这个中间生态位；另一方面，细菌的某种结构特征使它们不能演化出复杂的形态。

　　这种解释并不算特别极端。事实上，它和我们已经掌握的所有知识都协调一致。本章中我一直在讨论细菌，但是在绪论中，我介绍了没有细胞核的两大类（术语称作"**域**"）生物细胞，总称"原核生物"（其英文名称 prokaryotes 的字面意思是"在核之前"）。它们是细菌和古菌，不要把古菌和我们讨论过的源真核生物相混淆[1]。我只能为科学术语的复杂而造成的混淆道歉，很多时候，这些术语就像是炼金术士生造出来的，故意让人难以理解。请记住，古菌和细菌是原核生物，没有细胞核；而源真核生物是简单的真核细胞，有细胞核。实际上，在有些场合古菌仍被称为"古细菌"（archaebacteria），与"真细菌"相对应。所以，这两大类都可以称为细菌。简单起见，我会继续用细菌一词指代这两个大类，只有在需要讨论两类之间的区别时才区分对待[2]。

　　此处的关键在于，细菌和古菌这两个域，在遗传基因和生物化学机制上差异极大，但从形态上几乎看不出区别。这两类都是微小的单细胞生物，没有细胞核，也没有其他真核生物的复杂生命特征。尽管这两类原核生物都有出色的基因多样性和生物化学手段，但都没有演化出复杂的形态。对这些事实最合理的解释是，某种内在的物理限制条件让原核生物无法演化成复杂生命，而这个限制在真核生物演化之初，不知如何被解除了。我将在本书的第五章中论证，这个限制是被一个罕见的事件

1　二者的英语名称拼写很相似，古菌为 archaea，源真核生物为 archezoa。单看英文极易混淆，但看中文不易搞错；但还是要注意源真核生物这个汉语译名的误导性，详细讨论可见前文。——译者注

2　所有这些术语的使用，既有学术因素，又有个人情感因素，各位学者几十年来各自沿用，很难统一。"古细菌"和"古菌"这两个术语严格来说都不准确，因为这个域并不比细菌域古老。我倾向于使用"古菌"和"细菌"，一是因为这样强调了两个域之间的深刻区别，二是因为这样比较简单。

解除的，即绪论中介绍过的，发生在两种原核生物之间的单一内共生事件。眼下，先考虑这里的基本假设：一定存在某种结构限制，同时作用于原核生物的两大类（即细菌和古菌），迫使它们在漫长的40亿年间保持简单的形态。只有真核生物迈入了复杂生命领域，而它们是通过爆发性的单源辐射演化达成这一壮举的。这意味着，无论具体是怎样的结构限制，一定是在真核生物演化之初得以解除。这似乎只发生过一次，所有的真核生物都有亲缘关系，都有同一个祖先。

错误的问题

以上是科学研究新视野下的生命简史，我在这里做一个小总结。与我们现在所处的世界相比，早期地球并无很大不同：那是一个水世界，气候相对温和；在大气中占主导地位的是二氧化碳、氮气等火山气体。早期地球缺乏氧气，其他参与有机化学的各类气体（氢气，甲烷和氨）也不多。这一点推翻了原始汤的旧观念，然而生命仍然一有可能就早早出现，这大约发生在40亿年前。从表象上看，一定另有某种力量推动了生命的起源，我们将在后续章节中讨论。不久，细菌开始接管地球，占领了每一寸空间、每一个新陈代谢生态位，在20亿年间改变了整个地球的景观，以宏大的规模沉积岩石和矿物质，改造海洋、大气圈和大陆。细菌活动使气候系统发生崩溃，整颗行星多次进入雪球地球时期；它们氧化了整个世界，使化学性质活跃的氧气充满了大气和海洋。然而，在这个漫长的过程中，无论细菌还是古菌都未能脱胎换骨：它们顽固保持着简单的形态和简单的生命运作方式。40亿年间，细菌经历了各种极端的环境和生态变化，它们变换着基因和生物化学机制，但从未改变形态。它们从未发展出复杂的生命形式，就像那些我们希望在另一颗行星上发现的智慧外星生命。只有一次例外。

地球上的细菌通过一次独一无二的机会，演化成了真核生物。在化石记录和种系发生学数据中，没有任何证据表明复杂生命曾经多次演化出现，却只有现代真核生物种群生存下来。相反，真核生物的单源辐射演化，意味着它们独特的起源是由内在的物理限制决定的，与大氧化事件等环境剧变没有多少关系。我们将在第三部中讨论这些限制条件可能是什么。目前我们只需注意，任何恰当的理论，都必须解释为什么复杂生命的演化只发生了一次。我们的解释必须有足够的合理性令人信服，但也不能"太过合理"，因为这会令人疑惑：如此合理的事件为何没有多次发生？对单一事件的任何解释，多少都会显得有些巧合。我们怎样才能证明是否出于巧合？事件本身过于久远，直接证据早已湮没，可能难以发掘；但在事件的余波中，我们很可能会发现隐藏的线索，就像一把还在冒烟的枪能够证明扣动扳机之人先前的罪行。一旦摆脱了它们的细菌枷锁，真核生物的形态就变得非常复杂，极其多样。然而，它们复杂度的积累并未遵循常规的渐进演化：它们一出现就拥有一整套全新的特征，从有性生殖到衰老，其中没有哪种在细菌和古菌身上真正出现过。最早的真核生物，在一个绝世独立的共同祖先身上聚集了所有这些奇异的特征。在形态简单的细菌和非常复杂的真核生物共同祖先之间，没有已知的演化中间型来指明其演化过程。所有这些疑惑构成了一幅激动人心的前景：生物学中最大的问题仍然悬而未决！在所有这些特征中，是否存在某种模式，能够揭示它们的演化途径？我认为有。

我们在本章开篇提出的问题，本质上就是这个巨大的谜题。生命的历史和生命的特征，有多少可以通过基本原理来预测？我前面提过，生命的基本限制条件很难从基因组、历史或环境的角度进行诠释。如果我们单纯以信息的方式来认识生命，我认为那将完全无法预测生命的复杂历史。为什么生命出现得如此之早？为什么在几十亿年间，生命的形态结构发展一直停滞？为什么细菌与古菌的演化，不为全球性的环境与生态波荡所动？为什么所有的复杂生命来自单一起源，而且在40亿年间只发生过一次？为什么原核生物向复杂细胞组织的演化没有不断发生，甚至没能"偶尔"发生？为什么有性生殖、细胞核和吞噬作用这样的真核生物特征，没有在细菌和古菌中产生？为什么真核生物会积聚这些特征？

如果生命的本质仅仅是信息，以上这些问题都会成为不解之谜。我不相信可以单纯基于遗传信息对生命史做出科学的预测。如果是那样，生命的各种古怪特征，就必须用生命史中的各种偶发事件来解释，如同狂暴的命运随机投出的矢石，完全不可预测；我们更无法预测其他行星上可能存在的生命特征。然而 DNA，迷人的生命代码脚本，仿佛向我们许诺了所有的答案，让我们忘记了薛定谔的另一基本信条：生命抵抗熵，抵抗世间万物固有的崩坏倾向。薛定谔在《生命是什么》的一条脚注中写道：如果我的目标读者是一群物理学家，那么我的论证就不会围绕熵进行，而是"自由能"。他使用的"自由"一词有特定含义，我们将在下一章中讨论。这里我们只需注意，**能量恰恰是本章没有提及的因素**，在薛定谔的书中也告缺席。那本精炼而影响深远的著作，书名就标志了一个科学时代，但完全问错了问题。加入对能量的思考，问题才变得切中要害：**什么是活着？** 不过，薛定谔问错问题情有可原，因为他当时不可能理解这一点。在他写那本书的年代，没有人对生物能量的流转有深入理解。现在，我们已经掌握了关于生物能量代谢的各种精深细节，直至原子水平。与基因编码一样，细胞采集能量的机制在所有生命中保有相同的形式，而这些机制严格地限制了细胞的基本结构。但是我们还不知道它们是如何演化而来的，也不理解生物能量如何约束了生命的发展历史。这才是本书提出的问题。

2
什么是活着?

它是一个冷血杀手,无数代磨炼造就了它的诡诈。它像一位双面间谍,可以骗过警觉的免疫系统,神不知鬼不觉地融入内环境。它可以辨认细胞表面蛋白,并伪装成"自己人"锁定后者,再溜进细胞内部。它能精确定位到细胞核,并把自己嵌入宿主细胞的 DNA。有时候它在那里潜伏很多年,好像根本不存在。有时候它会马上发作,破坏宿主细胞的生物化学机制,制造出自己的千万份拷贝。它用伪装的脂质和蛋白包裹这些分身,把它们送往细胞表面,再破膜而出,开始下一轮欺诈与毁灭。它可以杀死细胞,杀死人类,制造毁灭性的传染病大流行,或者一夜之间消灭绵延几百公里的海洋藻华。然而,大多数生物学家甚至都不把它算作活物。病毒自己根本不在乎。

为什么病毒不算活物?因为它自身没有任何新陈代谢能力,完全依赖宿主的能量生产机制。那么问题来了:新陈代谢活动是否是生命的必要特征?不假思索的回答是"当然是"。但根据是什么?病毒利用自身的周围环境复制。但人类也是如此:我们以植物或动物为食,我们呼吸氧气。如果把我们与周围环境隔离,比如头上套个塑料袋,几分钟内就会窒息而亡。可以说,我们寄生于我们所处的环境,就像病毒。植物也是如此。植物需要我们,正如我们需要植物。植物需要阳光、水和二氧化碳才能通过光合作用制造自身所需的有机物。植物在干燥的沙漠和黑暗的洞穴中很难生长，缺乏二氧化碳也不行。地球上的植物不缺二氧化碳，是因为动物（以及真菌和多种细菌）不断分解有机物，消化、燃烧，再把终产物二氧化碳重新排放回大气中。人类过量燃烧化石燃料可能给地球带来严重后果，但植物很有理由感谢我们。对它们来说，二氧化碳越多，生长就越快。所以植物和我们一样，也是寄生于它们所处的环境。

从这个视角来看，植物、动物和病毒之间的区别，只不过在于环境的慷慨程度。病毒进入我们的细胞，就像进了天堂，一个应有尽有的安乐窝。彼得·梅达沃曾把病毒形容为"一条外表包裹着蛋白质的坏消息"；它们能以如此简单的形式存在，正是因为周围的环境资源丰足。植物处于另一个极端，它们对环境的需求非常低，只要有光、空气和水，植物几乎能在任何地方生长。为了利用如此简单的外部条件生存，植物被迫发展出复杂精密的内部结构。植物的生物化学能力可以制造生存所需的一切有机物质，它们是真正的"餐风饮露"。[1] 人类的情况介于二者之间。我们除了需要一般的食物，还需要摄入某些维生素；一旦缺乏，我们就可能遭遇维生素 C 缺乏病等恶疾。我们的演化祖先能用简单原料合成维生素，但我们不行，因为我们已经失去了这种生物化学能力。如果没有外部供应的维生素，我们就和没有宿主的病毒一样，注定灭亡。

所以，万物都离不开环境的支持，唯一的问题是，具体需要多少支持？与转座子（即跳跃基因）这样的 DNA 寄生物相比，病毒可谓极其复杂。转座子从不离开自己的安乐窝，只在整个基因组中到处复制自己。质粒（通常是微小的独立环状 DNA，包括几个基因）可以通过纤细的连接管，从一个细菌直接传递到另一个细菌，无须武装自己来面对

1　当然，它们还需要矿物质，比如硝酸盐和磷酸盐。很多蓝细菌（植物进行光合作用的细胞器：叶绿体的前身）能够固氮，即可以把空气中相对较为惰性的氮气转化为反应性较强、可以利用的氨。植物已经失去这个能力，转而依赖环境的供养，豆科植物还可以依靠根瘤中的共生细菌固氮。如果没有这些外部提供的生化机制，植物就会像病毒一样，无法独立生长。其实也可以说它们是寄生于环境的！

外部世界的风险。那么，转座子、质粒和病毒算是活物吗？它们都有某种微妙的"目的性"，都有利用生物环境复制自身的能力。很明显，从非生命到生命是一个渐变的连续体，非要在某个地方划清界限，没有什么意义。学术界对生命的定义大都集中在生物本身，而忽略了生命寄生于环境的本质。例如NASA对生命的"工作定义"[1]：生命是"一个自我维持的化学系统，能够进行达尔文式演化"。病毒包括其中吗？很可能不算，但这取决于如何解读"自我维持"这一模糊的表达。无论如何，这个定义没有强调生命对环境的依赖。环境一词从本身的词义来看，仿佛与生命界限分明；我们会看到事实并非如此。二者从来都密不可分。

　　如果生命与自己适应的环境互相隔离，会发生什么？当然是死亡，非生即死嘛。但这个二分法并不总是成立。当病毒在宿主细胞外与生存资源隔离时，它们并不会马上腐坏和"死去"；它们面对外部世界的侵蚀时表现得十分坚韧。每毫升海水中，病毒个体的数量通常是细菌的十倍；它们静静等待自己的时机。病毒抵抗侵蚀的能力类似于细菌孢子。细菌孢子能够进入一种暂停生息的休眠状态，并保持很多年。在永冻土中，甚至外太空，细菌孢子能存活千年以上，不进行任何代谢活动。生物界还有很多其他"忍者"：某些植物的种子，还有水熊虫（tardigrades）这样的动物，都能忍受极端恶劣的环境条件，比如完全脱水、1 000 倍人类致命剂量的辐射、高压的深海海底，或者是宇宙真空——全都没有食物和水。

　　为什么病毒、孢子和水熊虫没有崩坏，没有腐朽，没有遵从支配万物的热力学第二定律？也许它们最终会屈服，比如被高能宇宙射线直接轰击，或者被火车碾过。但除开这样的霉运，它们的假死状态几乎是完全稳定不变的。这些例子对我们理解生与死的区别有重大意义。严格地说孢子不算活着，尽管大多数生物学家都会把它们算作生命，因为它们

1　NASA 即美国航空航天局，由于其工作包括探索地外生命，因此为"什么是生命"制定了一个便于规范工作的定义。——译者注

保持着复活的潜力。能够回到生命状态，当然不能算死了。我找不到任何理由对病毒另眼看待：一旦出现合适的环境，它们也会"醒过来"，开始复制自己。水熊虫，真正的动物，不也就是如此吗？生命的实质在于结构（部分由基因和演化决定），但是生存（生长与繁殖）的实质在于环境，在于结构和环境如何相互关联。对于基因如何编码细胞的物质部件，我们的知识非常丰富；但是，物理限制条件究竟如何约束细胞的结构和演化？对此我们所知甚少。

能量，熵和结构

热力学第二定律的一个简单表述是熵（即"无序"）必然增加。因此，孢子或病毒能够保持如此稳定的状态，看起来真是不可思议。熵不是"生命"这样模糊的概念，它有精确的定义，能够进行量度（熵的单位是焦耳/开尔文·摩尔）。把一个孢子砸成粉，研磨到分子水平，再测量熵：当然应该增加了！一个曾经美妙有序的系统，有了合适的条件就能生长，现在成了一小堆杂乱的、毫无功能的碎片。看看熵的定义，现在更无序，所以熵应该更高嘛。错！能量生物学家特德·巴特利（Ted Battley）经过精密测量发现，熵几乎没变。原因在于，这个热力学系统的熵不仅仅由孢子决定，还需要考虑环境因素；而环境也有它本身的无序度。

一个孢子由紧密结合在一起并互相作用的一系列部件组成。因为分子间的物理作用力，油性（脂质）分子构成的膜具有自然疏水的特性。把混合的脂质搅浑在水里，会自发组成很薄的双分子层，形成包着水泡的封闭生物膜，因为这样是最稳定的状态（图7）。基于同样的原理，海上漏油会伸展成一层薄薄的油膜蒙在海面上，可能覆盖数千平方公里，导致大量海洋生命死亡。这就是我们常说的油水不相容，因为物理吸引力和排斥力决定了油分子和水分子会与"自己人"互相作用，排斥"异己"。蛋白质分子也有同样的行为模式：带有一定电荷的蛋白

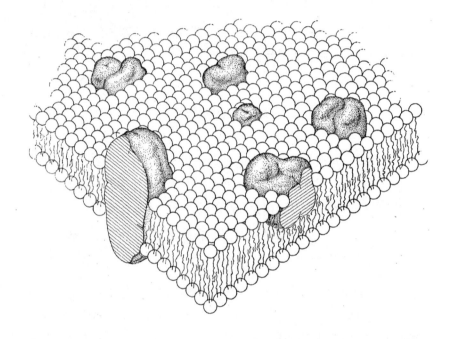

图 7   脂质膜的结构

图中为辛格和尼科尔森（Singer and Nicholson）于 1972 年提出的脂质膜流体镶嵌模型的原始版本。蛋白质在脂质的海洋中沉浮，有一些被部分掩埋，另一些则贯穿整个膜。脂质分子本身由亲水性的头部（一般是甘油磷酸）和疏水性的尾巴（在细菌和真核生物中一般是脂肪酸）组成。脂质膜会自组织成为脂双层构造，亲水性的头部向外，与细胞质中的水分和外部环境互动；疏水性的尾巴指向膜内，与内部物质互动。这种结构是一个低能量的、物理上"舒服"的状态。尽管看起来很有序，形成脂双层的过程实际上会向环境释放热量，增加总体熵。

质分子溶于水，不带电荷的与油分子互相作用强得多——后面的这种特性叫作疏水性（hydrophobic，字面意思为"恨水"）。当油性分子互相抱住，而带电荷的蛋白质分子溶于水时，过程会释放能量：这是一种稳定、低能量的"舒服"状态。能量以热量的形式释放，而热的本质是分子运动、分子互相推挤冲撞、分子的无序——也就是熵。所以当油和水分离并释放热量时，熵实际上增加了。如果把所有这些物理过程计算在内考虑整体的熵，一张有序的、包裹着细胞的脂质膜，相对于一堆互不混溶的分子的随机混合物，前者的熵更高，虽然它**看起来**更加有序。[1]

磨碎孢子而总体的熵几乎没变，是因为虽然磨碎的孢子自身更加无序，但它的各个部分现在处于更高能的状态——油和水混在一起，不混溶的蛋白质分子互相挤到一起。形成这种物理上的"不舒服"状态，需要付出能量代价。形成"舒服"的状态则会以放热的形式向环境释放能量；"不舒服"的状态正好相反，必须从环境中吸收能量，使环境变冷，降低环境的熵。恐怖小说作家对此有直觉式的领悟：幽灵、鬼魂和摄魂怪[2]一出现，周围环境就会变得寒冷，甚至冻结。这些东西吸收周围的能量来维持它们不自然的存在。

在孢子的例子中，如果把它所涉及的各种熵都纳入考虑，那么系统的总体熵几乎没变。从分子层面看，聚合物的结构使本身的能量最小化，以热的形式向环境释放能量，并增加环境的熵。蛋白质分子通常会自然折叠成能量最低的形状。它们的疏水部分深埋在内部，远离蛋白质表面接触的水。正负电荷异性相吸，同性相斥，所以蛋白质带正电荷和负电荷的部分会互相固定位置，彼此平衡，使蛋白质的三维结构维持稳定。因此，蛋白质总是自发折叠成特定的形状，虽然这不总是好事。蛋白侵染子（prion，或称朊病毒）就是完全正常的蛋白质，自发重新折

---

1 恒星形成时也是类似的情况。物质之间的重力作用会降低局部的无序度，但是核聚变反应放出的巨大热量向外辐射，会增加星系和宇宙中其他地方的无序度。

2 英国奇幻小说《哈利·波特》系列中吸取人类灵魂和快乐的怪物。——译者注

叠成半晶态结构，然后充当附近其他蛋白质重新折叠的模板[1]。总体熵几乎不变。一种蛋白质可能有几种稳定状态，只有其中一种对细胞有用，但不同状态的熵基本没有区别。可能最令人惊讶的是，一群无序的单个氨基酸（蛋白质的组成构件）组成的"浓汤"，与它们构成的完美折叠的蛋白质相比，总体熵也没有什么区别。如果蛋白质解折叠，回到氨基酸汤的状态，它自身的熵当然增加。但这样做会让那些原本掩盖的疏水氨基酸接触到水，而形成这种不自然的状态需要从外界吸入能量，降低环境的熵，让环境变冷，即所谓的"鬼魂效应"。把生命看作一种"低熵状态"，认为它比对应的有机物"浓汤"更加有序，这种观念并不完全准确。生命的组织和有序是以环境更加无序为代价的，而且后者付出的代价更高。

那么，薛定谔说过生命从环境"吸入负熵"（也就是生命以某种方式从环境中摄入秩序），这又是什么意思呢？关键在于，虽然氨基酸浓汤和对应形成的蛋白质，这两种状态的熵可能相同，但是蛋白质在两种意义上处于更不自然的状态，所以会消耗能量。

首先，氨基酸汤不会自发地串起来组成一条肽链。蛋白质就是由氨基酸组成的肽链（准确地说，肽链折叠成形之后，才算是蛋白质的形态），而氨基酸本身并没有自发互相反应的倾向。细胞首先需要活化氨基酸，它们才能进行反应，形成肽链。反应过程释放的能量，大致与活化消耗的能量差不多，所以总体熵基本保持不变。蛋白质折叠释放的能量以热量形式流失，增加了周围环境的熵。所以，在氨基酸浓汤和蛋白质这两个稳定状态之间，存在一道**能量障壁**。这意味着不但形成蛋白质需要克服它，降解蛋白质也需要兑服这道障壁，需要注入一些能量（还要有降解酶存在）才能把蛋白质拆散成各个组件。有机分子互相反应并形成大型结构（不管是蛋白质，DNA还是生物膜）的倾向，并不比岩浆

1　蛋白侵染子是羊瘙痒症、疯牛病、人类克-雅氏病等神经系统疾病的病原体。它并非外界的某种生物，而是折叠异常的蛋白质，被机体摄入，然后机体自身神经系统的某些蛋白质以其为模板发生异常的重新折叠，影响逐渐扩散，最终导致疾病。"朊病毒"是误导性的译名，因为蛋白侵染子就是蛋白质而已，根本不是病毒。——译者注

冷却时形成大型晶体的倾向更神秘。只要有足够多的活化组件，形成这些大型结构才是最稳定的状态。真正的问题是，这些活化组件是从哪里来的?

这就带来了第二个问题：充满氨基酸的"有机汤"，且不论是不是活化的，在今天的环境中并不是一种自然存在。就算真有，最终也会与大气中的氧气反应，生成多种更简单的气体：二氧化碳、氮气、硫氧化物和水蒸气。也就是说，形成这些氨基酸首先就需要能量，降解它们则会放出能量。这就是为什么我们可以忍受一段时间饥饿，因为这时候我们会降解肌肉中的蛋白质来维持能量供应，而且真正放能的不是降解蛋白质的过程，而是产生自进一步分解组成它的氨基酸。所以，种子、孢子和病毒在今天的富氧环境中并不会完全稳定。组成它们的物质会缓慢地与氧气反应（即氧化），最终，它们的结构和功能会遭到侵蚀，即使外部条件变得适宜也无法再活过来。种子放久了是会死的。但是如果改变大气成分，比如去除氧气，它们就真的可以无限稳定了。[1] 在如今这个世界上，因为生物体与全球的富氧生态环境"失衡"，它们总是会氧化，除非主动采取措施来阻止氧化过程的发生（下一章我们会看到，演化史上并不一直都是这样）。

因此，在通常条件下（即有氧状态下），从简单分子（例如二氧化碳和氢）开始生成氨基酸和其他生物体组件（例如核苷酸），这个过程总是会消耗能量。把它们组成长链或聚合物（蛋白质，DNA）也会消耗能量，尽管熵基本不变。这就是生命的基本活动：制造新的有机小分子，把它们组织起来，生长，繁殖。生长还意味着主动运输物质进出细胞。所有这些活动都需要持续的能量流入，薛定谔称其为"自由能"。他提出了把熵、热和自由能联系在一起的方程式，简单又经典：

1　一个更加贴近人类的例子是"瓦萨"号（Vasa），17 世纪强大的瑞典战舰。它于 1628 年的处女航中，在斯德哥尔摩港口外的海域沉没，1961 年被打捞上岸。它保存完好，因为多年以来，斯德哥尔摩大量的生活污水直接排放到它沉没的海底盆地，所以船体完全浸泡在屎尿之中。这些污水产生的硫化氢把战舰紧密包围，防止氧气腐蚀其精美的木雕装饰。自从重见天日之后，为了继续把它保存完好，倒是费尽了力气。

$$\Delta G = \Delta H - T\Delta S.$$

这个方程式是什么意思呢？希腊字母 Δ（delta）代表变化。ΔG 即"吉布斯自由能"，以 19 世纪美国伟大的隐士物理学家吉布斯命名。这是可以做机械功的"自由"能量，比如驱动肌肉收缩，或任何细胞内的活动。ΔH 代表热量的变化，热量被释放到周围环境中，使其加热并增加熵。在一个放热反应中，系统本身必然冷却，因为现在系统中的能量比反应前少。所以，如果热量从反应系统释放到环境中，ΔH 作为反应系统的量度会是负值。T 代表温度，它的影响取决于环境。如果一定的热量释放到较冷的环境中，对环境影响比较大；同样的热量释放到较热的环境中，影响较小。ΔS 是系统熵的变化。如果系统的熵减少、变得更加有序，ΔS 是负值；反之为正值，意味着系统变得更加混乱。

总的来说，对于任何自发的反应，自由能变化 ΔG 必须是负值。构成生命的所有反应，其总体效果也必须如此。也就是说，只有当 ΔG 为负值时，反应才能自发进行。要达到这个效果，要么系统的熵必须增加（系统变得更加混乱），要么系统必须以放热的形式失去能量，或者二者同时发生。这意味着当系统释放很多热量到环境中时，ΔH 是很大的负值，这时局部的熵可以增加，系统可以变得更加有序。要点在于：如果要驱动生长和繁殖（这就是活着的表现！），就必须有某种反应持续向环境释放热量，让外界更加无序。想想宇宙中的恒星：为了维持自身有序的存在，它们向宇宙倾泻着天文数字的能量。我们则通过不间断的呼吸作用（利用氧气燃烧食物）向环境释放热量，以维持自身的持续生存。这些流失的热量绝非浪费，而是维持生命的必需。失去的热量越多，生命就越可能变得更复杂。[1]

细胞中所有的反应都是自发的，有了合适的起始条件就会自动发

---

1 这个原理与生物内温性（即温血）演化之间的关系，十分耐人寻味。温血动物散发的热量更多，也更加复杂。这两方面虽然没有必然的联系，但从原理上来说，更高的复杂度最终总要以散失更多的热量为代价。所以，温血动物理论上能比冷血动物达到更高的复杂度，即使实际上没有发生。哺乳动物和某些鸟类发达的大脑可以作为例证。

生，ΔG 永远都是负值。从能量角度看，反应一直都是下坡方向。但这也意味着反应的起始条件必须非常高。要制造一个蛋白质，起始条件必须是在一个小空间里聚集了足够的**活化**氨基酸。这相当难达成。氨基酸在连接起来并折叠成蛋白质的过程中会释放能量，增加环境的熵。只要有足够、适当活化的前驱物，活化氨基酸其实也能自发生成。同理，这些前驱物在一个**高度反应性的环境**中也会自动合成。所以追根溯源，生长的动力其实来自环境的反应性，这股力量源源不绝地流过活细胞；对我们来说是以食物和氧气的形式，对植物来说是以光子的形式。活细胞利用这股持续的能量流生长，克服自身趋于分解的倾向。它们能做到这一点，依靠的是精巧的结构，而这些结构部分由基因决定。无论这些结构具体是什么（我们之后会讨论），它们本身都是生长与繁殖的产物，是选择与演化的结果；如果没有持续的能量流，它们就不可能存在。

生物能量奇特的狭窄范围

生物需要非常多的能量来维持生存。所有活细胞使用的能量"货币"，是一种名为三磷酸腺苷（adenosine triphosphate，常缩写为 ATP）的分子。ATP 的工作方式就像投硬币玩角子机。硬币可以启动角子机一次，但很快就会停止。ATP 对应的"机器"通常是一个蛋白质，作用就像把机器的开关从上扳到下；而蛋白质"机器"相应从一种稳定状态改变到另一种状态。如果要变回去，需要另一个 ATP，好比你要在角子机上再玩一局，就要再次投币。可以把细胞想象成一个巨大的游乐场，充满蛋白质机器，全都用 ATP 硬币操作。一个典型的细胞每秒钟大约消耗 1 000 万个 ATP！多么惊人的数字。人体大约有 40 万亿个细胞，每天需要的 ATP 周转量是 60～100 千克，与我们的体重相当。然而实际上，我们全身大概只有 60 克 ATP，由此可以算出平均每个 ATP 分子大约每分钟会"重新充值"1～2 次。

怎么重新充值？ATP 分子"拆开"时会释放自由能，驱动蛋白质改变形状；同时释放足够的热量保持 ΔG 为负值。ATP 通常水解为大小不等的两部分：大的部分叫 ADP（adenosine diphosphate，二磷酸腺苷），小的部分是无机的磷酸基团（PO_4^{3-}）。后者就是磷肥的成分，常写作 P_i。所以，把 ADP 和 P_i 重新合成 ATP 需要消耗能量。呼吸作用（食物和氧气反应）释放的能量就用来把 ADP 和 P_i 重新合成 ATP，即所谓的"重新充值"。这个永无止境的循环写成以下简单的方程式：

$$ADP + P_i + 能量 \rightleftharpoons ATP$$

人类并不特殊。像大肠杆菌（*E. coli*）这样的细菌，每 20 分钟就可以分裂一次，每次分裂都需要消耗 500 亿个 ATP 来供应能量，这些 ATP 的总质量大约是大肠杆菌细胞自身质量的 50 ~ 100 倍。论合成 ATP 的速度，它们是人类的 4 倍。如果把这种能量供应效率转换成用瓦特计算的功率，数字同样惊人：人类每克组织的功耗大约为 2 毫瓦，65 千克的成人功耗就是 130 瓦，功率比标准的 100 瓦灯泡还大一些。这看起来不算太多，但如果以单位质量比较，人类身体每克功率是太阳的一万倍（注意：这当然不是说我们的功率大过核聚变。太阳任何时候都只有极少一部分质量在进行核聚变反应）。与其说生命是闪烁的烛光，不如说生命是喷射的火箭发动机。

纯粹从理论角度看，生命一点都不神秘。它并没有违反任何一条自然规律。每秒钟流过所有活细胞的能量虽然是个天文数字，但每秒以阳光的形式倾泻到地球上的能量却又高出好几个数量级（因为太阳实在是太大了，虽然单位功率较低，总功率还是大得多）。只要这些能量的一小部分能够用来驱动生化反应，生命就能以任何方式运作吧？上一章中我们提到，遗传信息对能量的利用似乎没有任何根本的限制，只要能量够用就行。然而现实中，地球上的生命受到极其严苛的能量限制，这才是最令人惊奇的地方。

生命的能量问题有两个出人意料之处。首先，所有细胞的能量都来自一种特别的化学反应：**氧化还原**反应。在这种反应中，电子从一个分子转移到另一个分子。氧化还原反应是氧化反应和还原反应的对立统一，实质不过是一个或多个电子从供体转移到受体。供体给出电子，我们称它被氧化了。比如铁这样的物质与氧气反应，铁把电子传递给氧气，自身被氧化成铁锈。在这个例子中，接受电子的物质是氧气，我们称它被还原了。在呼吸作用和燃烧反应中，氧气被还原形成水，因为每个氧原子得到了一对电子（形成 O^{2-}），所以还要结合两个质子，把水分子的总电荷平衡到 0。这个反应之所以能够进行，是因为它以热量的形式释放能量，增加外界的熵。所有的化学反应最终都会增加环境的热量并降低系统自身的能量；其中铁或食物与氧气的反应尤其高效，会释放出大量能量（比如以燃烧的形式）。呼吸作用会把反应释放出的能量部分**保存**为 ATP 的形式，至少保留一小段时间，直到 ATP 再度水解为止。ATP 分子以 $ADP-P_i$ 键的形式保留能量，当这个键断裂时，能量就以热的形式释放。所以，呼吸作用的本质和燃烧相同，中间多出的一小段延迟就是我们所说的生命。

电子和质子经常以这种方式结合（但也有例外），所以还原反应有时被定义为氢原子的转移。但是，从电子的角度理解还原反应要容易得多。一系列的氧化还原反应，就好像在一连串携带者之间一个个传递电子，与电子在导线中的流动相差无几。呼吸作用就是这样，从食物分子中夺取的电子并不直接传递给氧气（否则能量一下子就被全部释放了），而是传给一个"踏脚石"分子——通常是一种名为"铁硫簇"（iron-sulphur cluster）的无机晶体，其中含有带正电荷的铁离子（Fe^{3+}）；好几个铁硫簇会嵌在一个呼吸蛋白质中（图 8）。从第一个开始，电子会跳到下一个类似的铁硫簇，不过这个比上一个更"渴望"电子。当电子从一个铁硫簇跳到下一个时，每一个都先被还原（接受电子，Fe^{3+} 变成 Fe^{2+}），再被氧化（失去电子，Fe^{2+} 变回 Fe^{3+}）。电子最终经过至少 15 次这样的转移，才到达氧气分子。不同生物的生长方式，比如植物的光合

A

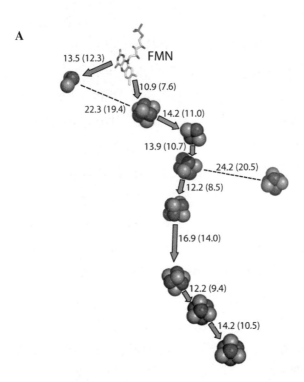

B

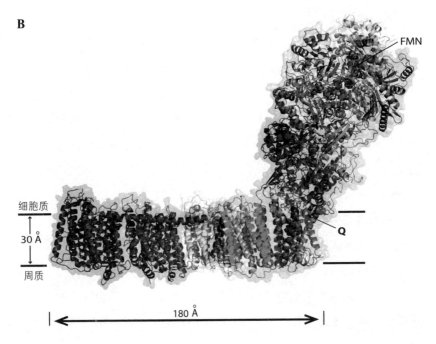

C

图 8 呼吸链中的复合体 I

小图 **A**：铁硫簇的间距是 14 埃或者更短。电子通过量子隧道效应，从一个铁硫簇跳到另一个，大部分沿着箭头所指的主通道传递。图中的数字表示铁硫簇中心与中心之间的距离，括号中的数字表示铁硫簇边缘与边缘的距离，单位都是埃。小图 **B**：漂亮完整的细菌复合体 I 成像，由利奥·萨扎诺夫（Leo Sazanov）用晶体衍射成像技术重建。电子从 FMN 进入呼吸链，左边的蛋白质垂直结构把电子传给泛醌（ubiquinone，又称辅酶 Q），再传递给下一个巨大的蛋白质复合体。你可以从小图 A 中分辨出铁硫簇埋在蛋白质中的传递路径。小图 **C**：哺乳动物的复合体 I，可以看到其核心的亚基与细菌一样，但是多了 30 个更小的亚基（暗色部分），部分掩藏了核心亚基。这是朱迪·赫斯特（Judy Hirst）用低温电子显微镜拍摄到的结构。

作用和动物的呼吸作用，表面上没有多少共同点，实质上都使用同样的"呼吸链"把电子传递下去。为什么会是这样？生命可以利用热能或者机械能驱动，或者放射能、电能、紫外线，还有其他无限可能。但事实并非如此。所有的生命都由氧化还原反应驱动，利用非常相似的呼吸链。

第二个出人意料之处是能量在 ATP 化学键中保存的具体机制。生命合成 ATP，不是通过直截了当的化学反应，而是在一张薄膜的两侧制造质子梯度作为中间步骤。等一下我们再来看这个说法是什么意思，以及这个机制具体是如何运作的。让我们先回顾一下历史。这个机制是科学史上一项完全出人意料的发现，分子生物学家莱斯利·奥格尔（Leslie Orgel）说它是"自达尔文以来生物学中最反直觉的理论"。今天我们对质子梯度的形成和利用机制已经了解得非常详尽，直达分子层面。我们还知道，使用质子梯度是地球上所有生命的共性；质子动力和 DNA 遗传密码一样，都是生命的基本特征。然而这个机制究竟是怎么演化出来的，我们几乎一无所知。地球生命似乎从理论上的无限可能性中，选择了一种很受限制又非常奇特的供能机制。这仅仅是演化史中的偶然？还是因为这个机制比其他机制优秀太多，最终赢家通吃？还有一种更意味深长的可能：难道，这是唯一的可行之道？

让我们来一次眼花缭乱的细胞微观之旅。想象你自己缩小到 ATP 分子的大小，然后进入一个心肌细胞。这个细胞中有很多动力工厂：线粒体。大量 ATP 从"巨大"的线粒体中涌出，驱动细胞的节律性收缩。线粒体外膜上有很多蛋白质膜孔，选一个较大的钻进去，你会发现自己进入了一个狭窄的空间，就像轮船上的轮机室，里面充满过热的蛋白质机器，一眼望不到尽头。地上好像在冒泡，很多小球不断地从机器中射出来，瞬间又消失无踪。这些是质子，带正电荷的氢原子核。整个空间到处都是倏忽往来的质子，你几乎看不见它们。蛋白质机器如庞然大物般四处耸立，你悄悄地从其中一台的中间穿过去，进入线粒体内部空间，这里的景象更加奇异。此时你已到达基质，在这个洞穴一样的空间中，流动的墙壁向四面八方涌动，你正身处令人目眩的漩涡中心。墙壁上到处镶满了旋转轰鸣的机器,小心碰头!这些巨大的蛋白质复合体深深嵌入墙体,又缓慢地四处漂移,仿佛在海面上沉浮不定。然而,它们的机件却在飞速运转。有些往复运动快得肉眼难以看清,就像蒸汽机的活塞。另一些由曲轴带动,绕着轴线高速旋转,好像随时都会甩飞出来。成千上万这样的疯狂机器无休止地运动,向四面八方延伸,像一场喧嚣狂乱的交响音乐会……到底有什么意义呢?

你所在的地方是线粒体的深处,是细胞的热力学中心,也是进行呼吸作用的场所。食物分子在这里被夺去电子,传递给链路上第一个,也是最大的呼吸蛋白:复合体 I。这个巨大的蛋白复合体由多达 45 个不同的蛋白质组成,每一个都是数百个氨基酸串成的长链。如果 ATP 和人一样大,复合体 I 就是一幢摩天大楼。这可不是普通的静态摩天大楼,它像蒸汽机样结构复杂,运动性能强大,仿佛有自己的生命。电子和质子分离,被复合体 I 从一端吸入,从另一端吐出,整个过程都在膜内发生。离开这里之后,电子依次被传递给另外两个巨大的蛋白复合体。这整条链路就是我们所说的呼吸链。每个复合体内都有好几个"氧化还原中心"(复合体 I 有 9 个),可以暂时持有电子(图 8)。电子就在这些中心之间跳动。事实上,从这些中心之间均衡的散布距离来看,电子应该是通过某种量子隧道效应运动而瞬间出现和消失,位置遵循量子概率分布。运动电子的"眼中"只有下一个氧化还原中心,只要距离够近就能瞬移过去。这里的距离需要用"埃"(Å, ångström)来量度,1 埃近似于一个原子的尺寸。[1] 只要中心之间的距离不超过 14 埃,而且每个中心的电子亲和力比上一个更大一些,电子就会沿着这条路径一直跳下去,就像踩着均匀分布的垫脚石过河。电子的运动穿过三个巨大的蛋白质复

---

1 1 埃(Å)是 10^{-10} 米,或者说 1 米的一百亿分之一。严格来说这是一个过时的单位,现在一般使用纳米(nm)来代替它,1 纳米是 10^{-9} 米。然而在考虑蛋白质之间的距离问题时,埃仍然是一个很有用的单位。14 埃等于 1.4 纳米。呼吸链中绝大部分氧化还原中心之间的距离在 7~14 埃,有一些可以达到 18 埃。如果用 0.7~1.4 纳米来表达,其实是一样的,但数值太小,有点压缩了距离感。线粒体内膜的厚度是 60 埃,看上去感觉是一片深深的脂质分子海洋;如果写成 6 纳米,就感觉非常薄了。不同的单位确实会影响我们对距离的感受。

合体，但并不滞留在其中任何一处，就像你踩着石头过河的时候不会流连于河水。它们一直受到氧气强大的化学吸引力，被氧气对电子的"渴望"拉动。这不是什么超距离物理作用，只是电子出现在氧气分子身边的概率比其他地方大而已。这些过程的总和相当于一条导线，外部由蛋白质和脂质绝缘隔离，内部引导电子从食物流向氧气。欢迎来到呼吸链！

这条电子流令周围的一切充满生机。电子在路径中踊跃向前，一心一意朝着氧气奔去，并不留意周围的奇异景观：四周忙碌的机械像抽油泵一般不断抽动。但这些巨大的蛋白复合体中布满了机关。当电子在一个氧化还原中心短暂停留时，附近的蛋白质会形成特定的形状。当电子离开后，这个结构就会有部分变化，一个带负电荷的部分进行自我调整，一个带正电荷的部分便会跟着调整，由弱键构成的整个网络重新自我校准。在几十分之一秒内，雄伟的蛋白质大厦切换到一个新的构象。蛋白质某处的一个微小变化，能导致另外的地方通路大开。接下来另一个电子到达，整个蛋白质又切换回原来的状态。这种过程每秒钟会重复几十次。这些呼吸蛋白复合体的构造已经研究得非常充分，能达到几埃的解析度，直追原子水平。我们知道质子如何被蛋白质的电荷束缚，然后被结合到固定的水分子上；也知道当蛋白质通道发生变动时，水分子会如何移动；还知道质子如何通过动态间隙，从一个水分子传递到另一个。这些动态间隙不断开合，在质子通过后立即关闭，防止它回头——如同《夺宝奇兵》中印第安纳·琼斯（Indiana Jones）通过秘道时遇到的那些凶险机关。这台巨大精密的活动机器只有一个目的：把质子从膜的一边运送到另一边。

每一对电子通过呼吸链上的复合体 I，就有四个质子被运到膜对面。这对电子进入第二个复合体（严格来说是复合体 III，因为复合体 II 是备用的进入点）后，又会运送出四个质子。到达呼吸链时，电子终于"往生极乐"（与氧气分子会合），但还得再负责运送两个质子才算圆满。所以，从食物中夺取的每对电子，对应着 10 个质子被运送到膜对

A

B

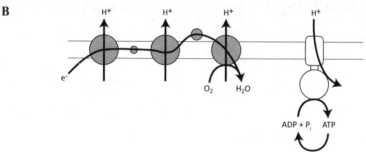

图 9　线粒体如何工作

　　小图 A：线粒体的电子显微照片显示了盘绕的内膜（嵴），这就是发生呼吸作用的场所。小图 B：呼吸链的示意图。3 个主要的蛋白质复合体镶嵌在内膜上。电子（e-）从左侧进入，依次经过 3 个复合体到达氧气。第一个复合体（详见图 8）是复合体 I，然后经过复合体 III 和复合体 IV。复合体 II（不在图中）是呼吸链的另一个入口，会直接把电子传递给复合体 III。膜内部的小圆圈是泛醌，负责把电子从复合体 I 和 II 运送到复合体 III。膜上方稍大的圆圈是与内膜松散结合的蛋白质细胞色素 c，它把电子从复合体 III 运送到复合体 IV。箭头所指的是电子通往氧气的流向。电子流为 3 个呼吸蛋白复合体泵出质子（H^+）提供能量（复合体 II 传递电子，但不泵出质子），每一对电子通过呼吸链后，复合体 I 和复合体 III 会各泵出 4 个质子，复合体 IV 泵出 2 个质子。质子通过 ATP 合酶（图右边）的回流，驱动了 ATP 的合成（从 ADP 和 Pi）。

面，仅此而已（图 9）。电子流向氧气的过程释放的全部能量，有接近一半会以质子梯度的形式保存起来。所有这些强力、精巧、繁复的蛋白构造，全都是为了把质子泵过线粒体内膜。每个线粒体都有几万套呼吸蛋白复合体。每个细胞有几百到几千个线粒体。你全身 40 万亿个细胞至少拥有 10^{15} 个线粒体；如果把它们盘绕褶皱的内膜摊平，合计面积可达 14 000 **平方米**，大约有四个足球场那么大。它们的工作就是泵出质子。加在一起，它们**每秒**泵出的质子数超过 10^{21} 个，相当于已知宇宙中恒星的总数！

不过，这实际上只是一半的工作，另一半工作是汲取这些能量来合成 ATP [1]。对质子来说，线粒体内膜几乎完全不可渗透；前面我们提到的那些等质子通过后马上关闭的动态通道，就是为了确保这一点。质子是微小的粒子，其实就是最小的原子（氢原子）的核，挡住它们绝非易事。质子可以轻易穿过水，所以膜的所有部分还必须绝对防水。质子还是带电粒子，带一个单位的正电荷。所以把质子泵过一层封闭的膜产生了两个效果：第一，在膜的两边制造了质子的浓度差；第二，膜的两边形成了电位差，外部环境相对于内部是正电位，膜内膜外的电位差是 150 ~ 200 毫伏。不要小看这个数字，因为膜本身非常薄（厚度为 6 纳米左右），在这么短的距离上，这是非常强大的电势能场。你可以再次变回 ATP 的大小去体验一下。如果待在膜附近，你感受到的电场强度是每米三千万伏特，相当于一道闪电，或者是普通家用电的 1 000 倍。

这个巨大的电位势，或称为质子动力，驱动着最令人叹为观止的蛋白质纳米机器：ATP 合酶（ATP synthase，图 10）。"动力"意味着运动，而 ATP 合酶确实是一台旋转马达。在 ATP 合酶中，质子流推动曲轴，曲轴转动具有催化能力的旋转头——正是这些机械力驱动着 ATP 的合成。这台蛋白质机器的工作方式就像涡轮水力发电机，在膜对面积蓄的

1　不仅仅是制造 ATP。质子梯度实际上是一种通用能量场，可以用来驱动细菌（不包括古菌）鞭毛的旋转，细胞向内和向外的物质主动运输，也可以驱动主动耗散来产生热量。它还是细胞程序死亡（细胞凋亡）机制的关键所在。我们后面会讨论这一点。

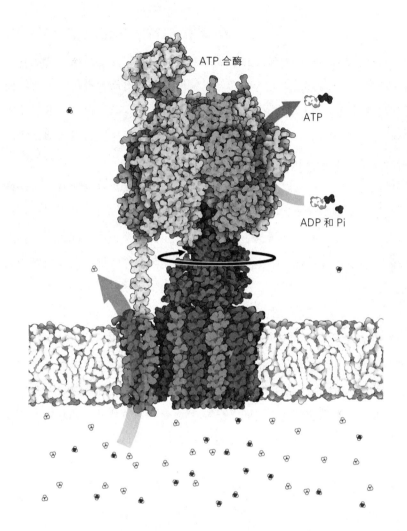

图 10　ATP 合酶的结构

ATP 合酶是一台奇妙的旋转马达，镶嵌在膜上（图下方的水平构造）。这幅漂亮的艺术再现图由戴维·古德赛尔（David Goodsell）按实体比例绘制，图中表现了 ATP 分子，甚至质子相对于膜和酶本身的大小。质子流通过嵌在膜上的亚基（透明箭头），驱动有条纹的 F_0 转子旋转，并带动连在上面的曲柄（转圈的黑色箭头）。曲柄的旋转迫使催化头部（F_1 亚基）发生构造形变，催化 ADP 和磷酸基团合成 ATP。催化头部不会跟着旋转，而是靠"定子"（酶左边的垂直棍子）固定其位置。膜下方显示的是质子和水结合形成水合氢离子（H_3O^+）。

质子就像被水坝拦起来的水。质子从膜外回流，就像水流从高处泻下，推动涡轮转动。这真不是诗意泛滥的修辞，而是精确的描述，是这台微观机器的本来面目；即使这样形容，也很难表现出这台蛋白质机器内部惊人的复杂度。我们仍然不知道它的很多工作细节：质子如何与膜内的 c 环结合；静电力如何让 c 环单向旋转；旋转的 c 环如何扭转曲轴，使催化头发生形变；催化头上面裂隙的开合，又是如何抓住 ADP 和 P_i，并用机械力强制它们结合，生成新的 ATP，锁定质子承载的能量。这是最高级别的精确纳米工程技术，像一件魔法装备，我们研究得越多，它越显得不可思议。有些人认为它就是上帝存在的证据，我不敢苟同。我看到的是自然选择的奇迹。但无论它来源于什么，这台机器都是造化的巅峰之作。

每 10 个质子流过 ATP 合酶，催化头都会转过完整的一圈，3 个新制造的 ATP 分子被释放到基质中。催化头的转速可以高达每秒 100 转。前面我提到，ATP 是生命的通用能量货币。同样，ATP 合酶和质子动力也是所有生命所共有的。基本上所有的细菌、古菌，以及所有的真核生物（上一章提到的生命三大域）都有 ATP 合酶，少数几种例外是利用发酵作用的微生物。这样的普遍程度，只有遗传密码可以相提并论。对我来说，ATP 合酶对于生命的象征意义与 DNA 双螺旋属于同一级别——既然这是我的书，那么我说了算。

生物学核心的谜题

质子动力的概念由彼得·米切尔开创。他是 20 世纪最低调也最具革命性的科学家之一。低调是因为他的研究领域，即生物能量学，在迷醉于 DNA 的生物学界只能算是冷门（过去和现在都是如此）。20 世纪 50 年代，克里克和沃森在剑桥大学开创了 DNA 时代；米切尔正是他们的同代人，而且后来也获得了诺贝尔奖（1978 年），但他的科学思想却经历了太多磨难。当沃森刚发现 DNA 的双螺旋结构时，他马上宣布："这太完美了，一定是正确的。"事实也证明他是对的。米切尔的思想则极端反直觉，与完美的双螺旋正好相反。他本人性格暴躁易怒，好争辩，但也绝对才华横溢。1961年，他在《自然》期刊上（此前，克里克和沃森的那篇著名论文也发表于此）发表了"化学渗透假说"（chemiosmotic hypothesis），不久就被迫从爱丁堡大学退休，官方理由是胃溃疡。"化学渗透"是米切尔引入的术语，是指质子穿过膜的过程。可能是出于刁钻古怪的性格，他的术语中"渗透"（osmotic）这个词根用的是希腊文原意，即"推动"，而不是我们熟知的渗透（osmosis）的现代含义，即水穿过半透膜。呼吸作用逆着浓度梯度的方向，把质子推过一层薄膜，这才是米切尔"化学渗透"的原意。

米切尔的个人经济条件很好，做事又强调实用，所以花了两年时间，把康沃尔郡博德明镇（Bodmin in Cornwall）附近的一座庄园改造成了实验室兼住所，1965年又在那里成立了格林研究所（Glynn Institute）。接下去的20年间，他和几位顶尖的生物能量学家的主要工作就是反复验证化学渗透假说，得到的结果却充满争议。他们之间的个人关系也随之恶化。在生物化学编年史上，这段时期以"氧化磷酸化战争"（ox phos wars，即oxidative phosphorylation的缩写）闻名，"氧化磷酸化"就是指氧气获得电子和ATP合成这两个过程之间的偶联机制。现在也许很难想象，我在前面几页中介绍的各种细节，科学界直到20世纪70年代还一无所知。其中的很多部分，直到现在仍是科学研究的前沿热点。[1]

为什么米切尔的理论如此难以接受？部分原因在于他的理论真的太出人意料了。作为对比，DNA的结构非常有道理，两条单链互为模板，DNA的核苷酸序列又可以为组成蛋白质的氨基酸编码。而化学渗透假说显得极其古怪，米切尔自己的解释听起来更像天外奇谭。我们都

1　我很荣幸自己的办公室和彼得·里奇的在同一条走廊。米切尔退休之后，里奇继任格林研究所主任，后来把这个传奇机构并入伦敦大学学院，成为伦敦大学学院格林生物能量学实验室。他和他的团队目前正在积极研究复合体IV（细胞色素氧化酶），呼吸链上最后一个蛋白质复合体。他们的研究课题是氧气被还原为水的过程中，通过复合体IV传递质子的动态水通道。

知道，生命的本质就是化学。ATP 的化学结构就是 ADP 加磷酸基团，所以几十年来大家都认为，只要有某种活性中间体把磷酸基团传递给 ADP，就能合成 ATP。细胞中充满了各种活性中间体，只需要找到正确的那一个就好。然而米切尔意外登场，眼中闪着疯狂的光芒，活脱脱一个偏执狂，写着没人看得懂的方程式，高声宣布：呼吸作用根本不是化学反应；大家都在寻找的活性中间体根本不存在；电子流动和 ATP 合成的偶联机制其实是质子梯度，位于一层不可渗透的薄膜两边，叫作质子动力。难怪他那么招人讨厌！

这真是一段传奇，科学研究真正的运作方式往往出人意料。科学哲学家托马斯·库恩（Thomas Kuhn）关于"范式转变"带动科学革命的观点，在生物学中找到了绝佳的范例。现在，米切尔的理论已经被供奉在历史的殿堂，理论细节的研究已经直至原子水平。1997 年，约翰·沃克（John Walker）获得诺贝尔奖，凭借的就是 ATP 合酶结构研究的巅峰成就。明确复合体 I 的结构是一项更高的成就，但外行人可能认为这些都是之前剩下的细枝末节，生物能量学不会再有革命性的发现，能与米切尔的理论媲美。有趣的是，当初米切尔构思他的激进理论，并非从呼吸作用的详细机制出发考虑，而是从一个简单得多却又更加深刻的问题着手：细胞（他考虑的是细菌）怎样保持内外的差异？从一开始，他就认为生物与它们的环境通过二者之间的膜紧密联系在一起，不可分割。这也是本书的中心观点。这些基本的生化过程对于理解生命起源和存在的重要性，很少有科学家像米切尔认识得那样深刻。在他发表化学渗透假说的四年前（1957 年），在莫斯科的一次生命起源研讨会上，米切尔在演讲中这样说：

> 我无法脱离环境来思考生命……必须认为二者是同一连续体中旗鼓相当的两相，二者之间的动态联系由膜来维持；膜既隔开生命与环境，又让它们紧密连接。

　　米切尔这段话的思想内涵，随后衍生出了化学渗透假说。思想本身比处理实际问题的化学渗透理论更富有哲学意味，但我认为二者具有同等的先见之明。在当代研究中，分子生物学的主导地位已经让我们忘记了米切尔对膜的执着，还有对细胞内外环境之间关键连接点的重视。米切尔称其为"向量化学"（vectorial chemistry），即具有空间方向性的化学，其中位置和结构有重大意义。这不是传统思维方式下的"试管化学"（test-tube chemistry），其中所有反应物都在溶液中混合。所有生命都利用氧化还原化学，在膜的两侧制造质子梯度。生物到底为什么这样做？对这一点的思考，现在听起来不像在60年代那样离经叛道，只是因为大家已经听了50年，听多了就算不再蔑视，也熟视无睹了。这些思考显得不再新颖，被封存在教科书中，无人问津。我们早已知道这些观点是正确的，但对于背后更重要的"为什么"，却没有更接近答案。这个问题可以分解成两部分：为什么所有的活细胞都使用氧化还原反应作为自由能的来源？为什么所有细胞都使用跨膜的质子梯度保存这些自由能？我们还可以问得更本质一点：为什么用电子？为什么用质子？

生命就是电子的作用

　　为什么地球上的生命都利用氧化还原反应？这可能是最容易回答的部分。我们所知的生命是碳基生命，准确地说，生命基于被部分还原的碳元素。做一个简单到可笑的粗略近似（先不考虑生命必需的少量氮、磷和其他元素），生命的"分子式"就是 CH_2O。如果以二氧化碳为起点（下一章会讨论这个问题），那么要形成生命，就必须演化出从氢气（H_2）这样的物质中转移电子和质子到二氧化碳的过程。原则上，电子的来源并不重要，可以来自水（H_2O）、硫化氢（H_2S），甚至可以来自亚铁离子（Fe^{2+}）。关键是电子必须转移给二氧化碳，而所有这类转移都是氧化还原反应。顺便说一下，前面的"部分还原"，是指二氧化碳没有被完全还原成甲烷（CH_4）。

生命是否可以用其他物质取代碳呢？这当然是可以想象的，我们都很熟悉用金属和硅制造的机器人。那么，碳到底有什么特别之处？说实话，很多。每个碳原子可以形成四个强力的化学键，比它在周期表上的同族邻居硅元素形成的键强得多。这些键让碳原子可以连接成变化极为丰富的长链分子，特别是蛋白质、脂质、糖和 DNA。硅元素根本无法支持这样的化学多样性。而且，常温下没有类似二氧化碳的气态硅氧化物。我把二氧化碳想象成某种乐高积木，你可以从空气中搜集它们，一块一块添加到其他分子上，每次增加一个碳原子。而硅氧化物呢……你可以试试用沙盖房子。也许会有类似于我们的高级智慧生命，把硅引入为生命的一部分，但还是很难想象生命能以硅元素为基础，从最底层开始自我提升。这并不是说，无限的宇宙中就不可能演化出硅基生命，谁敢如此断言呢？但是从可能性和可预测性（这些正是本书的要点）的角度来看，与碳基生命相比，存在硅基生命的可能性微乎其微。碳不仅更好用，而且在宇宙中的丰度远高于硅。因此再做一个合理的近似：生命就应该是碳基的。

然而，对部分还原碳元素的要求，只是答案的一小部分。对大部分现代生物而言，碳代谢和能量代谢是相当隔离的过程。二者之间的联系是 ATP，以及几种活性中间体，比如硫酯类（特别是乙酰辅酶 A，acetyl CoA）。但是这些活性中间体并非一定要通过氧化还原反应才能制造。有几种生物依靠发酵作用生存，不过，发酵作用既不古老，能量产出也不高。那么生命开始之时，可能是依靠何种化学反应呢？关于这个问题，从来不乏精彩的设想，其中广为人接受的（也挺吓人的）是氰化物假说。氰化物可以由紫外线作用于氮气和甲烷等气体而形成。这可行吗？我在上一章提过，锆石证据显示，早期大气中并没有多少甲烷。然而这并不意味着它不可能在另一个行星上发生。如果这有可能，那为什么氰化物没有成为生命今天的能量来源呢？下一章我们会回来讨论这个问题。我认为它不太可能，但另有原因。

换个角度考虑这个问题：呼吸作用的氧化还原反应有什么好处？看

起来有很多。我们讨论呼吸作用时，要把眼光扩展到人类以外的生物。我们从食物分子中获取电子，通过呼吸链把它们传递给氧气。这个过程中最关键的一点是电子的来源和去向都可以改变。从能量产出角度考虑，食物和氧气反应的效率当然很高，但原理上有更多、更广泛的选择。比如，并不一定需要摄入有机物。我们前面已经谈到，氢气、硫化氢和亚铁离子都是电子供体。只要呼吸链另一端的电子受体是足够强力的氧化剂，它们也可以向呼吸链提供电子。也就是说，细菌可以凭借和人类呼吸作用差不多的蛋白质硬件，来"食用"岩石、矿物或者气体。如果你看见一堵水泥墙上有些部分变了色，那很可能是一片旺盛繁殖的细菌。请好好体会这一点：不论细菌与你的差异有多大，它们都和你依靠同样的一套基本生存设施。

　　氧气在呼吸作用中也并非必备。很多其他的氧化剂也可以表现得同样好，比如硝酸盐和亚硝酸盐，硫酸盐和亚硫酸盐，还有很多其他选择。这些氧化剂（之所以叫这个名字，就是因为它们的化学性质有点像氧气）都可以从食物或者其他来源夺取电子。无论哪一种，电子从供体到受体的转移都会释放能量，并储存在 ATP 的化学键中。如果把所有已知被细菌利用的"氧化还原对"（redox couples，即一对能够配合反应的电子供体和受体）开列一个清单，恐怕得有好几页长。细菌不仅可以"吃"石头，甚至能"呼吸"石头。比起细菌，真核细胞在这方面就有点可悲了。整个真核生物域，包括所有的植物、动物、藻类、真菌和原生生物，它们的代谢多样性只相当于一个细菌细胞的全套把戏。

　　这么多电子供体和受体，其中不少的反应性都并不是很强，这也有助于让生物的选择更加多样。前面我们强调过，所有的生化反应都是自发进行的，必须由周围高度反应性的环境驱动。但是，如果环境的反应性过强，这些反应就会太快、太彻底，就不会有自由能留存下来供生物利用。举个例子，大气中不可能充满气体氟，因为它会立即与所有物质发生反应，很快就会耗尽。但是很多物质能够积累到远超它们自然热力学平衡的程度，原因就是它们反应得非常慢。氧气就是如此，如果给它机会，氧气会与有机物质发生剧烈反应，烧掉地球上的一切。但是氧气的这种暴力倾向被一些幸运而又偶然的化学反应规律所抑制，因此才在大气中稳定存在了亿万年。甲烷和氢气等可以与氧气发生更剧烈的反应（想想"兴登堡"号空难）[1]，但因为同样受活化能障壁（kinetic barrier）的限制，它们才可能在大气中与氧气共存多年，处于动态不平衡状态。还有很多其他物质，从硫化氢到硝酸盐，都是如此。它们可以被合适的条件强制进行反应，反应时会释放很多能量供细胞利用；但是如果没有合适的催化剂，就什么都不会发生。生命巧妙地控制着这些活化能障壁，从而更快地向环境输出熵，比没有生命的"自然"状态快得多。有些人甚至因此把生命定义为"熵制造机"。无论是否恰当，生命之所以存在，确实是因为活化能障壁存在——生命擅长的就是推倒这些障壁。强烈的反应性被压制在活化能障壁的背后：这就是化学为生命留下的一条"生路"。如果化学原理上不存在这么一个空子可钻，生命也许根本不会存在。

许多电子的供体和受体都可溶于水，化学性质稳定，可以无所事事地进出细胞。这些性质意味着热力学原则要求的那种反应性环境，可以被安全地移植到细胞内部，放到那些重要的膜以内。这让为生命供应能量流的氧化还原反应，比热能、机械能、紫外线或者雷电都要容易处理得多。就算是健康安全局也会批准的。[2]

可能有些出乎人们的意料，呼吸作用同时也是光合作用的基础。前面提过，光合作用有好几种不同的形式。无论哪种，太阳能都以光子的

1　"兴登堡"号飞艇是德国齐柏林公司制造的大型客运飞艇，于 1937 年进行首次横跨大西洋航行，在美国着陆时坠毁。"兴登堡"号使用氢气作为浮力气体，着陆下降阶段发生剧烈燃烧，半分钟内即告坠毁。着火原因至今未能确定，一个广为接受的推测是氢气发生泄漏，与大气中的氧气混合到一定比例后被静电火花点燃爆炸，撕裂气囊外壳；大量氢气接触氧气，进一步发生剧烈燃烧。此次事故导致 36 人死亡，是 20 世纪上半叶最后一次飞艇重大事故，终结了当时飞艇应用的热潮。吸取"兴登堡"号事故的惨痛教训，此后设计的大型飞艇和气球都不再使用氢气作为浮力气体，代之以惰性气体氦气。虽然氦气的比重大于氢气，效率更低，制备也更昂贵，但更安全。——译者注
2　英国的健康安全局（Health and Safety），主管公共卫生安全和工作环境安全的审批和监察，以要求苛刻闻名。——译者注

形式被一种色素分子（通常是叶绿素）吸收，激发这个分子的一个电子，电子通过一连串氧化还原中心到达电子受体（在光合作用中受体就是二氧化碳）。失去一个电子的叶绿素分子，会从最近的电子供体那里夺取一个补足，供体可以是水、硫化氢或者亚铁离子。与呼吸作用一样，供体是什么物质，原则上并不重要；不产氧光合作用把硫化氢或者铁作为电子供体，留下硫黄或者三价铁为废物。[1]产氧光合作用使用的供体要难对付得多：水；而它排放的废物是氧气。这里的关键在于，所有这些类型的光合作用都明显是从呼吸作用演变而来。它们使用同样的呼吸蛋白，同样的氧化还原中心，同样的跨膜质子梯度，同样的ATP合酶，整套工具全都一样。[2]唯一真正的不同，是光合作用发明了一个新的色素分子：叶绿素。不过叶绿素也不是凭空出现，而是与血红素（haem）有很近的亲缘关系。后者也是色素分子，存在于很多古老的呼吸蛋白之中。光合作用直接利用太阳能，深刻改变了整个世界，但从分子角度来看，它不过是让电子更快地流过呼吸链而已。

所以，呼吸作用最大的优势在于它的灵活多变。基本上任何一种氧化还原对，都可以被用在呼吸链上产生电子流。从铵根离子获取电子的蛋白质，跟从硫化氢那里获取电子的蛋白质相比可能稍有不同，但它们总是同一主题下的变奏曲，彼此高度相似。同样，在呼吸链的另一端，向硝酸盐或亚硝酸盐传递电子的蛋白质，与向氧气传递电子的蛋白质并不完全一样，但总有亲缘关系。它们的相似程度很高，可以互相替换工作。因为这些蛋白质都是同一个操作系统下的嵌入式组件，可以混合、搭配使用，适应任何一种环境。它们不仅在原理上可以互换，实际上也真的可以随便换来换去。过去几十年的研究发现，水平基因转移（几个

1　这是不产氧光合作用的缺点之一：细胞最终会被自己的废物包住。部分条带状铁矿构造中，有很多细菌大小的微孔，很可能就是这样形成的。而氧气虽然有潜在的毒性，却是非常容易处理的废物形式：因为氧气是气体，会自行散开。

2　我们怎么能确定光合作用是从呼吸作用演变而来的，而不是反过来呢？因为呼吸作用是所有生命共有的过程，而光合作用在原核生物中，仅有很少几种细菌拥有。假设所有生命的最后共祖也会进行光合作用，那么绝大部分细菌和所有古菌都丢失了这个价值无限的特征。先不论别的，演化不可能这么奢侈浪费。

基因组成的"小包"从一个细胞传给另一个，就像给点零钱）在细菌和古菌中非常普遍。而编码呼吸蛋白的基因，正是这种横向转移中交换得最频繁的一种。生物化学家沃尔夫冈·尼奇克（Wolfgang Nitschke）把这些基因称为"氧化还原蛋白工具包"。您是否刚刚搬到一个富含硫化氢和氧气的环境，比如一个深海热液喷口？没问题，请拿好这些必备基因，兄弟，它们会让你如鱼得水。这位女士，您的氧气用完了吗？试试亚硝酸盐！别担心，从这里拿一套亚硝酸盐还原酶，插入您自己的基因组就可以搞定！

所有这些特性都意味着，氧化还原化学对宇宙其他地方的生命也应该非常重要。我们可以设想其他形式的能源，但还原碳元素需要氧化还原反应；再加上呼吸作用的诸多优势，我们不难理解地球生命为什么使用氧化还原反应提供能量。然而，呼吸作用的具体机制：跨膜的质子梯度，完全是另一回事。呼吸蛋白可以通过水平基因转移扩散，还可以在任何环境中混搭工作，很大程度上是因为它们都基于共同的操作系统：化学渗透偶联。然而氧化还原反应没有什么明显的理由必须跟质子梯度搅在一起。米切尔的理论之所以遭到排斥，"氧化磷酸化战争"会持续这么久，部分原因就在于氧化还原反应和质子梯度之间缺乏明确的联系。过去的半个世纪，我们积累了很多生命**如何**利用质子的知识。但除非弄明白生命**为什么**要利用质子，否则我们就很难去解释地球生命的其他特征，或者预测宇宙中其他地方的生命演化历程。

生命就是质子的作用

化学渗透偶联的演化过程是一个谜。所有生命都使用化学渗透偶联，意味着它在演化史的极早阶段就已出现。如果它是后来才演化的，就很难解释为什么它会在生命中完全普及，以及是怎么做到的——为什么质子梯度会完全取代其他一切机制。在生物界，这样的完全普遍性非常罕见。所有的生命都使用同一套遗传密码（同样，有极少数例外，而且从反面证明了规律）。某些基本的生物信息处理流程也是通用的，比如 DNA 先转录成 RNA，RNA 再通过细胞中的纳米机器核糖体转译成蛋白质。但是，这个流程在细菌和古菌之间的差异大得惊人。前面说过，细菌和古菌是原核生物的两大域，它们没有细胞核，也缺乏复杂（真核）细胞的全套高级装备。从外观上看根本无法分辨细菌和古菌；但是从生物化学和基因遗传机制方面看，这两个域可谓分明。

以 DNA 复制为例，很多人可能认为这个机制对生命来说，应该与遗传密码一样基础。然而实际上，细菌与古菌 DNA 复制的机制细节完全不同，包括几乎所有参与的酶。还有，细菌和古菌细胞壁（保护脆弱细胞的坚硬外壳）的化学成分也完全不同。细菌和古菌的发酵反应生化路径也有很大差异。甚至二者细胞膜的生物化学成分都不一样。细胞膜对化学渗透偶联至关重要，化学渗透偶联的研究甚至有个别名，叫作"膜生物能量学"。也就是说，隔离细胞内外的屏障，以及复制遗传物质的机制，在演化中都没有严格保存下来。对细胞来说，还有什么比这些更重要呢！看来，化学渗透偶联的重要性远甚于所有这些有差异的特征，因为它更普遍。

这些深刻的差异，让人不禁把疑问转向二者的共同祖先。假设它们共有的特征来自共同祖先，差异的特征则是两个分支后来独立发展的，那么，这个共同祖先该是一个什么样的细胞呢？这东西简直没有逻辑可言。粗看起来它像是细胞的幻影，有些地方像一个现代细胞，从另外的角度看……它到底是什么呢？它会把 DNA 转录成 RNA，会用核糖体转译蛋白质；它有 ATP 合酶，也能进行一些氨基酸的生物合成——但是除了这些，两大类生物之间就没有什么共同点了。

再考虑膜的问题。膜的生物能量是普遍通用的，但膜本身却不是。有人设想这个"最后共同祖先"可能有细菌式的细胞膜，而古菌为了适应某种环境将其替换，可能是因为它的"新"膜更适应高温环境。表面上这个假设讲得通，但它有两个大问题。首先，大部分古菌并不是超嗜热菌（hyperthermophiles）。大多数古菌生活在温和的环境中，古菌型的细胞膜脂质在这种环境中并没有明显的优势，很多种细菌反而在高温热泉中活得很滋润。它们的细胞膜对付高温环境完全没问题。在几乎所有的环境中，细菌和古菌都能比邻而居，经常还有密切的共生关系。那么，为什么其中一群细胞要自找麻烦，某一次"突发奇想"替换了所有的细胞膜脂质？既然更换细胞膜是可行的，生物又总在适应新环境，那么为什么我们没有在其他场合发现它们全面更换细胞膜脂质呢？这样做总比从头开始发明一套容易得多吧？还有，为什么生活在热泉中的细菌没有获得古菌型的细胞膜脂质呢？

　　第二点更说明问题。细菌与古菌的细胞膜存在一个主要差异，而且似乎完全是随机产生的。细菌细胞膜使用的是甘油的一种立体异构体，古菌则使用另一种，两者互为镜像。[1] 即使古菌真的是为适应高温环境而替换了所有的细胞膜脂质，也实在没有任何理由用一种甘油取代另一种甘油。这纯粹有悖常理。更何况，用来制造左旋型甘油与制造右旋型甘油的两种酶，彼此毫无关系。从一种异构体换成另一种，首先需要"发明"一种新的酶（来制造新的异构体），然后要全面（也就是从基因开始）清除旧版本的酶（其实它完全能正常工作），虽然这个新版甘油没有任何演化优势。我反正没法接受这种逻辑。可是，如果实际情况不是一种脂质完全取代另一种，那么最后的共祖到底拥有哪种细胞膜呢？它的细胞膜一定跟所有的现代细胞膜都非常不同。为什么？

　　化学渗透偶联出现于早期演化，这个假设本身也有很麻烦的问题。首先，这个机制太过复杂。前面我们详细介绍了那些巨大的呼吸蛋白复合体以及ATP合酶，它们都是让人难以置信的复杂分子机器，有各种活塞和旋转马达。它们真是演化中最早阶段的产物，甚至早于DNA复制吗？

1　脂质分子由两部分组成：一个亲水性的头部和2~3条疏水性的"尾巴"（细菌和真核生物的由脂肪酸组成，古菌的是异戊二烯）。这两个部分可以让脂质形成双层膜，而不会形成脂质液滴。细菌和古菌脂质，其组成亲水性头部的分子是一样的，都是甘油，但二者用的是相反的立体异构体。所有生命都使用左旋氨基酸，而DNA分子都使用右旋糖类。一般对于这种手性的解释，是某种非生物因素导致一种异构体比另一种更有生存优势，而不是从生物酶的选择层面去考虑。细菌与古菌使用完全相反的甘油立体异构体，对于重新思考这个问题是很好的切入点。偶然性和生物酶的选择可能才是决定因素。

当然不可能！但这只是一种纯粹的感性反应。ATP合酶其实并不比核糖体更复杂，但大家都同意核糖体必定产生于早期演化。其次是细胞膜本身。即使先不考虑是哪种类型的细胞膜，"过早出现的复杂度"仍然令人困惑。在现代细胞中，只有在膜对质子完全不渗透的情况下，化学渗透偶联才能运作。但是，所有实验模拟出的早期细胞膜，能够达成的性质都对质子有高通透性。要把质子挡在膜外，不是一般的困难。问题的本质在于，只有当某些复杂的蛋白质已经嵌在一层对质子不渗透的膜上，化学渗透偶联才有用，否则它没有任何意义可言。机制如此复杂，部件这样繁多，那么这些部件到底是怎样预先演化出来的呢？这是一个典型的蛋鸡问题：如果还没有办法利用质子梯度，那么有必要去"研发"质子泵吗？如果还不会产生质子梯度，那又有什么理由去学习利用它呢？我会在第四章给出一个可能的解答。

在第一章结尾处，我提出了几个关于地球生命演化的重要问题。为什么生命出现得如此之早？为什么它们的形态复杂度停滞了几十亿年？为什么在漫长的40亿年间，复杂的真核细胞只演化出一次？为什么所有的真核生物都有一些令人费解的特征，而这些特征，包括有性生殖、两种性别和衰老，从来没有出现在细菌或古菌身上？这里我要再加上两个同样令人困惑的问题：为什么所有的生命都使用跨膜质子梯度来储存能量？这种怪异而又基础的机制是怎样（以及何时）演化出来的？

我认为，这两组问题密切关联。我将在本书中论证，是天然的质子梯度，在某个非常特定的环境下驱动了地球生命的诞生。这个环境虽然独特，但几乎可以确定普遍存在于宇宙中，因为形成它的必备条件仅仅是岩石、水和二氧化碳而已。我还将论证，化学渗透偶联限制了地球生命演化的复杂度，使其停滞在细菌和古菌的水平长达几十亿年。在一次单一事件中，一个细菌以某种方式入住另一个体内，后果是突破了细菌身上这些亘古的能量枷锁。这种内共生关系最终导致了真核生物的产生，它们的基因组膨胀了好几个数量级；这些膨胀的基因组，又成为形态复杂度演化的原材料。我的另一个论点是，宿主细胞与内共生体（后来变成了线粒体）之间的亲密关系，是真核生物种种怪异特征背后真正的原因。在宇宙中的其他地方，演化很可能沿着类似的路径进行，受制于同样的限制。如果我的理论正确（我从未妄想在一切细节上都正确，但我希望大方向是对的），这就是一种更有预见性的生物学的发端。有朝一日，我们或许能根据宇宙的化学成分，预测宇宙中任何地方可能出现的生命特征。

第二部

生命的起源

3

生命起源的能量

中世纪的水磨坊与现代的水电站一样，动力来源都是水道引导的水流。如果把水流集中导向一条封闭受限的水道，它的力量就会增加。这样它就可以驱动很多工作，比如转动水轮车。相反，如果让水流散布在宽阔的低地上，它的力量就会变小。如果本来是一条河，在这种情况下就会变成池塘或者浅滩。这些地方会是你渡河时的选择，因为你知道，从这里涉水不会被激流冲走。

活细胞的工作方式也基本相同。新陈代谢的路径就像水道，只不过流动于其中的是有机碳。在一条代谢路径中，一系列酶催化一系列线性连续的反应，每一种酶处理的都是前一种酶的产物。这种工作机制控制了有机碳的流动。一个分子进入这条路径后，会经过一连串化学改造，变成一个不同的分子，再被送出去。这个反应序列可以可靠地重复，每一次流入同样的前驱物后，最终都会送出同样的产物。细胞有多条不同的代谢路径，交织成一个"水车"的网络，其中的"水流"总是被控制在互相联通的水道中，流量总是最大化。与允许有机碳不受控制地流动相比，这种巧妙的网络结构能让细胞在生长过程中节省大量的能量和有机碳。酶的作用方式让生化反应保持在精确、狭窄的路径上，而不是每一步都耗散力量（即分子不会脱离路径，去发生不该发生的反应）。细胞不需要一条奔流到海的汹涌大江，而是用小运河组成的网络推动它们的磨坊。从能量角度来看，酶的威力不在于它们的催化速度有多快，而在于它们会针对性地发挥力量，引导网络达成最大化输出。

那么，生命诞生之初还不存在任何一种酶，那时的情况又是怎样呢？有机碳流受到的约束节制必然比现在少得多。细胞要生长，要制造更多的有机分子，要倍增，最终要自我复制，必然会耗费更多的能量，以及更多的碳分子。现代的细胞，其能量需求早已最小化，但前面已经介绍过，它们仍然要反复使用巨量的 ATP 分子（能量的标准货币）。即使是一种最简单的、利用氢气与二氧化碳反应能量生长的细胞，在这种呼吸作用中制造的废物，也比它制造的生物量（biomass）多出 40 倍。也就是说，这种代谢每生产一克生物量，支持它的放能反应就要产生 40 克废物。从数量上看，放能反应才是主旋律，生命不过是它的支线故事。即使经过了 40 亿年的演化改良，今天仍是如此。如果现代细胞仍然会制造 40 倍于有机物质的废物，想想最原始的细胞，在没有任何酶助力的情况下，会制造出多少？酶可以成百万倍地加快化学反应速度，如果没有酶，原料的通量就必须增加差不多的倍数才能达到同样的效果，就算 100 万倍吧。那么，最初的细胞可能需要产生 40 吨废物，才能制造一克细胞物质。这些废物能装满一辆大型载重卡车！如果把能量流比作水流，即使是一条洪水泛滥的大江也不够，恐怕需要一场海啸。

这样庞大的能量需求规模，对生命起源的各个方面都有重大意义。然而在现实研究中却很少被考虑过。生命起源研究作为一门实证科学，始于 1953 年著名的米勒-尤里实验（Miller-Urey experiment），实验结果与沃森和克里克的双螺旋论文发表于同年。自从发表以来，这两篇论文如同两只巨大的蝙蝠，将各自的领域笼罩在翅膀的阴影之下，影响却是有利有弊。米勒-尤里实验当年确实辉煌耀眼，但它巩固了"原始汤"（primordial soup）的概念，在我看来，这蒙蔽了该领域两代科学家的视野。沃森和克里克引领了 DNA 与信息的霸权时代，这对生命起源研究当然至关重要，然而完全孤立地研究复制与自然选择的起源，让学术界忽视了其他的重要因素，特别是能量问题。

1953 年，斯坦利·米勒（Stanley Miller）还是一名勤奋的博士生，在诺贝尔奖得主哈罗德·尤里（Harold Urey）的实验室工作。在那个名垂青史的经典实验中，米勒在烧瓶中加入水和还原性（即富含可提供电子）混合气体，然后制造放电，以此模仿雷电。烧瓶里的气体成分是以木星的大气成分为参照。那时候，科学界认为，早期地球的大气和木星大气类似，二者都应该富含氢气、甲烷和氨。[1] 极为神奇的是，米勒在实验中成功合成了几种氨基酸，而氨基酸是制造蛋白质的基础构件，是细胞的基本工作物质。忽然间，生命的起源问题看起来如此简单！ 20 世纪 50 年代初，科学界对这个实验的兴趣远远大于沃森和克里克发现的 DNA 结构。沃森和克里克一开始只引起了一点小小的骚动，而米勒登上了 1953 年的《时代》杂志封面。米勒的研究影响深远，直到今天仍然值得回顾。他首开先河，用实验去验证了一个关于生命起源的明确假说：闪电作用于充满还原性气体的大气层后，就能制造出细胞的基础构件。在不存在其他生命的情况下，这些前驱物质会在海洋中慢慢积聚。天长日久，海洋就变成了充满有机分子的浓汤。这就是原始汤假说。

虽然沃森和克里克的发现在 1953 年波澜不惊，DNA 的魔力却一直延续至今，令生物学家为之倾倒。对很多人而言，生命就完全是 DNA 承载和复制的信息，生命的起源就是信息的起源；几乎所有人都认为，没有信息，自然选择主导的演化就不可能发生。信息的起源问题又被简化为"自我复制"的起源问题：最早的自我复制因子是怎么出现的？ DNA 分子过于复杂，不太可能是最早的复制因子；而更简单、反应性更强的前驱物质 RNA（核糖核酸），就比较符合设定的条件。直到今天，RNA 仍然是介于 DNA 和蛋白质之间的关键中间物质，在蛋白质合成中同时扮演模板与催化剂的角色。因为 RNA 既可以充当模板（就像 DNA），又可以充当催化剂（就像蛋白质），所以它们可以在太初的"RNA 世界"中，

1　根据最早的岩石和锆石结晶的化学成分分析，早期地球应该有比较中性的大气，主要成分为二氧化碳、氮气和水蒸气，这些都是当时活跃的火山活动所排放出来的气体。

同时作为 DNA 和蛋白质形式较为简单的先驱。然而，制造 RNA 所需的核苷酸又从何而来呢？ RNA 由一个个核苷酸串成长链而成。答案当然是那锅汤啦！虽然 RNA 的合成和原始汤之间并不存在什么必然的联系，但是原始汤无疑是最简单的假设，不用考虑热力学、地球化学等复杂的细节。丢开这些问题，基因研究小能手们就可以着手开展真正重要的科学工作。如果要为过去 60 年的生命起源研究领域总结一个旋律，那就是原始汤催生了 RNA 世界，简单的复制因子在其中逐渐演化，变得越来越复杂，开始为新陈代谢编码，最终形成了 DNA、蛋白质和细胞的世界，如我们今日所见。按这种观念，生命就是自下而上、层层攀升的信息。

在这个主旋律中，缺失的声部就是能量。原始汤假说当然不是没有提到能量——就是那些闪电嘛。我曾经计算过，如果单靠闪电，要维持一个原始生物圈，其生物量仅仅相当于光合作用出现之前的状况，那么平均每平方公里的海洋需要每秒四次闪电。而这还是以假设生物以现代效率生长为前提的。闪电能够提供的电子数量完全满足不了生命的需求。紫外线可能是更好的能量来源。在混合着甲烷和氮气的原始大气中，紫外线能够提供能量，形成氰化物（以及其衍生物氰胺）等反应性前驱物。那时候的太阳还年轻，电磁波谱与现在相比更偏高能，在当时没有臭氧层过滤的条件下，紫外线通量比现在大得多，源源不绝地投射到地球以及其他行星上。有机化学家约翰·萨瑟兰（John Sutherland）曾经设计出巧妙的实验，在所谓"可能的太初环境"中利用紫外线和氰化物，成功合成了活化的核苷酸。[1] 但这个假说也有严重的问题。没有任何已知的生命把氰化物作为碳来源，或者以紫外线为能量来源。相反，这二者对生命都有致

---

1 "可能的太初环境"这种条件设定看似合理，其实有很多缺陷。它的表面意思是，设定的原料物质和条件很可能存在于早期地球。确实，冥古宙的早期海洋中可能有一些氰化物；早期地球环境的温度波动范围也有可能高达数百摄氏度（在热液喷口中）或者低到冰点。但问题在于，"原始汤"的概念环境是开放的海洋，其中真实的有机物浓度远低于实验室条件；而且要在同一环境设定中既有高热又有冰冻的低温，也几乎不可能。所有这些环境设定条件，每一个都可能存在于当时地球上的某个角落；但除非把整个地球看作一个环境单元，以化学合成实验室的方式进行一系列协调实验，否则它们不可能驱动"起源化学"（prebiotic chemistry）。所以，这个环境设定其实极度不现实。

命的杀伤力。即使对于今天的复杂生命来说，紫外线的破坏性也太强了，因为它会分解有机分子，而不是促进它们形成。它更有可能把海洋的生机烤焦，而不是使其充满生命。紫外线的能量太过猛烈，我认为无论是在地球还是其他任何地方，它都不太可能充当生命直接的能量来源。

紫外线假说的拥护者，倒也没有主张紫外线能够直接充当能量来源。他们提出，紫外线可以促进稳定的有机小分子形成，比如氰化物，然后慢慢积累。从化学角度看，氰化物确实是一种不错的前驱物。它之所以对我们有毒，是因为会阻断细胞的呼吸作用。这很可能只是地球生物的一种特异性而已，没有什么原理上的必然性。氰化物假说真正的问题在于浓度，而浓度问题是整个原始汤理论的痛脚。即使假设存在合适的还原性大气，相对于氰化物（或者其他任何的简单有机分子前驱物）的合成速度，海洋也实在太大了。如果氰化物以合理的速率合成，在25℃ 的条件下，海洋中稳定氰化物的浓度大约是每升海水中含有二百万分之一克，远远不足以驱动生化反应的诞生。要走出这条理论上的死路，唯一的办法是浓缩海水。整整一代研究"起源化学"的科学家，都把海水如何浓缩作为主要方向。海水冻结或者超量蒸发，理论上都可以增加海洋中的有机物浓度。但这些都是极端场景，意味着剧烈的环境变化；而活细胞的特征定义，却是物理上要有稳定的状态——两方面极不协调。氰化物起源理论的一个支流曾经提出天外奇想：40 亿年前的小行星大轰炸事件，或许导致海洋全部蒸发，这样氰化物（以铁氰化物的形式）就可以浓缩了！在我看来，这只是一个闭门造车的理论，在绝望中乱抓救命稻草。[1] 这些理论的缺陷在于，他们提出的环境条件都太多变、

---

1 我前面讨论"原始汤"理论的前提是，它是由闪电或紫外线的能量在地球上形成的。然而另外还有一个可能的有机物来源：由陨石从太空送到地球上。这就是所谓的"化学有生源说"（chemical panspermia）。毫无疑问，太空中和小行星上确实存在丰富的有机分子，而且确实有陨石不断地把它们带到地球表面。但是到达地球之后，这些有机物仍然会溶于海洋，最多也就是形成原始汤。也就是说，化学有生源说还是无法解答生命起源的问题，因为仍然无法解决前面我们讨论那些原始汤问题。弗雷德·霍伊尔（Fred Hoyle）和弗朗西斯·克里克等人进一步提出，陨石可能把整个细胞送到了地球上。这样的理论仍然没有解答问题，只是把问题推到了宇宙中其他地方。对于生命起源，我们可能永远找不到确定的答案，但是我们可以探索决定活细胞起源的基本原理，不论是在地球还是其他地方都适用。而有生源说对我们寻求这些原理完全没有帮助，所以不予讨论。

太不稳定了，需要假设一系列剧烈的环境变化，才能在起源化学上自圆其说。事实正好相反，活细胞是稳定的存在，它们的各个细部在不断翻新，但是整体结构保持不变。

古希腊哲学家赫拉克利特曾有警句："人不能两次踏进同一条河流。"他的意思当然不是河水被冻结了、被蒸发了，或是被炸入太空。河水在不变的河岸之间持续流动，至少以人类的时间尺度看来是这样。同样，生物也在不断自我更新，但维持着不变的结构形式。就算新陈代谢已经把细胞的内部组件完全置换了几轮，细胞仍然是细胞。除此以外，我很怀疑生命还能有其他形式。在规范生命结构的信息出现之前，结构本身已经存在（这在生命起源的逻辑上是必然的：因为在复制因子出现之前，必然先有前驱结构，否则你复制什么？），但是需要持续的能量流入才能维持。能量流能够促进物质的自组织现象。俄裔比利时物理学家伊利亚·普利高金（Ilya Prigogine）提出的"耗散结构"（dissipative structure），大家应该很熟悉：一壶沸水的对流或者浴缸排水口的漩涡，维持这些结构都不需要任何信息。沸水的对流只需要热能，而排水口的漩涡只需要角动量。能量流加上物质流，就可以形成耗散结构。飓风、台风和大漩涡都是自然形成的宏大的耗散结构。它们在大气或海洋中自发形成，规模庞大，驱动它们的是赤道地区和极地太阳能流入的差异。规律性洋流（比如墨西哥湾流）或者规律性气流（比如中纬度西风带和北大西洋急流），也都不靠任何信息形成；只要有能量流支撑，它们就会稳定维持。木星大红斑是一个巨大的反气旋风暴，尺寸有几个地球那么大，已经持续了至少好几百年。所有的耗散结构都需要持续的能量流入支撑，正如电热水壶中的对流结构，只要电流能维持水的沸腾和蒸发，就会持续下去。以更普遍的热力学观点来看，这些现象产生于持续的远离平衡态（far-from-equilibrium）条件，这种状态由能量流入支撑，可以无限期地维持下去，直到最终（如果以恒星为例，那就是几十亿年以后）达成平衡态，耗散结构才会崩解。这里的要点是，能量流可以创造出持久的、规律性的物理结构。这个过程与信息无关，但我们将看到，它却能创造出适合生命起源的环境。正是从这样的环境中，生物信息（包括复制和自然选择在内）才能脱颖而出。

包括人类在内的所有生物都是耗散结构，都靠各自环境提供的远离平衡态条件支持。呼吸作用的持续反应为细胞提供自由能，用来固定碳，用来生长、合成各种活性中间体，用来把这些构件组成各种长链聚合物（包括碳水化合物、DNA、RNA 和蛋白质），还用来增加环境中的熵，让生物本身维持在低熵状态。在没有基因或信息的情况下，只要有持续的活化前驱物供应（活化的氨基酸、核苷酸和脂肪酸）和持续的能量流入，那么某些细胞结构，比如细胞膜和多肽，就应该能自发形成。能量流和物质流会强制细胞的结构出现，结构成分也许会被替换，但只要这些流入持续不断，结构也会维持下去。原始汤理论中真正缺席的，正是这种持续的能量流和物质流。"汤"里面没有什么东西可以驱动耗散结构（也就是细胞）的形成；没有什么东西可以支持细胞的生长和分裂；也没有什么东西可以在缺乏催化酶引导代谢的情况下，突然变成有生命之物。这些条件听起来很苛刻，那么真的存在某种环境可以满足这些条件，驱动最原始的细胞形成吗？我的答案是，几乎肯定有。不过，在探索那种环境之前，我们先来详细探讨一下到底需要哪些条件。

如何制造一个细胞

制造一个细胞需要哪些条件呢？地球上所有的活细胞，都有以下六项基本特征。我们先把它们都列出来，希望不会太像教科书：

1. 持续的活化碳供应，用来合成新的有机物；

2. 自由能供应，用来驱动代谢生化反应，包括新的蛋白质和 DNA 等物质的合成；

3. 催化剂，用来加速和引导代谢反应；

4. 排泄废弃物，遵循热力学第二定律，驱使化学反应以正确的方向进行；

5. 区隔化（compartmentalization），细胞式的结构，把内部和外部分隔开；

6. 遗传物质，即 RNA、DNA 或同等物质，用来承载信息，规定具体的结构和功能。

其他一切特征（你在生物课上背下来的那些，比如运动和感觉等），从细菌的角度看，都是并非必要的锦上添花。

很容易理解，这六种特征紧密地互相依存，而且在最开始就应该都出现。持续的有机碳供应，很明显对细胞的生长、复制等所有方面都是关键。简化考虑，即使是"RNA 世界"，也需要复制 RNA 分子。RNA 是由核苷酸串连起来的长链分子；每一个核苷酸都是一个有机小分子，一定有其来源。研究生命起源的科学家之间有一个久远的分歧：新陈代谢和复制，到底哪一个先出现？当然争不出什么结论。复制就是倍增，以指数级的增长速度消耗原料；除非能以同样的速度补充原料，不然复制很快就会停止。

这个蛋鸡问题有一条可能的出路，就是假设最初的复制子根本不是有机分子，而是黏土矿物之类的无机物。这是英国科学家格雷厄姆·凯恩斯–史密斯（Graham Cairns-Smith）长期主张的奇想。然而这个假说帮助不大，因为矿物的化学性质太粗线条了，虽然作为催化剂很有价值，但是无法用来**编码**任何复杂的东西，连"RNA 世界"的复杂度都远远达不到。如果矿物质不能充当复制因子，那我们就需要在无机物和有机物之间找到最短、最快的路径，来形成一种能够复制的有机分子，比如 RNA。既然实验证明核苷酸可以由氰胺合成，那就不必再去探究未知而又不必要的中间物质。不妨直截了当地假设：早期地球的某些环境能够提供充当复制基本构件的有机小分子，即活化的核苷酸。[1] 氰胺可能算不上很好的实证起点，然而热力学原理好像特别倾向于形成某些分子，包括核苷酸。证明这种倾向的证据是，在各种迥然不同的条件下反应，包括在还原性气体中放电、在高压反应容器中或者小行星上的宇宙化学环境中，生成的一系列有机小分子都非常相似。所以简化考虑：合成有机复制因子的条件，是需要在同一个环境中持续供应有机碳。这个条件排除了冰冻环境，因为结冰虽然能在冰晶之间增加有机分子浓度，却无法持续补充复制过程需要的原料。

那么能量呢？在这个环境中反应还需要有能量。要把所有的小分子构件（氨基酸或核苷酸）连接成长链聚合物（蛋白质或 RNA），首先需要活化这些小分子。这就需要能量来源，ATP 或者其他类似的分子。在 40 亿年前的地球这样的水世界中，需要找到一种特定类型的能量来源，能够提供驱动聚合反应形成长链分子的能量。聚合反应是一种脱水反应，每形成一个分子键就必须去除一个水分子。问题在于，在溶液中进行脱水反应，有点像在水下尝试拧干湿衣服。几位著名的研究者因为被这个问题困扰，甚至主张生命一定起源于没有多少水的火星，认为它们之后才搭乘陨石的便车降临地球。这种理论让我们都成了火星人。然而事实上，地球生命在水中应付裕如。每个活细胞每秒钟都要进行数千次脱水反应。办法是把脱水反应与 ATP 的分解进行偶联，ATP 分子每分解一次都会消耗一个水分子。一个脱水反应与一个"再水合反应"（hydrolysis，即水解作用）偶联，实际效果就只是转移了水分子而已，同时释放一些储存在 ATP 化学键中的能量。这样问题就简单多了，我们只需拥有持续供应的 ATP，或者更简单一点的类似分子，比如乙酰磷酸（acetyl phosphate）。下一章我们会讨论这些分子可能的来源。现在的要点是，如果要在水中复制，就需要在同一个环境中有持续、充裕的有

1　这个假设的逻辑依据是奥卡姆剃刀原理（Occam's razor），科学哲学中最基础的方法论：选择最简单自然的假设。得出的结果不一定正确，但是除非发现确有必要，我们就不应该引入更复杂的推论过程。或许，最终所有其他的可能性都被证伪，我们不得不用"神迹"来解释复制的起源（我不认为这会发生）。但是在那之前，我们不应该自找麻烦。奥卡姆剃刀原理当然只是解决问题的一种方法，但是科学的巨大成就已经证明：这种方法十分有效。

机碳供应，以及某种类似于 ATP 的分子供应。

到这里，六个要素已经明确了三个：复制、碳和能量。那么区隔化呢？这又是一个浓度的问题。生物膜由脂质组成，而脂质的成分是脂肪酸或异戊二烯（如上一章介绍，连在一个甘油的头部）。脂肪酸分子的浓度超过一定阈值后，会自发形成细胞状的囊泡；如果继续"喂"进更多的脂肪酸，囊泡还会膨大、分裂。我们又一次需要持续供应有机碳和能量，来驱动新的脂肪酸分子生成。要让脂肪酸和核苷酸这些分子在水中聚集得比消散得更快，就必须有某种集中的机制，比如物理性的聚集导向，或者天然的区隔化结构。这样才能局部增加这些分子的浓度，让它们形成大尺寸结构。满足这些条件时，囊泡的自发形成就不足为奇了：物理上这是最稳定的结构，因为这样会增加总体熵。我们已经在上一章介绍过这个原理。

如果确实能够持续供应活化的原料，这些简单的囊泡就会自发生长、分裂，因为它们受到表面积与体积之比的限制。想象一颗球形囊泡，算作一个原始的"细胞"，里面包裹着多种有机分子。它会因为吸收新的物质而生长，膜吸收脂质，其他有机分子进入细胞。我们现在让它倍增：表面积倍增，内容物也倍增，会发生什么？你会发现，表面积倍增后，体积增加了不止一倍，因为表面积与半径的平方成正比，体积（容积）与半径的立方成正比。但是内容物只增加了一倍。所以，除非内容物的增加速度比膜的表面积（也就是膜物质分子数目）更快，否则囊泡会瘪成哑铃形状。而这种形状差不多已经是分裂近半的状态，持续下去就会形成两个新的囊泡。换句话说，算术级增加物质会导致细胞结构不稳定，继而导致分裂和细胞数目倍增，而不是单纯地长大。一个生长的球体，迟早都会分裂成两个较小的泡泡。因此，活化碳前驱物流入，不仅会形成原始的细胞，还会促成最简版的细胞分裂。没有细胞壁的 L 型细菌正是使用这种出芽生殖方式来分裂。

表面积与体积的比例问题，同时也限制了细胞的大小。这个问题的实质是反应物的供给与废物排泄的速度问题。尼采曾经说过：只要人类还需要排便，就不会自以为是神。但事实上排泄是热力学定律的必然结果，即使是神也不会例外。任何化学反应要继续向前进行，就一定要移除终产物。这个道理并不比火车站的人群运动更复杂。如果旅客上车的速度比进站的速度慢，那么很快，进站的旅客就会在月台上拥塞。细胞内的情况类似：新的蛋白质的合成速度，取决于反应前驱物（活化氨基酸）的送入速度，以及废物（甲烷、水、二氧化碳、乙醇，无论是哪种放能反应）的移除速度。如果反应废物无法排出细胞，这就会阻止产生它们的反应继续进行。

对于原始汤理论来说，废物的移除问题又是一个根本的缺陷。因为在原始汤场景中，反应物和废物全都"腌"在一起。汤里的化学反应没有"向前"进行的动力，也没有力量来驱动新的化学反应。[1] 同样，当细胞越长越大，它也就越接近一锅汤。因为细胞的体积增加得比表面积快，所以当细胞变大时，通过划分内外边界的膜把新的有机碳送进来以及把废物送出去，二者的相对速度都会下降。一个大西洋那么大的细胞与足球那么大的细胞没有本质区别，都是绝对无法存在的。它会变成一锅汤（你或许认为鸵鸟蛋就和足球一样大，但是占了鸵鸟蛋绝大部分体积的卵黄囊基本上只是一个食物堆，在蛋里面发育的胚胎细胞其实非常小）。生命诞生之初，有机碳的自然输送速度和废物的移除速度，必然决定了细胞的尺寸会很小。可能还需要某种物理导流，让自然形成的持续水流带入前驱物，同时带走废物。

现在我们还剩下催化剂的问题。现代生物都以蛋白质（酶）为催化剂，但 RNA 也有一定的催化能力。麻烦在于，RNA 分子已经是一种复杂的聚合物。RNA 由许多核苷酸构件组成，每个核苷酸分子都必须先合成、活化，之后才能连接在一起形成长链。如果这些还没发生，催化剂就不太可能是 RNA。无论导致 RNA 出现的过程是什么，它一定也驱

1　一个熟悉的例子就是葡萄酒的酒精浓度。光靠酒精的发酵作用，葡萄酒的酒精浓度无法超过15%。酒精含量升高后，会阻止反应（发酵）继续进行，不能生成更多的酒精。除非移除已经生成的酒精，否则发酵反应就会慢慢停止：此时的葡萄酒达成了热力学平衡（变成了汤）。白兰地等烈酒，制造方式是靠蒸馏葡萄酒来进一步浓缩酒精。我相信，人类是唯一一把蒸馏运用到完美的生物。

动了其他简单有机分子的合成，尤其是氨基酸和脂肪酸。所以，早期的"RNA世界"一定非常"脏"，混杂着各式各样的有机小分子。尽管RNA确实在复制以及蛋白质合成的起源上发挥了关键作用，但认为"RNA自己忽然发明了新陈代谢"的理论仍属荒谬。那么，到底是什么催化了最初的生化反应？最有可能的答案是无机复合物分子，比如金属硫化物（特别是铁、镍和钼）。直到今天，在几种古老的、所有生物共有的蛋白质中，这些金属仍然作为辅因子（cofactor）存在。我们总是把蛋白质看作催化剂，但事实上，蛋白质只是加速了本来就会发生的反应，而决定反应本质的是辅因子。如果部分剥离蛋白质，辅因子会变成效率不高或针对性不强的催化剂，但它们的催化效果还是比没有催化剂好得多。它们的效率仍然取决于反应物通量。这些原始的无机催化剂，刚刚学会引导碳和能量流向有机物，但它们把原本海啸一般的能量需求降低到一条小河的水平。

另外，这些简单的有机小分子（特别是氨基酸和核苷酸）本身也有一定的催化能力。如果有乙酰磷酸存在，氨基酸甚至可以直接连起来，形成短链多肽，即氨基酸短链。这种多肽分子的稳定性，部分取决于它们与周围分子的关系。疏水性的氨基酸如果和多肽与脂肪酸结合，可以维持得比较久；带电荷的多肽如果与硫化铁等无机矿物质簇结合，比如硫化铁，也会更加稳定。多肽与矿物质簇的自然结合，很可能会增强矿物质的催化能力，还可能因为复合体的稳定性在自然选择中胜出。设想一种矿物催化剂，可以促进有机分子的合成。有些合成产物与矿物催化剂结合会延长本身的寿命，同时马上改善这些矿物质的催化效率。从原理上看，这样的系统会让有机化学变得更加丰富、更加复杂。

那么，怎样才能从头开始构建一个细胞呢？首先，一定要有大量的活化碳化合物，以及可以利用的化学能持续流入。它们流过原始的催化剂时，其中一小部分会转化成新的有机分子。连续的流入必须受某种方法的约束，让合成的有机分子可以累积到很高的浓度，包括脂肪酸、氨基酸和核苷酸，而且还不会妨碍废物流出。某些天然的管道或者区隔结构，有可能达到集流的效果，就像水车的集流水道一样，可以在缺乏酶的条件下提升流入的动力，从而降低对有机碳和能量的总体需求。只有当新的有机分子合成速度超过它们的消耗速度时，浓度才能增加，也才可能自我组装成细胞状的囊泡、RNA 和蛋白质等结构。[1]

显然，这仅仅是一个细胞的开端，只是必要条件，远不是充分条件。但是让我们暂且放下细节，先注意一个要点。如果没有大量的有机碳与能量流被引导流过无机催化剂，就不可能有细胞的起源和演化。我认为这个条件对于宇宙中任何地方的生命演化都是必要的。上一章我们讨论过热力学决定的碳合成化学的需求：要有连续的碳和能量流过天然催化剂。所有过去立论的生命起源可能环境（不考虑那些奇谈怪论），几乎都被这样的条件排除了：温暖的池塘（很遗憾，达尔文这次错了）、原始汤、微孔浮石、海滩、胚种论……但是仍有一个幸存者——深海热液喷口。它不仅没被排除，相反，还符合所有这些条件。深海热液喷口正是我们寻找的耗散结构：有持续的碳和能量流动，也有远离平衡态的电化学反应炉。

深海热液喷口：天然的流式反应炉

美国黄石国家公园的大棱镜温泉，让我想起《魔戒》中的索伦之眼——邪恶的黄色、橘色和绿色。这些鲜艳耀眼的颜色，来自细菌的光合作用色素；这些分子可以利用火山喷泉散发出的氢气或硫化氢作为电子供体。黄石公园的这些细菌会进行光合作用，所以对于生命起源的秘密并不能给我们多少启发，但它们确实见证了火山温泉的原始力量。很明显，这些坐落在四周贫瘠环境之中的温泉只适合细菌。如果回到 40

---

1 我这里说的其实不是蛋白质，而是多肽。一个蛋白质中的氨基酸序列是由 DNA 中的基因决定的。多肽也是一条氨基酸链，由和蛋白质一样的化学键连接，但通常短得多（可能只有几个氨基酸），序列也不需要由基因规定。如果环境中有化学"脱水剂"存在，比如焦磷酸盐（pyrophosphate）或者乙酰磷酸盐，氨基酸会自发形成短链多肽。而这些脱水剂很可能就是 ATP 的非生物前驱物。

亿年以前，抹去周围的植被，露出光秃秃的岩石，很容易引人遐想：这片洪荒之地大概就是生命诞生的场所吧。

然而这里不是。回到生命起源之时，地球还是一片水世界。也许那时狂暴的全球性海洋上有一些小小的火山岛，岛上有陆地温泉，但绝大部分热液喷口都深处海底。20世纪70年代晚期，对深海热液喷口的发现震惊学界，不仅是因为它们的存在（温水羽流现象早已让人猜到它们的存在）[1]，还因为没人预料到这些"黑烟囱"如此强力、活跃，紧紧依附在它们周围的生态系统又是如此丰富。深海的海床通常像沙漠一样，罕见生命的踪影。然而，这些摇摇欲坠的烟囱拼命喷出黑色的"浓烟"，滋养着各种前所未见的古怪生物：无嘴、无肛门的巨型管虫，大如餐盘的贝类，以及没有眼睛的盲虾。此处的生命密集程度，堪比热带雨林。深海热液喷口的发现是一个开创性时刻，对生物学家和海洋学家如此，对生命起源研究更是如此。微生物学家约翰·鲍罗什（John Baross）很快就认识到这一点，他成了深海热液喷口研究的先行者，密切关注着这些位于漆黑海底、远离阳光的喷口，以及这种化学不平衡环境带来的旺盛活力。

然而这些喷口也很容易被误解。它们并不是真的完全不涉及太阳能。这里的动物生命依赖于与细菌形成的共生作用，而细菌以氧化黑烟囱中散发的硫化氢气体为生。这是化学不平衡最主要的来源：硫化氢（H_2S）是一种还原性气体，与氧气反应会放出能量。这是上一章我们介绍过的呼吸作用机制：细菌利用硫化氢作为电子供体，氧气为电子受体，驱动ATP合成。但是，氧气是光合作用的副产物，在演化出光合作用之前并不存在于早期地球。生命在深海热液喷口周围的惊人喷发，实际上还是完全依赖太阳能，尽管用到的化学机制不是直接的。那么在40亿年前，这些喷口环境一定与今天截然不同。

1　"羽流"是一种流体力学现象。在深海热液喷口的例子中，羽流指的是下层较热的水流上升，形成冷水中的热水柱，上升的热水柱末端流径扩大、破碎，造成上层（海面）特定区域产生乱流。虽然上层水温不见得有明显提高，但根据表面区域性羽流末端的存在，能够推测下层（海底）有热流源头存在。——译者注

如果排除了氧气，还剩下什么？在中洋脊的板块扩张中心（或者其他的海底火山活跃区域），海水与岩浆直接作用，黑烟囱由此形成。海水透过海床向下渗透，进入浅层的岩浆库，瞬间被加热到几百摄氏度，混入大量熔化的金属和硫，变成强酸性。超热的海水被汽化压推回到上方的海洋中，会具有爆炸性的力度，而且会迅速冷却。黄铁矿（即"愚人金"）等细微的硫化铁颗粒马上就会沉淀，这就是那些浓密的"黑烟"（深海热液喷口的别名"黑烟囱"由此而来）。40亿年前，这些情况应该大致相同，但这种强大的火山能量并不能被生命利用。化学浓度梯度才是生命能量的关键，在这里也是问题所在。那时候没有氧气提供的氧化还原化学势作为动力，硫化氢和二氧化碳反应生成有机物质要困难得多，尤其在高温条件下。从20世纪80年代末开始，金特·瓦赫特绍泽（Günter Wächtershäuser），一位极具开创性，也出了名暴脾气的德国化学家兼专利律师发表了一系列论文，开创了黑烟囱研究的崭新局面。[1] 他提出一套详细的反应机制，在黄铁矿表面把二氧化碳还原为有机分子，并将其命名为"黄铁矿拉力"（pyrites pulling）。他还提出了更具普遍意义的"铁-硫世界"理论，即铁-硫（FeS）矿物扮演了催化有机分子合成、启动生命的主角。这种矿物通常由亚铁离子（Fe^{2+}）和硫离子（S^{2-}）形成不断重复的晶格。直到今天，很多酶的核心仍然存在亚铁与硫化物形成的铁硫簇，包括一些呼吸蛋白都是这样。这些作为酶核心的铁硫簇结构，本质上与铁硫矿物的晶格结构完全一样，比如四方硫铁矿（mackinawite）和硫复铁矿（greigite）（见图11和图8）。因此，认为矿物质是生命起源的催化剂，好像又多了几分道理。然而，即便硫铁矿物是很好的催化剂，瓦赫特绍泽自己的实验也证明"黄铁矿拉力"反应机制其实行不通。只有用还原性更强

1　瓦赫特绍泽改变了我们对生命起源的理解。他坚决摒弃原始汤理论，在学术期刊上与米勒展开了漫长而激烈的争论。很多人以为科学讨论都应该是心平气和、不带感情的，我这里引用一些瓦赫特绍泽抨击原始汤理论的语言，让大家领略一下他的风采："前生物汤理论（其实就是原始汤理论，这是瓦赫特绍泽不太尊重的叫法而已）已经被批得体无完肤，因为它的逻辑自相矛盾，与热力学原理南辕北辙，从化学和地球化学上都完全说不通，与生物学和生物化学割裂，在实验中更是被完全否定！"

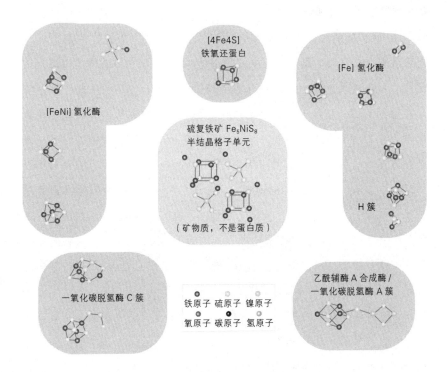

[4Fe4S]
铁氧还蛋白

[Fe] 氢化酶

[FeNi] 氢化酶

硫复铁矿 Fe₅NiS₈
半结晶格子单元

(矿物质，不是蛋白质)

H 簇

一氧化碳脱氢酶 C 簇

铁原子 硫原子 镍原子
氧原子 碳原子 氢原子

乙酰辅酶 A 合成酶 /
一氧化碳脱氢酶 A 簇

图 11 硫化铁矿物和铁硫簇

这是马丁和拉塞尔于 2003 年绘制的图，反映了硫化铁矿物和生物酶中的硫铁簇之间密切的相似性。中间的小图显示了硫复铁矿一个重复的结晶格子单元；这个结构会不断重复，组成一个多单元的晶格。周围的小图显示各种嵌在蛋白质中的铁硫簇，它们的结构都很像硫复铁矿，或四方硫铁矿等同类矿物。灰色区域显示了每个酶大致的形状大小和它们的名称。每个酶通常有好几个铁硫簇，有些含镍，有些不含。

的一氧化碳取代二氧化碳，有机分子才能生成。现实中没有发现任何生命是依靠"黄铁矿拉力"为生，这也证明实验的失败并非偶然，这个理论确实不对。

黑烟囱环境中确实存在一氧化碳，但浓度只是痕量，完全无法驱动有机化学反应（一氧化碳浓度只有二氧化碳的百万分之一到千分之一）。还有其他不对劲的地方：黑烟囱喷口非常热，喷出来的热液温度高达250℃至400℃，但是海底巨大的压力使其不会沸腾。在这种温度下，最稳定的碳化合物是二氧化碳。也就是说，有机合成根本不会发生；相反，如果真有有机分子合成，也会很快被降解为二氧化碳。另外，有机合成在矿物质表面催化，这个概念也存在很大的问题。如果真是这样，要么有机物会附着在表面，阻断后续反应的发生；要么脱离表面，那么它们就会被黑烟囱喷出的强劲水流冲向大海远方，扩散速度快得不足以成事。黑烟囱本身就很不稳定，从生长到崩塌，生命周期最多只有几十年。这点时间实在不足以"创造"生命。它们确实是远离平衡态的耗散结构，也确实能解决一些原始汤理论无法解释的问题，但这些海底火山系统太过极端，太不稳定，难以滋养生命起源所需的、温和的有机碳化学反应。它们真正不可缺少的贡献，是让原始海洋中充满来自岩浆的催化性金属，例如亚铁离子和镍离子（Ni^{2+}）。

这些溶解在海洋中的金属，最终便宜了另一种海底喷口：碱性热液喷口。我认为，它们解决了黑烟囱生命起源理论所有的问题。碱性热液喷口与火山无关，所以没有黑烟囱那些剧烈的活动和变化，但它们有很多其他的特性，使其成为真正合适的流式电化学反应炉。它们与生命起源的关系，最早由地球化学家迈克·拉塞尔（Mike Russell）在一篇1988年发表在《自然》上的短文章中提出。整个90年代，他发表了一系列理论论文，发展出了一套独特的理论。后来，马丁以他独到的微生物视角加入热液喷口的研究。他和拉塞尔两人合作，指出热液喷口和细胞之间有很多出人意料的相关性。与瓦赫特绍泽一样，拉塞尔和马丁也主张生命起源是"自下而上"的化学过程，始于简单分子（如氢气与二

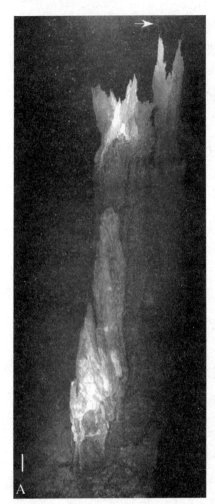

图 12　深海热液喷口

　　"失落之城"中活跃的碱性热液喷口（小图 **A**）与黑烟囱（小图 **B**）之间的比较。两幅图中的比例尺都是一米。碱性热液喷口可以高达 60 米，相当于一栋 20 层大楼的高度。小图 **A** 上方的白色小箭头标出了一个固定在喷口顶部的探测器。碱性热液喷口的白色区域是最活跃的喷发区，但与黑烟囱不同，其热液不会像"黑烟"一样沉淀。这里的景象给人荒废的感觉（但是很有欺骗性，实际上这里生机盎然），因而得名"失落之城"。

氧化碳）的化学反应，与自养菌（autotrophic bacteria）的化学方式类似（自养菌使用简单无机分子合成它们所需的一切有机物）。他们同样一直强调铁硫矿物作为早期催化剂的重要性。这三位科学家探讨的都是热液喷口、硫铁矿物和自养性的起源，外人非常容易把他们混为一谈。实际上，这两套理论的差别如昼夜般分明。

碱性热液喷口不是由海水和岩浆互相作用产生，而是通过一种温和得多的过程：岩石与水之间的化学反应。通过地壳运动从地幔中露出表面的岩石中富含橄榄石。橄榄石与水反应，会生成一种名为蛇纹岩（serpentinite）的水合矿物。这种矿物有着漂亮的绿色花纹，有点像蛇的鳞片。打磨抛光的蛇纹岩经常被用作公共建筑的装饰立面，和绿色大理石的用途类似，纽约的联合国大厦就是一例。形成这种矿物的化学反应有个拗口的名字——"蛇纹岩化作用"（serpentinisation），其实不过是指橄榄石和水反应生成蛇纹岩。这个反应产生的**废物**就是生命起源的关键材料。

橄榄石富含亚铁离子和镁。亚铁离子被水氧化，会变成锈状的氧化铁。这是一个放热反应，伴随着大量氢气的释放，而氢气会溶于含氢氧化镁的温暖碱性溶液。橄榄石普遍存在于地幔中，所以这种反应大多发生在板块扩张中心附近的海床上。在这里，新拱上来的地幔岩石与海水发生接触。但地幔岩石很少直接暴露在海洋中，接触的发生是靠海水渗透到海床以下的岩层，有时深达数公里，海水就在那里与橄榄石发生反应。这种反应制造出温暖、碱性、富含氢气的液体，比持续渗透下来的冷水比重更小，因此会上浮回海床。然后它们又会被冷却，再与溶解在海水中的多种盐发生反应，产物在海床上沉淀堆积，形成巨大的热液喷口。

与黑烟囱非常不同，碱性热液喷口与岩浆无关，所以位置不在板块扩张中心的岩浆库正上方，通常是在几公里外。它们喷出的不是超热液，而是60℃至90℃的温水。它们的形状不是大张口、直接向海洋喷出强力水流的烟囱，而是布满互相通连、迷宫一样复杂的微孔结构。它们不是酸性，而是强碱性。实际上，在这些特征发现之前，拉塞尔于90

年代初期就根据自己的理论预言了它们的存在。在多次科学会议的争论中，拉塞尔都势单力孤，但充满激情，指出科学家们大都被黑烟囱强烈的活力所迷惑，而忽视了碱性热液喷口处安静的生机。直到 2000 年第一个海底碱性热液喷口区被发现，并命名为"失落之城"，其他科学家才开始认真对待拉塞尔的理论。"失落之城"的各种特征几乎完全符合拉塞尔的预测，包括它的位置在离大西洋中脊十多公里之外。也许是巧合，那时候我正在构思和撰写一本书，探讨能量生物学与生命起源的关系〔《氧气》（*Oxygen*），原版于 2002 年首次出版〕。拉塞尔的理论立即吸引了我。在我看来，他的假说最独特也最深远的意义，就是建立起了天然质子梯度与生命起源之间的联系。问题在于，具体的机制是什么？

碱性环境的重要意义

碱性热液喷口提供了生命起源需要的所有条件。大量的碳和能量流入，由物理结构引导流过无机催化剂；同时，环境结构的约束让有机物可以积累起高浓度。热液富含溶解了的氢气，还有少量的其他还原性气体，包括甲烷、氨和硫化氢。"失落之城"和其他碱性热液喷口都具有微孔结构，没有大型的主喷口，沉积岩本身就像矿化的海绵，互相通连的微孔由薄壁隔开，壁的厚度介于微米和毫米之间，共同形成了错综复杂的迷宫，碱性热液在其中渗透（图 13）。这些热液不像黑烟囱那样被岩浆加热到超热液状态，温度相当温和，不但适合有机分子合成，还减缓了流动速度。热液不像黑烟囱那样高速喷发，而是缓缓流过催化剂表面。这些喷口的寿命长达几千年以上，"失落之城"至少已经存在了十万年。按拉塞尔的换算就是 10^{17} 微秒，他用的是对化学反应更有意义的时间单位。对于诞生生命的化学反应来说，这么长的时间的确足够了。

流过微孔迷宫的热液会高度浓缩有机分子（包括氨基酸、脂肪酸和核苷酸）。通过一种名为"热泳"（thermophoresis）的过程，这些分子的浓度能达到起始浓度的数千甚至数百万倍。具体原理有点像洗衣机中的小物件会集中卡在羽绒被套里面。一切都是动能变化造成的。在较高的温度下，小分子（洗衣机里的小物件）会四处乱跑，有一定的自由度向各个方向运动。当热液与外界液体混合、冷却，有机分子的动能下降，四处运动的能力也随之减弱（就像袜子被卡在被套里）。这样它们更难离开，所以开始在这些动能较低的地方累积（见图13）。热泳的效果部分取决于分子的大小。核苷酸这种较大的分子比小分子更容易被困住，而甲烷这种小分子很容易就从微孔系统中流失。总之，当热液持续通过这种微孔喷口系统，有机分子浓度会增加，而且不需要改变稳态条件（比如结冻或蒸发）就能达成这种效果；这个动态过程本身就是一种稳态。更有利的是，热泳效应会促进有机分子互相作用，在这些微孔中形成耗散结构。它可以让脂肪酸自发形成囊泡，还有可能让氨基酸聚合成蛋白质，让核苷酸聚合成 RNA。这些作用的发生受浓度影响很大，任何增加分子浓度的过程，都会促进分子之间的化学作用。

现实似乎不可能这么完美，这个假说确实还存在一些问题。今天，"失落之城"的碱性热液喷口是很多生物的家园，只不过大多数都是平淡无奇的细菌和古菌。它们会制造一些低浓度的有机物，包括甲烷，以及极少量其他种类的碳氢化合物。这些喷口在现代肯定没有创造出任何新的生命形式，甚至没有凭借热泳形成富含有机分子的环境。一部分原因是已经入住其中的细菌，它们会很有效率地把任何资源都搜刮殆尽。然而，另外还有更本质的原因。

40亿年前的黑烟囱环境不会与今天完全一样，那时的碱性热液喷口也一定与现在有些不同。某些方面不会有什么变化，比如蛇纹岩化作用过程就应该一模一样：同样温暖、富含氢气的碱性溶液应该从地下涌向海床。然而那时的海洋化学与现在大不一样，所以会改变碱性喷口的矿物质成分。今天，"失落之城"喷口处的成分几乎全是碳酸盐（文石，aragonite），而后来在其他地方发现的相似喷口（比如在冰岛北部的斯特列坦，Strýtan）则由黏土构成。40亿年前的冥古宙时期会形成什么样的喷口，我们无法确定，但有两个主要差异一定会造成重大影响：没

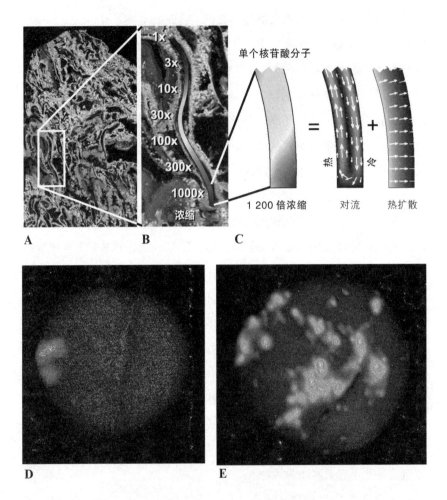

图 13   有机分子通过热泳效应高度浓缩

小图 **A**："失落之城"的碱性热液喷口剖面图，显示微孔结构和薄壁。这种结构没有主喷口，而是互相连通的微孔组成的迷宫，孔径大小从数微米到数毫米不等。小图 **B**：核苷酸之类的有机物，理论上可以通过热泳效应浓缩到起始浓度的 1 000 倍以上。小图 **C**：在微孔结构中的对流和热扩散效应，如何造成热泳现象而浓缩的示意图。小图 **D**：伦敦大学学院的反应器实现的实验室热泳效应。有机荧光染料（荧光黄）通过微孔陶瓷泡沫（直径 9 厘米）时被浓缩了 5 000 倍。小图 **E**：荧光分子奎宁的浓缩程度更大，在这个实验中至少达到了 100 万倍。

有氧气；大气和海洋中的二氧化碳浓度比现在高得多。这两点差异，会让远古的碱性热液喷口成为效率更高的流式反应炉。

如果没有氧气，铁会以亚铁离子的形式溶解在水中。我们知道早期海洋中充满了溶解的铁，因为后来它们全部沉淀，形成了分布广泛的条带状铁矿构造（详见第一章）。很多溶解的亚铁离子来自黑烟囱，即火山型热液喷口。我们还知道这些铁会沉淀在碱性热液区域，不是因为有实物证据，而是因为化学定律使其成为必然，我们还可以在实验室中模拟这个过程。这种情况下，铁会以氢氧化铁和硫化铁的形式沉淀，成为矿物簇催化剂。直到今天，我们还能在很多碳代谢和能量代谢的催化酶中发现类似的矿物簇，例如铁氧还蛋白（ferredoxin）。因此，在没有氧气的情况下，碱性喷口的矿物质内壁应该含有催化性含铁矿物，很可能还混杂着其他的反应性金属，比如镍和钼（都溶于碱性溶液）。现在，我们已经很接近真正的流式反应炉：富含氢气的热液在微孔网络中流通，催化物质形成的孔壁结构能够浓缩和留住反应产物，并排出废物。

然而，究竟发生了什么反应呢？现在我们已经接近问题的关键。这就是高浓度二氧化碳的意义。今天的碱性热液喷口反应中相对来说缺乏碳，因为大部分无机碳都以碳酸盐（霰石）的形式沉淀，成为喷口的支撑结构。然而根据估计，40亿年前的冥古宙，二氧化碳浓度比现在高得多，可能高出100至1 000倍。首先，这么多无机碳供应使得这些远古的喷口结构发展不受限制；此外，高浓度的二氧化碳使原始海洋酸化，让碳酸钙不容易沉淀（这个现象今天正威胁着珊瑚礁，因为上升的大气二氧化碳浓度让当代海洋也开始变酸）。当代海洋的pH值大约是8，略呈碱性。冥古宙的海洋很可能呈中性或者弱酸性，pH值介于5～7，虽然实际的酸碱度并不完全由地球化学因素决定。高浓度的二氧化碳、微酸的海洋、碱性热液，再加上含有铁硫矿的喷口薄壁，这个组合才是关键，因为它们共同驱动了在其他情况下难以发生的化学反应。

化学反应由两大原理支配：热力学与动力学。热力学原理决定了物质在哪种状态下更加稳定，如果没有时间限制，就一定会形成这种状态的分子。动力学影响反应速度，即在一定时间内反应会生成哪种产物。从热力学角度看，二氧化碳会与氢气反应生成甲烷。这是一个放热反应，至少在特定条件下会增加周围环境的熵，进一步促进反应。因此，如果有机会，这个反应会自动发生。这里的特定条件包括适中的温度，以及不能有氧气。如果温度升得太高，如前所述，二氧化碳会变得比甲烷稳定，热力学的"势"倒转，不利于反应发生。如果有氧气，氢气会更加亲和氧气，并与其发生反应生成水，夺去二氧化碳的反应伙伴。在40亿年前的碱性喷口，温和的温度加上无氧环境，恰好促进了二氧化碳和氢气反应生成甲烷。即使在今天，"失落之城"的喷口在有一定氧气的条件下也能制造少量甲烷。地球化学家简·阿门德（Jan Amend）和托马斯·麦科勒姆（Thomas Mccollom）更进一步。他们甚至计算出，在碱性热液环境中，只要没有氧气，热力学方面的趋势就是二氧化碳与氢气反应生成有机物。这点非同寻常：在这些条件下，且环境温度在25℃至125℃之间，以二氧化碳和氢气为原料合成全套细胞生命物质（包括氨基酸、脂肪酸、碳水化合物、核苷酸，等等）居然是**放热反应**。也就是说，达到这些条件时，二氧化碳和氢气应该自发反应，合成有机物质。细胞的形成会释放能量，增加环境的总体熵！

　　但是还剩下一个大问题：氢气并不容易与二氧化碳发生反应。虽然热力学原理说它们应该自发反应，但氢气与二氧化碳即使混在一起也互不理睬，它们之间还有一道**动力学**障壁，阻止反应立即发生。要强迫它们开始反应，需要注入一定能量，点燃火花来打破隔膜。反应开始后，首先会形成一些部分还原的化合物。二氧化碳只能接受成对的电子，接受第一对变成甲酸盐（$HCOO^-$），再来一对变成甲醛（CH_2O），再加上一对又变成甲醇（CH_3OH），最后接受一对电子成为完全还原的甲烷（CH_4）。当然，生命并不是由甲烷构成的，而是部分还原态的碳化合物；从氧化还原程度来看，生命大致相当于甲醛与甲醇的混合物。这也就意味着，如果生命起源于二氧化碳与氢气的反应，就需要应对两道能量障壁。第一道需要跨过去，达到甲醛和甲醇的还原程度；第二道则**绝不能跨过**！好不容易诱导二氧化碳与氢气结合在一起，细胞现在绝不能让反应进行到底，生成甲烷。那样所有物质都会变成气体，流失消散，生命也就不复存在。而生命，似乎很清楚如何降低第一道障壁，以及保持第二道障壁的高度（只在需要能量的时候降低它）。那么生命在诞生之初，是怎么做到这些的？

这才是真正令人费解的地方。如果二氧化碳与氢气的反应可以简单、经济地实现（经济意味着产出的能量要比投入的多），那人类早就这么做了。那将是解决世界能源问题的一大革命。想想看，模拟光合作用分解水，从而生成氢气和氧气，这是现成的技术，有驱动"氢能源经济"的潜力。但是，直接利用氢气作为能源有很多实际困难。如果能让氢气与大气中的二氧化碳反应，制造出天然气（即甲烷），甚至合成汽油，那该有多好！那样我们就可以继续在发电厂放手烧气，排放的二氧化碳与氢气反应消耗的二氧化碳达成平衡，大气二氧化碳浓度停止上升，人类还可以摆脱对化石燃料的依赖。全世界实现能量保障！很难找到比这个收益更大的技术了。但直到现在，我们也无法让这个简单的反应实现净能量输出，也因而无法进行经济利用。然而，这却是最简单的单细胞生物每时每刻都在做的事。例如产甲烷菌，就利用氢气与二氧化碳反应，生产所有需要的能量和有机碳。还有更难的问题：在活细胞出现**之前**，这反应又是如何进行的？瓦赫特绍泽认为，这根本不可能。他的说法是，生命不可能起源于氢气和二氧化碳的反应，因为二者根本就不反应。[1] 确实，在实验室模拟条件下，就算把反应压力提高到几公里深海底的程度

---

1 很遗憾，拉塞尔经过再三考虑，现在也同意了这个看法。他多次尝试让二氧化碳和氢气在极端条件下反应，来制造甲醛与甲醇，结果都失败了。所以他现在也认为这不可能。目前，他与沃尔夫冈·尼奇克合作研究其他分子驱动生命起源的可能性，特别是甲烷（由热液喷口制造）和一氧化氮（可能存在于早期海洋中）的反应，类似于现代甲烷氧化菌（methanotrophic bacteria）的生化机制。我和马丁不同意他们的看法，原因不在此详述。如果读者有兴趣，我推荐列在参考文献中苏萨（Sousa et al.）团队的论文。这个课题与早期海洋的氧化状态有关，所以是非常重要的问题，而且可以在实验室进行验证。过去的十年间，学术界有一个大进步，就是越来越多的的科学家都开始认真对待碱性热液喷口理论。在这个理论框架下，很多个人和团队从不同方向提出了明确可验证的假说，并着手进行实验。这才是正确的科学研究方式。我相信，我们所有人都乐于被人证明在细节上犯了哪些错误，同时又希望整个理论架构仍然站得住脚，继续丰富。

（热液喷口所在之处），还是不能迫使氢气与二氧化碳反应。这也是为什么瓦赫特绍泽起初会想出"黄铁矿拉力"这种理论，来代替这种"不可能"的反应。

然而，这个反应还有一条可行之道。

质子的力量

氧化还原反应需要把电子从供体分子（在这个反应中的是氢气）传递给受体分子（二氧化碳）。一个分子给出电子的"意愿"，化学术语称之为"还原电位"（reduction potential）。术语规范有点乱，但也不难理解。如果一个分子"想要"失去电子，我们会给它一个负数的还原电位值，"意愿"越强烈，负值就越大。相反，如果一个原子或分子渴望电子，一有机会就会从其他地方夺取，我们会给它一个正数的还原电位值（你可以把它看作对带负电荷的电子的吸引力）。氧气分子抢电子就很厉害，氧化其他物质就是夺取其他物质的电子，所以它的还原电位是很高的正值。所有这些数值正负都是相对于所谓"标准氢电极"（standard hydrogen electrode）而言的，但我们这里不需要追究细节。[1] 需要明白的是，还原电位为负值的分子倾向于失去电子，把它传递给任何还原电位比它高的分子，而不会发生电子的反向传递。

这就是氢气与二氧化碳反应的困难所在。在中性环境（pH=7.0）中，氢气的还原电位是-414毫伏。如果氢气失去它的两个电子，就只留下两个质子（$2H^+$）。氢气的还原电位反映了一种动态平衡，即 H_2 失

1　如果你真是细节控，解释在这里。还原电位的单位是"毫伏"（millivolts）。假设把一个镁电极放入装着硫酸镁溶液的烧杯中。金属镁有很强的电离倾向，所以会向溶液中放出更多的 Mg^{2+} 离子，电子则被留在电极上，这样电极就会有负电荷，数值可以相对"标准氢电极"进行量化。标准氢电极，是指在 25℃ 以下的氢气环境中，把惰性的铂电极放入 pH=0 的质子溶液（强酸性，每公升溶液含有 1 克质子）。如果把镁电极和标准氢电极用导线连接起来，电子就会从带负电的镁电极流向相对带正电（其实只是负电荷较小）的氢电极，与强酸性溶液中的质子结合释放出氢气。相对于氢电极，金属镁的还原电位非常低（-2.37 伏特）。注意这些数值都是在 pH=0 的条件下测量的。在正文中我写到氢气在 pH=7 时的还原电位是-414毫伏，因为还原电位会随着 pH 升高而降低，pH 每上升 1，还原电位大约会降低 59 毫伏（详见正文下一段）。

去电子变成 $2H^+$ 的倾向相对于 $2H^+$ 得到电子变成 H_2 的倾向之间的差距。二氧化碳得到电子会变成甲酸盐。但甲酸盐的还原电位是-430毫伏，也就是说它有更强的"意愿"把电子传给 H^+，让它变回氢气，自己则变回二氧化碳。甲醛更糟，它的还原电位是-580毫伏，非常不愿意拿稳电子，很容易把电子传给 H^+，生成氢气。所以在 pH=7 的条件下，瓦赫特绍泽说得对，氢气不可能还原二氧化碳。但是现实明摆着，某些细菌和古菌正是靠这个反应为生的，所以它又一定是有可能发生的。在下一章我们会详细探讨它们是如何做到的，因为那跟我们的下一段故事关系较大。这里我们只需要知道，利用氢气和二氧化碳反应生长的细菌，只有靠跨膜质子梯度供能才能生长。这就是最关键的线索。

分子的还原电位经常随着 pH 值改变，也就是随质子浓度的变化而变化。原因很简单：传递一个电子就是传递一个负电荷。如果被还原的分子同时还可以接受一个质子，那么产物就更稳定，因为质子的正电荷可以抵消电子的负电荷。有越多可以用来平衡电荷的质子，电子就越容易传递。因为分子现在更容易接受一对电子，所以它的还原电位会随之升高。事实上，pH 值每下降 1（变酸），还原电位就会升高约 59 毫伏。溶液酸性越强，二氧化碳就越容易获取电子，生成甲酸盐或甲醛。不幸的是，同样的规律也适用于氢气。溶液酸性越强，质子就越容易获取电子生成氢气。所以，单纯改变 pH 值没有任何作用，氢气仍然不可能还原二氧化碳。

但是，现在考虑隔着一层膜的质子梯度。膜两边的质子浓度（酸性）不同。碱性热液喷口就存在这样的现象。碱性热液在微孔迷宫中充分流动，呈微酸性的海水也一样。在某些位置，二者会并排流动：因二氧化碳饱和而微呈酸性的海水与富含氢气的碱性热液之间，只隔着一层无机矿物薄壁，薄壁上还含有半导电性的硫化铁矿物质。碱性环境中的氢气还原电位变低，它们更迫切地想要丢掉电子，剩下的 H^+ 才能与碱性热液中的 OH^- 结合形成水。而水是非常稳定的结构，是热力学的深坑。在 pH 值为 10 的环境中，氢气的还原电位是-584毫伏，具有很强

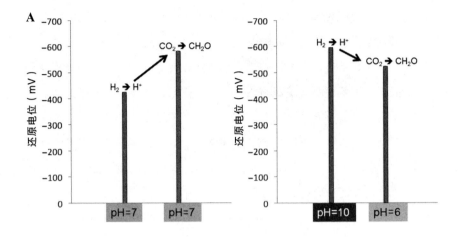

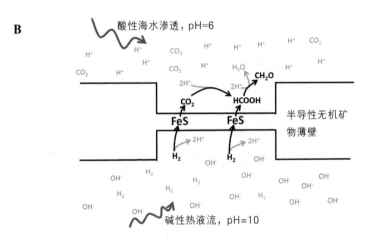

图 14   如何利用氢气与二氧化碳合成有机分子

　　小图 A：pH 值对还原电位的影响。还原电位越低，物质越倾向于失去电子；还原电位越高，越倾向于接受电子。注意图中 Y 轴越向上，还原电位越低（负值越大）。在 pH=7 的条件下，H_2 无法把电子传给 CO_2 合成甲醛（CH_2O），反应会往反方向进行。但如果 H_2 在类似碱性热液的环境中，维持 pH=10，而 CO_2 在类似早期海洋的环境中，维持 pH=6，那么理论上 CO_2 是可能被还原为 CH_2O 的。小图 B：在热液喷口的微孔结构中，pH=6 和 pH=10 的液体可以在含有硫化铁矿物（FeS）的半导性薄壁两侧并列，促成把 CO_2 还原成 CH_2O 的反应。硫化铁在这里充当催化剂，把电子从 H_2 传到 CO_2，如同它今天仍在呼吸作用中发挥的功能。

的还原性。相反，在 pH 值为 6 的环境中，甲酸盐的还原电位是-370 毫伏，甲醛是-520 毫伏。也就是说，如果存在这样的 pH 差值，氢气还原二氧化碳非常容易。剩下唯一的问题，电子究竟是如何从氢气传递到二氧化碳的？答案就在薄壁结构中，那些嵌在微孔薄壁上的硫铁矿物质。它们虽然远没有铜导线那么好用，但还是会导电。所以，理论上碱性热液喷口的结构能够驱动氢气还原二氧化碳，生成有机物质（图 14）。神奇吧！

但它是否合乎事实呢？科学的魅力正在于此：这是个可以简单验证的问题。所谓"简单"是指科学逻辑简单，实验本身可不简单。我本人，合作者还有化学家赫希（Barry Herschy）、博士生亚历山德拉·威彻（Alexandra Whicher）和埃洛伊·坎普鲁维（Eloi Camprubi），已经在实验室里尝试了一段时间。我们用利华休姆信托基金会（Leverhulme Trust）提供的经费，建造了一台小型的台式反应器，目的就是实现这些反应。要在实验室条件下沉淀出这种含有半导电性硫化铁矿物的薄壁，非常有难度。另外，甲醛的不稳定性也是个问题。它总"想"把电子传回给质子，变回氢气和二氧化碳。而在酸性环境下，这种倾向更强烈。所以，合适的 pH 值和氢气浓度至关紧要。实验室中当然很难重现真实热液喷口的巨大规模：几十米高的结构，在深海高压下运作（这样才能让氢气等气体以很高的浓度溶解）。尽管存在这些问题，这个实验的科学逻辑很简单，因为它的条件限制很明确，问题是可验证的，而且实验结果可以大幅度增进我们对生命起源的理解。事实上，我们已经在实验中制造出甲酸盐、甲醛和其他一些简单有机分子（包括核糖和脱氧核糖）。

我们暂且接受这个理论，并假设这些反应确实会如预测般发生。接下来会发生什么？会有有机分子缓慢而持续地合成。下一章我们会讨论具体是哪些分子，以及它们会怎样合成。现在我们只需先记住，这些预测也是简单可验证的。如前所述，这些有机分子一旦被合成出来，就可以通过热泳浓缩到起始浓度的数千倍以上。然后它们就可以形成囊泡，也可能合成像蛋白质这样的聚合物。有机分子先浓缩再聚合的预测同样可以在实验室中直接验证，我们也已经着手在做。初步结果很乐观：荧光黄（一种荧光染色剂）的大小类似于核苷酸，它在我们的流式反应器中可以浓缩至少 5 000 倍，奎宁的浓缩程度可以更高（图 13）。

还原电位的这些特性，真正的意义何在？它既为宇宙中的生命演化打开了空间，同时又加以限制。对这种狭窄限制的研究，经常让科学家看起来像是局限在自己的小世界里，迷失在深奥的细节和抽象思维之中。氢气的还原电位随 pH 值下降，这个不太起眼的事实会给我们什么重要启发吗？当然！它非常、非常重要！在碱性热液喷口环境中，氢气会与二氧化碳反应，生成有机分子。在其他几乎所有环境中，这种反应都不会发生。本章中我已经排除了其他所有的生命起源候选环境。根据热力学原理，我们确立了细胞最初诞生的基本条件：持续的活化碳和化学能流入一个受限的导流系统，并流过原始的催化剂。只有热液喷口环境能提供类似的条件，还不是所有的热液喷口都行，只有其中一种：碱性热液喷口环境，才符合所有的必要条件。碱性热液环境也有一个严重的理论疑问，但同时还提供了一种精彩的解答。疑问在于这些热液富含氢气，但氢气与二氧化碳不反应。精彩的解答是，碱性喷口的物理结构会导致半导性薄壁两侧出现质子梯度，理论上会驱动氢气与二氧化碳的有机合成反应，还会浓缩产物。至少对我来说，这种生命起源假说非常合理。考虑到地球上所有的生命都使用跨膜质子梯度来驱动碳代谢和能量代谢，我们立即能直觉地建立联系。物理学家约翰·阿奇博尔德·惠勒（John Archibald Wheeler）曾感慨道："唉！难道还有其他可能吗？这么长时间我们怎么会像睁眼瞎一样，看不到这一点呢？"[1] 我现在也怀有同样的心情。

让我们冷静一下，结束这一章。前面我说过，还原电位既为生命演化打开了空间，同时又加以限制。根据这个原则分析，生命起源最有可

---

1 惠勒此语并非针对某个具体的理论发现，而是在他提出"参与的宇宙"（participatory universe）概念的论文末尾发出的感叹，指的是未来理解了宇宙终极本质之后，人类会有的感悟。由此可见本书作者的雄心。——译者注

能发生的场所是碱性热液喷口。你可能不以为然：为什么要把条件限制得如此严苛？应该有其他的可能吧？我不会说"不可能"。在无限的宇宙中，任何事都有可能，但未必可行。碱性热液喷口是可行的。还记得吗？它们是通过水与橄榄石发生化学反应形成。石头而已。实际上，橄榄石是宇宙中最丰富的矿物之一，也是星际尘埃和吸积盘（accretion disc）的主要成分之一。包括地球在内的所有行星都是由吸积盘形成的。甚至太空中也可能发生橄榄石的蛇纹岩化作用，其实就是星际尘埃的水合。地球通过吸积作用形成时，激增的温度和压力把蛇纹岩成分中的水挤了出来，有人认为这就是地球海洋的来源。无论造星运动阶段究竟发生了什么，橄榄石和水都在宇宙中含量最丰富的物质之列。另一种丰富的物质是二氧化碳。太阳系大多数行星大气中，二氧化碳都是主要成分之一，甚至在其他星系的行星大气中也探测到了二氧化碳。

岩石、水和二氧化碳，这就是形成生命的基本物质清单。在几乎所有存在水的岩石行星上，我们都能找到它们。根据化学和地质学规律，它们会形成温暖的碱性热液喷口，会在催化性微孔系统的薄壁两侧形成质子梯度。这一定会发生。也许它们实际的化学反应并不总会促使生命形成，但仅银河系就可能有多达400亿颗类地行星，各自都在进行这项实验。我们生活在宇宙的培养皿中。这些理想的环境有多少会促使生命出现，取决于下一步会发生什么。

4

细胞的诞生

"I think"（我认为），达尔文在笔记本上潦草写下这两个单词，旁边还画着一张生命树的草稿。那是 1837 年，自他从小猎犬号环球之旅归来后才刚刚过去一年时间。22 年后，《物种起源》的初版仅有一幅插图，那就是一棵生命树，画得比草稿更精美而已。生命树的概念是达尔文思想的核心，自他以后也一直是演化生物学的核心。所以当有人站出来宣布它存在错误时，总会令人震惊。2009 年，恰逢《物种起源》出版 150 周年纪念，《新科学人》杂志（New Scientist）就在封面上用大号字体发出了挑战。杂志封面为了吸引读者，当然会觍着脸夸大其词，但文章本身还算温和，而且提出了具体的论证。科学上对与错的界限很难确定，不过我们可以说：生命树确实存在错误。但这并不是说达尔文对科学的主要贡献——自然选择演化学说也是错的；只能说他的遗传学知识受到了时代的局限。这也不是什么新闻，我们早就清楚达尔文对 DNA、基因和孟德尔定律无所知，更不用说细菌之间的水平基因转移。所以，他对遗传学的认识就像隔着一层遮光玻璃。所有这些局限都无损达尔文自然选择学说的正确。所以从狭义的专业角度来看，那个耸人听闻的封面是对的；但在深层次的意义上，它严重误导了读者。

要说这个封面有什么积极意义，那就是把一个重要的课题放在聚光灯下。生命树的概念有一个基本设定:"垂直"遗传,即亲代通过有性繁殖,把基因拷贝传给子代。基因的代代相传通常在物种内部进行,而物种之间鲜有基因交流。一个物种内部的种群之间如果产生了生殖隔离,基因会慢慢出现差异,彼此交流越来越少,最终形成新的物种。这就是分支生命树的由来。细菌的情况比较复杂。它们不进行真核生物那样的有性生殖,所以就无法像真核生物那样,将它们分类为清晰的"种"。"物种"这个概念在细菌中的定义一直都很麻烦。关键在于,细菌通过水平基因转移扩散基因,除了把整套基因组传给子代细胞,还会像撒零钱似的把几个基因的组合(质粒)传给其他细菌。这些情况与自然选择没有任何冲突,基因在遗传中仍然伴随着改变;但造成这种"改变"的方式,比我们从前认识到的更加多样。

细菌中普遍的水平基因转移,让生物学知识的**可靠性范围**出现了重大问题。这个问题就像物理学中著名的"测不准原理"一样根本。在分子生物学时代,你看到的任何生命树都是基于仅仅一个基因绘制的。这个基因负责编码核糖体小亚基 RNA,它由前面提到的分子种系发生学先驱乌斯精心选出。[1] 乌斯认为这个基因存在于所有生物中,而且它极少甚至没有机会通过水平基因转移扩散。这种看法有一定的根据。所以乌斯认为,对这个基因的统计可以用来代表细胞生命"真实的亲缘关系"(图 15)。如果我们严格认为,亲代细胞分裂成子代细胞,子代细胞的核糖体 RNA 基因总是来自亲代细胞,那么乌斯当然是对的。但如果很多代之后,细胞的其他基因都被水平基因转移替换,又会发生什么呢?在复杂的多细胞生物中,这种情况很罕见。如果我们对鹰的核糖体 RNA 进行测序,结果会告诉我们这是一只鸟。我们可以据此推断,这只鸟有喙、羽

---

1 见绪论。所有细胞都有核糖体,它们是制造蛋白质的工厂。核糖体是巨大的分子复合体,有两个亚基,一大一小。两个亚基本身又由蛋白质和 RNA 混合组成。乌斯分析的是"核糖体小亚基 RNA",因为提取这种 RNA 相当容易(任何一个细胞中都有几千个核糖体),还因为蛋白质合成是生命的基本功能,所以这个功能的相关组件在所有生命中都保守继承。即使是温泉细菌和人类之间也只有很细微的差异。无论是对建筑物还是科学来说,想要更换基石都非常困难。正因为如此,核糖体基因极少在细胞间传递。

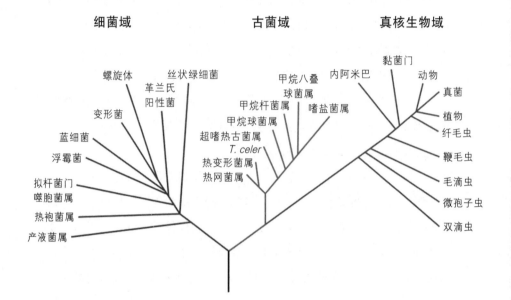

图 15 著名而误导性的三域生命树

这是乌斯于 1990 年提出的生命树。这张图是基于一个极端保守的基因（编码核糖体小亚基 RNA），通过两两比对不同物种之间同一个基因的差异而绘制的（因为这个基因存在于所有生物中，所以它也应该存在于最后共同祖先"露卡"身上）。我们可以通过这棵树看到，真核生物与古菌这两个域比较接近，而它们二者与细菌的关系都比较远。这对于一小群核心基因来说确实没有错，但对大部分真核生物基因来说并不正确；大部分真核生物基因与细菌的关系比与古菌的关系更近。所以，这张极具象征意义的生命树图实际上非常误导人。它可以说是一个基因的演化树，但绝不是广义的生命树。

毛、爪、翅膀，会下蛋，等等。这是因为垂直遗传保证了，核糖体RNA的"基因型"（genotype）和生物整体的"表［现］型"之间总是保持高度的相关性。编码这些鸟类特征的基因，都是核糖体RNA演化旅程中的旅伴。它们一代代结伴同行，在漫长的岁月中当然会发生一些改变，但极少有剧烈的变动。

现在我们假设，水平基因转移占主导地位。我们又对核糖体RNA测序，结果依然显示：这是一只鸟。到这时，我们真的去看一眼这只"鸟"：原来它有一个身体，六条腿，眼睛长在膝盖上，全身被毛；它会下蛙卵一样的蛋，没有翅膀，叫声像鬣狗。这种场景当然很荒谬，却是我们研究细菌时遇到的实际问题。我们经常跟这些四不像的怪物面对面，只不过因为细菌都很小、形态也简单，我们还不至于尖叫。细菌几乎总是基因嵌合体，其中有些更是真正的怪物，基因组乱七八糟，就像我刚才描述的"鸟"一样。种系发生学家真的应该发出惨叫，因为如果只看核糖体基因型，我们很难推测这些细菌是什么样子、是怎样生活的。

如果单一基因测序无法告诉我们细胞的其他情况，那它还有什么用呢？它当然有用，用处取决于时间跨度，以及基因转移发生的快慢。如果水平基因转移的发生率很低（如植物、动物、很多原生生物和某些细菌的情况），而且我们不把分析延伸到太久以前，那么核糖体RNA基因型与细胞表型之间就会有很高的相关性。但如果水平基因转移发生得很频繁，这种相关性很快就不复存在。比如说，从核糖体RNA序列上看不出致病大肠杆菌和无害的普通大肠杆菌之间有什么区别；造成某些大肠杆菌异常生长而致病的，是一些从外部获取的基因。不同菌株的大肠杆菌之间，基因组的差异可以高达30%，是人类与黑猩猩基因组差异的十倍之多，但我们仍然认为这些大肠杆菌属于同一个物种！基于核糖体RNA的种系分析，对于了解这些小杀手毫无帮助。况且，即使水平基因转移的发生率很低，但是如果时间跨度太大，相关性一样会消失。也就是说，几乎不可能知道细菌如何在30亿年前生活。因为就算转移率很低，这么长的时间内，它们所有的基因都可以替换好几轮了。

所以，生命树错就错在我们对自己的知识过于自信。我们希望重建所有细胞之间真实的亲缘关系，这样就能推测每一个物种如何从其他物种演变而来，亲缘关系就能一直追溯到起点，最终推断出地球上所有生物共同祖先的基因组成。如果真的做到了这一点，我们就可以知道这个最后共祖细胞的所有特征，从细胞膜组成到它生活的环境，再到它靠什么分子进行代谢。但是我们无法达到这样的精确度。马丁做过一个很有意思的分析，并根据结果画出了一张视觉悖论图，他称之为"神奇消失的树"。他选出了 48 个所有生物共有的基因，为每一个基因画了一棵生命树，来显示 50 种细菌与 50 种古菌之间的亲缘关系（图 16）。[1] 在树梢部分，48 个基因的分析都得出了这 100 种原核生物有一模一样亲缘关系的结果。靠近树根的部分也差不多：48 个基因的分析结果都表明，生命树最早的分叉在细菌和古菌之间，从那之后它们分为两支。也就是说，最后共同祖先（last universal common ancestor，通常缩写为 LUCA，即"露卡"）是细菌与古菌的共祖。但是当我们想弄清细菌或古菌内部更深的分支情况时，没有哪两个基因的统计结果是一致的。根据 48 个基因画出了 48 棵完全不同的生命树！究其原因，可能是技术上的问题（时间久远导致误差累积，统计信号磨损殆尽），也可能是水平基因转移，即统计垂直基因继承的模型被某些随机横向传播的基因摧毁了。我们不知道究竟是哪个原因，而且目前看来不可能分辨清楚。

这个结果有什么意义呢？简单说就是我们不可能知道哪一种细菌或古菌是最古老的。一棵基因树可能显示产甲烷菌是最古老的古菌，另一棵树显示不同的结果。因此，实际上我们不可能重建最古老的细菌可能拥有的特征。就算能找到某种聪明的办法，证明产甲烷菌确实是最古老的古菌，我们仍然无法确定它们是否与现代的产甲烷菌一样，靠制造甲烷为生。把多个基因组合在一起来增强统计信号的办法也不管用，因为

1　回顾一下：细菌和古菌是原核生物的两大域。它们虽然在形态外观上很相似，但是在生化反应和基因方面大不相同。

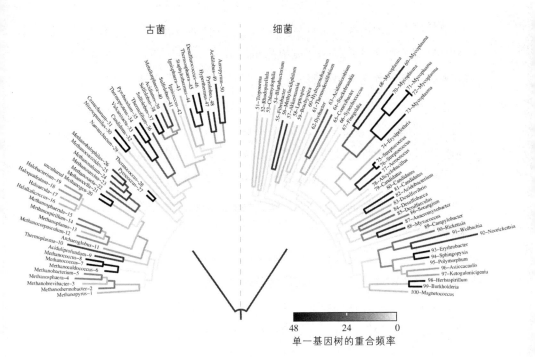

图16 神奇消失的生命树

这棵生命树比较了 50 种细菌和 50 种古菌的 48 个共有基因，分析了它们互相之间的分支情况。所有 48 个基因被串连起来，形成一个单独的序列，以此增加统计效力（这是种系发生学研究中常用的方法）；再用这个"超级基因"序列绘制一棵"超级生命树"，反映 100 种细菌和古菌之间的亲缘关系。接下来再为每个基因都绘制一棵单独的生命树，每棵树都与超级基因树进行比对。图中分支颜色的深浅，代表了这一分支上有多少单一基因树是与超级基因树重合的。重合得越多，颜色就越深。在树的根部，几乎所有 48 个基因的分支情况都与"超级基因"相同，这很明确地显示，细菌与古菌很早就已分化。在分支的各个树梢上，大部分基因的分支情况都与超级基因树有类似之处。但是在两个类群各分支的内部，"枝干"消失了，没有任何单独的基因具有与"超级基因"一样的分支顺序和历史。这可能是因为水平基因转移模糊了分支模式，但也可能只是因为在 40 亿年间，统计意义上再强的信号模式也经不住漫长演化史的磨损。

每个基因都可能有不同的历史，组合在一起的信号是虚假的。

　　但是，马丁的 48 个共有基因至少得出了一个共同的结论：生命树上最早出现的分叉介于细菌与古菌之间。这给我们留下了一线希望。如果可以搞清楚哪些特征是所有细菌和古菌共有的，哪些又是各自特有、后来在各自的分支上独立演化的，我们也许就有机会为露卡画出一张近似的"肖像"。但这种思路很快就会遇到另一个麻烦：有些细菌和古菌共有的基因，很可能原先只存在于特定的种群中，后来通过水平基因转移给了其他的种群。某些基因在整个域中扩散，这是我们早就知道的现象。如果这种现象发生在演化早期，比如"神奇消失树"根部与树梢之间的那一段空白期呢？这样的基因看起来像是通过垂直遗传从露卡那里继承而来，但事实并非如此。一个基因越有用，就越有可能在演化早期广泛传播。为了消除这种广泛的水平基因转移带来的混淆，我们还是必须回到真正的共有基因，也就是所有细菌与古菌每一种群的代表菌种都有的基因。至少，这些基因通过早期的水平转移而广泛传播的可能性要小得多。现在的问题是，这样的共有基因非常少，只有不到一百个。基于它们画出的露卡"肖像"，非常奇特。

　　在第二章中，我们已经瞻仰过这个共同祖先的奇特肖像。看上去，露卡已经拥有了蛋白质和 DNA，已经开始使用通用遗传密码，DNA 先转录成 RNA，再通过核糖体转译成蛋白质。而性能卓越的分子机器——核糖体，能够通过阅读 DNA 传递的信息合成蛋白质；它本身由几十种蛋白质和 RNA 组成，细菌与古菌都使用相同的一套。从它们的结构以及基因序列来看，核糖体应该在演化的很早期就开始分化，而且没有发生多少水平基因转移。还有一点，细菌与古菌都使用化学渗透，都利用跨膜质子梯度合成 ATP。ATP 合酶也是一种卓越的分子机器，精密程度类似于核糖体，而且与核糖体同样古老，同样在所有生物中普遍存在。细菌和古菌的 ATP 合酶结构细节有很小的差别，这说明双方的 ATP 合酶都源自露卡，后来没有被水平基因转移改变太多。所以，ATP 合酶应该与核糖体、DNA 和 RNA 一样，也是露卡拥有的特征。另外还有一些零星的核心生化反应，比如氨基酸合成反应、克氏循环（Krebs cycle，即三羧酸循环）的一部分，在细菌和古菌体内有共同的反应路径，说明露卡也应该有。除了以上这些，其他的线索少得可怜。

那么细菌和古菌有哪些不同呢？多得惊人。二者用于 DNA 复制的酶，大部分都不一样。还有什么比这更基础呢？可能只有细胞膜了。然而细菌与古菌的细胞膜也完全不同，细胞壁也不一样。也就是说，这两层分隔活细胞与周围环境的屏障，细菌与古菌采用完全不同的构件。这让我们几乎不可能猜到它们的共祖有怎样的细胞膜和细胞壁。还有很多其他差异，但这几处基本区别已足够说明问题。我们在前一章中列出了活细胞的六项基本特征：碳流、能量流、催化作用、DNA 复制、区隔化和排泄。细菌与古菌之间只有前三项非常相似，而且相似之处也局限于某些方面，我们后面会谈到。

对于这些差异有几种可能的解释。一种解释是，露卡可能每种东西都有两套，细菌丢掉了其中一套，古菌丢掉了另一套。这听起来有点蠢，但我们不能轻易否定它。例如，把细菌与古菌的脂质混在一起确实可以形成结构稳定的膜，证明它们可以共存。也许露卡真的同时拥有两种脂质，而它的后代各自特化，丢掉了其中一种。这个解释针对有些特征可能还说得通，但外推到所有特征就不行了，因为它会陷入一个叫作"伊甸园基因组"的悖论。如果露卡原本各种基因都有，她的后代才开始精简，那么露卡一开始就要有一个非常庞大的基因组，比现代任何原核生物的基因组都大得多。在我看来，这种解释是本末倒置：先复杂再变简单？每个问题一开始就有两套解决方案？而且为什么所有的后代，每样东西都恰好丢失了一套？这实在难以令人信服，所以来看看第二种可能。

第二种解释认为，露卡其实是一个非常标准的细菌，有细菌式的细胞膜、细胞壁和 DNA 复制机制。后来某个时候，它的一群后代（也就是最早的古菌）为了适应某种极端条件（比如高温热液喷口），把这些特征背后的基因都换掉了。这可能是目前最广为接受的解释，但它同样缺乏说服力。如果是这样，那么为什么细菌与古菌从 DNA 到蛋白质的转录和转译过程如此相似，而 DNA 的复制却差异巨大？如果古菌更换细胞膜和细胞壁是为了适应热液环境，那为什么嗜极菌（extremophile bacteria）生活在同一个热液环境，却没有把它们的细胞膜和细胞壁换成古菌型，或至少是类似的装备呢？为什么生活在土壤或者海洋中的古菌，没有把它们的细胞膜和细胞壁换回细菌型呢？地球上的很多种环境中都有古菌与细菌并存；尽管水平基因转移可以跨过两个域传播，二者的基因和生化机制仍然保持着根本的差异。这个解释就是说，古菌为适应一种极端环境而演化出这么多根本差异，之后就一直固定在古菌身上，无论在其他环境中有多不合适，从无例外。还是让人没法相信。

现在只剩下最后一种可能，其实是明摆着的。或许，这些看起来自相矛盾的现象其实一点也不矛盾。露卡确实用化学渗透操作 ATP 合酶，但它确实没有现代的细胞膜，也没有现代细胞用来泵出质子的大型呼吸蛋白复合体。它确实有 DNA、核糖体，使用通用遗传密码，会转录、转译，但还没有演化出现代的 DNA 复制机制。这个幽灵一般的细胞，各种特征的奇异组合对开放海洋环境中的生存没有一点意义；但如果考虑前一章讨论过的碱性热液环境，那就有意思了。线索就在于细菌和古菌在这种喷口环境中的生存方式。尤其是其中一些种类，靠一种原始的代谢过程生存，我们称之为"乙酰辅酶 A 途径（acetyl CoA pathway）"。这种代谢方式的本质，与碱性热液喷口的地球化学环境出奇相似。

通往"露卡"的崎岖之路

整个生物世界中，一共只有六条化学反应途径可以固定碳元素："固定"意味着把二氧化碳等无机物转换成有机分子。其中五条都很复杂，都需要注入能量才能推动反应，例如光合作用就需要太阳能。以光合作用为例还有一个原因：它进行卡尔文循环（Calvin cycle），把二氧化碳转换成糖类等有机物，而卡尔文循环只在光合细菌中进行（当然还有植物，植物细胞中的叶绿体前身为光合细菌）。这意味着卡尔文循环不太可能是共祖特征，因为如果露卡也能进行光合作用，那所有的古菌都彻底丢掉了它——抛弃如此厉害的技能，是不是太傻了？因此，卡尔文循环应该是后来才在细菌那一支随着光合作用独立演化出来的。其他几条固碳反应路径也都有类似的问题，除了一条：只有乙酰辅酶 A 途径，同时存在于细菌和古菌身上。也就是说，这条代谢路径很可能为它们的共祖所拥有。

这个说法还不是完全准确。细菌和古菌的乙酰辅酶 A 途径仍然有一些奇怪的差异，本章的后面部分会再来讨论。现在让我们暂且考虑一下，为什么这条路径有理由被认为是共祖特征（种系发生学的研究结果太不明确，无法支持也无法否定这一点）。使用乙酰辅酶 A 途径的古菌是产甲烷菌，对应的细菌是产乙酸菌。有些生命树把产甲烷菌放在很早期的分支上，另一些把产乙酸菌放在早期分支上，还有一些则把两类都放在较晚期的分支上，认为它们之所以简单不是因为种系古老，而是反映了后续的特化和精简演化。如果我们完全依赖种系发生学，可能永远搞不明白。幸好还有其他办法。

乙酰辅酶 A 途径从氢气和二氧化碳开始。上一章我们详细讨论过，这两种分子在碱性热液喷口环境中都很丰富，而且二者生成有机物的反应是一种放能反应。热力学原理上，这个反应应该自动发生，然而实际上有一道能量障壁，让氢气与二氧化碳分子不能很快反应。产甲烷菌利用质子梯度克服这道能量障壁，我认为这是共祖特征。产甲烷菌和产乙酸菌都完全靠氢气与二氧化碳的反应生活，从中获取生长所需的能量和生物碳。这一点让乙酰辅酶 A 途径与其他五种固碳反应路径截然不同。地球化学家埃弗雷特·肖克（Everett Shock）总结得很形象："就像吃免费的午餐，还倒贴钱。"这顿午餐虽然算不上丰盛，但在热液喷口环境中全天无限供应。

乙酰辅酶 A 途径的特殊之处还不止于此。这条路径很短，而且是直线进行。从简单无机分子开始，只需很少几步就能生成乙酰辅酶 A（细胞中的核心代谢分子个头虽小，反应性却很强）。不要被这些术语吓退，你可以把"辅酶 A"理解成一种重要而通用的化学"挂钩"，可以把小分子挂在上面，让各种酶来处理。重要的不是挂钩本身，而是上面挂了什么东西。乙酰辅酶 A 上挂的是**乙酰基**。乙酰基和乙酸（即醋酸）同源，是一个简单的二碳分子，在所有细胞的生化反应中都扮演重要角色。乙酰基挂在辅酶 A 上时处于活化状态（通常被称为"活化醋酸盐"），因此很容易与其他有机分子反应，并驱动生物合成。

因此，乙酰辅酶 A 途径可以从氢气和二氧化碳分子出发，只经过几个步骤就形成活化的有机小分子，同时还会释出足够的能量，驱动核苷酸与其他分子合成，并把它们聚合成长链的 DNA、RNA、蛋白质等大分子。乙酰辅酶 A 途径前几步的催化酶中包括含铁、镍和硫的无机金属簇，它们负责把电子传递给二氧化碳分子，形成活化乙酰基。这些无机金属簇本质上就是矿物质——也就是岩石！它们的结构跟沉淀在热液喷口的硫化铁矿物质基本一致（见图 11）。发生在碱性热液喷口处的地球化学反应，产甲烷菌以及产乙酸菌体内的生物化学反应，二者的关系用"类似"两字都不足以形容。"类似"只意味着相像，有可能只是表面上的一致。而这两种反应是本质一致，应该视为真正的同源现象，从一种形式直接演变成了另一种。这是从地球化学向生物化学、从无机物到有机物的平滑过渡，完全无缝衔接。化学家戴维·加纳（David Garner）总结得很恰当："是无机元素将生命赋予了有机化学。"[1]

不过，乙酰辅酶 A 最大的优势，也许是这个分子正好处在碳代谢与能量代谢路径交会的十字路口。乙酰辅酶 A 与生命起源的相关性，最早由优秀的比利时生化学家德杜维（Christian de Duve）于 20 世纪 90 年代初期指出，虽然他当时考虑的是原始汤理论背景，而不是碱性热液喷

---

1 就是这些无机元素，今天仍然支持着生命的有机化学反应。我们的线粒体中仍然有类似的铁硫簇，每条呼吸链中使用十几个（见图 8 中的复合体 I），每个线粒体中至少有几万个。如果没有它们，呼吸作用就无法进行，几分钟之内我们就会死亡。

口。乙酰辅酶 A 不仅驱动有机合成，还能直接与磷酸盐反应生成乙酰磷酸。作为生物能量货币，乙酰磷酸现在虽然不如 ATP 重要，但是在生物界仍被广泛使用，功能也与 ATP 差不多。上一章中我们介绍过，ATP 不仅释放能量，还能驱动脱水反应，从两个氨基酸分子或其他的构件小分子中抽出一个水分子，让这两个分子连在一起，一节节形成长链。我们还讲过，在溶液中进行脱水反应就像在水中拧干衣服一样麻烦，但这正是 ATP 能做到的。而我们已经成功地通过实验证明，乙酰磷酸也能做到，因为它的化学性质与 ATP 基本相同。这意味着，早期的碳代谢和能量代谢可能由同一种简单的有硫酯键的分子推动：乙酰辅酶 A。

这分子真的简单吗？熟悉有机化学的读者也许会这样问。确实，只有两个碳的乙酰基算得上简单，但另一部分——辅酶 A——可是一个复杂的分子，毫无疑问是自然选择的作品，所以只可能是演化的后期产物。那么我们是在循环论证吗？当然不是，因为乙酰辅酶 A 有简单的、"非生物"的替代物。乙酰辅酶 A 的反应性来自硫酯键，这个化学键的结构只不过是一个硫原子结合一个碳原子，碳原子上又结合了一个氧原子。它的化学式可以写成：

$$R-S-CO-CH_3$$

这里的"R"代表"其他"分子。在乙酰辅酶 A 中，R 就是"辅酶 A"。右边的 $-CH_3$ 是一个甲基。R 未必一定是辅酶 A 之类的复杂分子，也可以简单到就是另一个甲基，这样就形成了一个小分子：硫代乙酸甲酯。

$$CH_3-S-CO-CH_3$$

这也是一个反应性很强的硫酯类化合物，化学性质与乙酰辅酶 A 相同，但是结构简单到可以由氢气和二氧化碳在碱性热液喷口反应合成。克劳迪娅·胡贝尔（Claudia Huber）和瓦赫特绍泽的实验，已经成功使用 CO 和 CH$_3$SH 合成了硫代乙酸甲酯。更重要的是，它应该可以和乙酰辅酶 A 一样，直接与磷酸盐反应生成乙酰磷酸。那么原则上，它可以直接驱动有机合成，同时转化为乙酰磷酸驱动聚合反应，形成蛋白质或 RNA 等复杂的长链分子。我们正在用实验室的台式反应器验证这个假说，最近刚刚成功生成了乙酰磷酸，虽然浓度不高。

这种原始的"乙酰辅酶 A 途径"，基本上已经足以驱动原始细胞在碱性热液喷口的微孔结构中开始演化。我设想最初的演化分为三个阶段。第一阶段，含有催化性的硫化铁矿物质的薄壁两侧形成质子梯度，驱动有机小分子合成（图 14）。如我们在第三章中讨论的，这些有机分子在温度更低的微孔中被热泳效应浓缩，转变成更好的催化剂。这就是生物化学的起源，活性前驱物不断产生并浓缩，进一步促进分子间的反应，并形成简单的聚合物。

第二阶段，在微孔结构中形成简单、有机的原始细胞。这是有机物之间互相作用的自然结果。这种简单的细胞状耗散结构，由物质自组织形成，但还没有发展出遗传基础和真正的复杂性。我认为这些原始细胞同样依靠质子梯度进行有机合成，但现在隔着的不再是微孔结构的无机物薄壁，而是自身生成的有机膜（比如由脂肪酸自动生成的双层脂质膜）。这些过程都不需要蛋白质参与。如前所述，质子梯度本身就能驱动硫代乙酸甲酯与乙酰磷酸的合成，也就是同时驱动碳代谢与能量代谢。这个阶段与前一阶段有一点本质的不同：现在的有机分子是在原始细胞内部合成，由有机膜两侧的天然质子梯度驱动。回读刚刚写下的文字，我发现"驱动"这个词用得太多了。也许是因为我词汇贫乏，但真的找不到更好的词来表达这些含义。我想强调的是，这些不是消极的化学反应，而是被碳、能量和质子的不断流入所**强迫**，被它们驱使发生，推着向前。这些反应**必须**发生，因为还原性、富含氢气的碱性热液进入被氧化的、富含金属的酸性海洋，这种互动产生了躁动的化学不平衡状态，只有靠这些反应才能消散。这是通向热力学平衡状态的唯一路径。

第三阶段，即基因密码的起源。这才是真正的遗传，终于让原始细胞能够制造出与自身差不多的复制品。最早的自然选择形式是基于物质合成与降解的相对速度；这种形式会演变成标准的自然选择：拥有基因和蛋白质的原始细胞种群，开始在碱性热液喷口的微孔环境中竞争求存。这种标准演化机制让早期细胞开始制造复杂的蛋白质，包括核糖体和 ATP 合酶，这些蛋白质后来一直普遍保留在所有细胞中，直到今天。我认为，鼎鼎大名的露卡，细菌与古菌的共同祖先，就生活在碱性热液喷口的微孔结构中。也就是说，从无机物起源到露卡诞生的三个阶段，全都发生在这些微孔中，全都由质子梯度驱动，无论分隔梯度的是无机薄壁还是有机膜。而 ATP 合酶等复杂蛋白质的出现，发生在这条崎岖之路的晚期。

我不准备在本书中详细讨论起源生化反应的细节，比如遗传密码从何而来，或是其他同样艰深的问题。这些都是非常重要的问题，而且已经有很多优秀的科学家投入研究。我们还没有完整的答案，但目前所有的理论都以充足的活化前驱物为预设前提。举个简单的例子，分子生物学家谢莉·科普利（Shelley Copley）、埃里克·史密斯（Eric Smith）和哈罗德·莫罗维茨（Harold Morowitz）提出了一个关于遗传密码起源的精彩理论：具有催化性的二核苷酸（dinucleotides，两个核苷酸连在一起构成的分子），有可能通过丙酮酸盐（pyruvate）这种简单的前驱物制出氨基酸。这个构想很敏锐，展示了确定性的生物化学可能怎样发明了遗传密码。我的上一本书《生命的跃升》中专门有一章写 DNA 的起源，其中也探讨了这些问题，有兴趣的读者可以参考。然而，所有这些假说都依赖一个理所当然的预设条件，核苷酸、丙酮酸盐或者其他前驱物会有稳定的供应。这恰恰是我们这里探讨的问题：究竟是什么力量驱使了地球生命的诞生？对于这个问题，我认为：复杂分子的形成、向上演化形成基因和蛋白质，直到露卡诞生，驱动这些过程的碳、能量和催化剂从何而来，**理论概念上**已经没有什么障碍。

我们这里描述的热液喷口场景，和产甲烷菌的生物化学反应有着完美的连续性。产甲烷菌是一种古菌，通过乙酰辅酶 A 途径进行氢气和二氧化碳的反应。它们明显非常古老，在细胞膜两侧产生质子梯度（下面会讨论它们是如何做到的），完整地复制了远古时代碱性热液喷口天然赠予的一切。质子梯度是利用一种嵌在膜中间的铁硫蛋白（即能量转换氢化酶，energy-converting hydrogsase，简称 Ech）来驱动反应的。这个酶会引导质子通过膜，并把质子传递给另一个铁硫蛋白——铁氧还蛋白，并进一步还原二氧化碳。我曾在上一章中提出，微孔铁硫薄壁两侧的天然质子梯度，可以通过改变氢气和二氧化碳的还原电位来实现还原二氧化碳。我认为这正是 Ech 所做的事，只是发生在纳米层面。酶经常会在自己内部的蛋白质间隙中（也就是在几埃的空间中）精确控制物理条件，比如改变质子浓度。Ech 很可能就是这样运作的。如果真是这样，那么原始细胞的早期状态与现代产甲烷菌的状态之间就呈现出无间断的连续性：在原始细胞中，短链多肽和嵌在细胞脂肪酸薄膜中的硫铁矿物结合，从而获得稳定；在现代产甲烷菌中，这个组合发展成了基因编码制造的 Ech 膜蛋白，驱动碳代谢。

　　无论如何，在已经有基因与蛋白质的现代环境中，Ech 仍然在用甲烷合成产生的质子梯度来还原二氧化碳。产甲烷菌还会利用质子梯度，通过 ATP 合酶直接合成 ATP。所以，碳代谢和能量代谢都依靠质子梯度驱动；而在热液喷口环境中，质子梯度是天然存在的。最早生活在那里的原始细胞，或许正是利用这个"免费"的机制驱动自身的碳代谢与能量代谢。听起来很有道理，然而，依赖天然质子梯度进行代谢本身也有问题，而且是极为难解的问题。马丁和我都意识到，要解决这些问题可能只有一个方法。同时这也让我们更加深刻理解，为什么细菌和古菌会有根本的差异。

细胞膜渗透性的问题

　　在我们自己的线粒体里，膜对质子来说几乎完全不可渗透。这一点绝对必要，因为如果把质子泵出膜外后它们又马上渗透回来，那这张膜就是千疮百孔，毫无用处。好比把水泵进一个水箱，箱底却是一层筛网。我们的线粒体中其实有一条电路，而内膜的作用就像电流周围的绝缘体。质子被泵出膜外后，绝大多数通过像涡轮一样的膜蛋白流回来，并推动涡轮工作。如果这个蛋白是 ATP 合酶，那质子流过这个纳米旋转马达就驱动了 ATP 合成。请注意一点：整个系统的运作都依靠主动泵出质子。如果这些泵被堵住，所有过程都会停止。这就是氰化物毒药致命的原理，氰化物会让线粒体呼吸链末端的质子泵卡住。当质子泵受到这样的干扰，ATP 合酶的质子流还能持续几秒钟，然后，膜两侧的质子浓度就会趋于平衡，净流入停止。死亡这个概念和生命一样难以定义，"线粒体膜电位无可挽回的崩溃"可算是非常精确的定义。

那么，天然质子梯度怎样驱动 ATP 合成呢？它会遇到和"氰化物致死"一样的难题。设想在热液喷口的微孔里有一个原始细胞，依靠天然质子梯度提供能量。细胞的一边是持续流过的海水，另一边是持续流过的碱性热液（图 17）。40 亿年前的海洋很可能呈弱酸性（pH 值为 5 ~ 7），碱性热液则和今天差不多，pH 值大约为 9 ~ 11。酸碱度以 pH 值衡量差了 3 ~ 5 个单位，也就是说两侧的质子浓度差可能是 1 000 到 100 000 倍[1]。简单起见，我们假设细胞内部的质子浓度与碱性热液相当，这样细胞内外就形成了质子梯度，质子会顺着梯度往下流，从浓度较高的海水流向浓度较低的细胞内。不过这个流动几秒钟之后就会停止，除非细胞能除去流入的质子。停止流入的原因有二：首先，内外浓度很快就会趋于一致；其次，这还与电荷有关。质子（H^+）带正电荷，但在海水中，它们的正电荷会被氯离子（Cl^-）等带负电荷的离子抵消。问题就在这里：质子穿过膜的速度比氯离子快得多，所以正电荷流入得比负电荷快，细胞内的电荷无法平衡，很快就会相对于外部带一定正电荷，从而阻止同样带正电荷的质子继续流入。简单而言，除非细胞有个把质子从内部泵出

1　因为 pH 是对数，所以一个 pH 单位之差就意味着质子浓度差了十倍。在这么小的空间内维持这样巨大的浓度差异，看起来似乎不可能，但实际上是可能的，因为热液流过直径只有数微米的微孔结构时会有一种特性：这种情况下的流体会形成层流（laminar），基本没有乱流和混流。碱性热液喷口结构的微孔系统中，同时有层流和乱流存在。

去的泵，否则天然质子梯度什么也驱动不了。原始细胞内外会进入平衡
状态，而平衡就意味着死亡。

不过有一个例外。如果细胞膜让质子难以渗透，那么质子流入确实
会停止，因为进入细胞的质子无法出去。但如果这层膜是漏的，情况就
不一样了。质子同样持续从海水流入细胞，但现在可以通过细胞另一侧
的膜，被动渗漏离开。结果，渗漏的膜对质子流造成的阻碍反而比较小。
此外，碱性热液中的氢氧根离子（OH^-）穿过膜的速度与质子差不多。二
者相遇就会形成水，一并消除流入的质子和正电荷。我们可以使用传统
的电化学方程式，通过计算机假设一个细胞模型，计算膜的渗透性对质
子流入和流出细胞速度的影响。维克托·索霍（Victor Sojo）是我和波米
杨科夫斯基指导的一个博士生，他主修化学，但对生物学很有兴趣，目
前正在做这个计算模拟工作。我们通过测量稳定状态的质子浓度差别，
来计算膜内外单纯的 pH 梯度能提供多少自由能（ΔG）。计算的结果很
漂亮：膜对质子的渗透性，决定了能有多少可用的自由能。如果膜的渗
透性很高，那么大量质子会蜂拥而入，但是也会很快消失，被同样快速
流入的氢氧根离子中和。我们还发现，即使对于渗透性很高的膜，质子
通过膜蛋白（如 ATP 合酶）进入细胞的速度，仍然比通过脂质膜本身进
入细胞更快。也就是说，质子流可以通过膜蛋白 *Ech* 来合成 ATP，或者
还原二氧化碳。把离子浓度差异、电荷和 ATP 合酶等蛋白质的运作都纳
入考虑，我们发现只有渗透性非常高的细胞膜，才能利用天然质子流驱
动碳代谢和能量代谢。理论上，只需要内外 pH 值相差为 3，这些渗漏的
细胞从天然质子梯度那里获取的能量，就和现代细胞通过呼吸作用获取
的能量一样多。

事实上，这些细胞可能获得更多能量。想想产甲烷菌，它们终生都
在忙忙碌碌制造甲烷，因此而得名。产甲烷菌每合成一份有机物，平均
要制造 40 倍质量的垃圾（甲烷和水）。几乎所有合成甲烷所获得的能
量，都用来泵出质子（图 18）。它们大约花费总能量的 98% 来制造质子

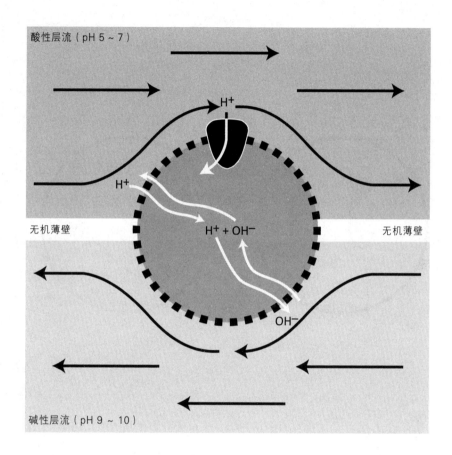

图 17　由天然质子梯度供能的细胞

　　图中央是一个细胞，质子可以通过这里的细胞膜。一层无机薄壁把热液微孔结构隔成两部分，而细胞"卡"在薄壁的一个小缺口上。在上面部分，弱酸性的海水沿着狭长的微孔渗入，pH 值约为 5 ~ 7（实验模型中通常认为 pH 值为 7）。在下面部分，碱性热液沿着另一个不与上面连通的微孔渗入，pH 值约为 10。"层流"意味着没有乱流或混流，这是液体在微小狭窄的空间中流动的特点。质子的浓度梯度是从酸性海水到碱性热液的方向，所以质子（H^+）可以直接穿过脂质膜（虚线）流入细胞，也可以通过镶嵌在膜上的蛋白质（三角形）流入。氢氧根离子（OH^-）则反方向流动，从碱性热液流向酸性海水，但只能通过膜。质子流的总体速率取决于膜对 H^+ 的渗透性、H^+ 被 OH^- 中和（形成水）的速率、膜蛋白的数量、细胞的大小，还有膜内外的电荷差异（由两边的离子对流造成），等等。

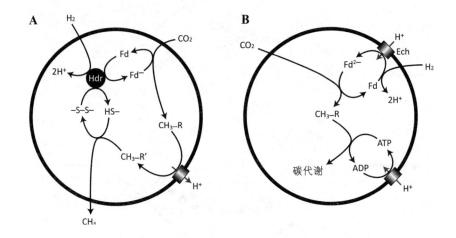

图18　通过制造甲烷产生能量

　　这是产甲烷作用的简图。小图 **A** 中，H_2 与 CO_2 反应产生的能量，被用来把质子（H^+）泵出细胞膜。图中的氢化酶（Hdr）利用从 H_2 得到的两个电子，可以同时还原铁氧还蛋白（Fd）和一个双硫键（–S–S–）。接着，铁氧还蛋白还原 CO_2，把它变成甲基（–CH_3），并与一个辅因子（图中的 R）结合。甲基又被转移给第二个辅因子（图中的 R'），这一步释放出能量可以把两个 H^+（或 Na^+）泵出膜外。在反应的最后阶段，–CH_3 会被 HS– 基还原为甲烷（CH_4）。总体上看，H_2 和 CO_2 合成甲烷（CH_4）的过程中释放的能量，有一部分被保留为 H^+（或 Na^+）的跨膜离子梯度。小图 **B** 中，H^+ 梯度直接被两个不同的膜蛋白利用，来驱动碳代谢和能量代谢。能量转换氢化酶（Ech）会直接还原铁氧还蛋白（Fd），Fd 同样把电子传递给 CO_2 形成甲基（–CH_3），甲基再与 CO 反应形成乙酰辅酶 A，新陈代谢的核心分子。同样，质子流从 ATP 合酶流入，驱动 ATP 合成以及能量代谢。

梯度，剩下的 2% 才用来合成新的有机物。如果有天然质子梯度和渗漏的细胞膜，这种铺张的能量浪费都是不必要的。它们可以汲取同样多的能量，但是基础成本至少可以降为原来的 1/40，这是极为显著的优势。想想看，40 倍的能量！我家那些上天入地的熊孩子，也没比我多出这么多能量。在上一章我曾提到，原始细胞比现代细胞需要**更多**的碳和能量流入；如果不需要花费能量来泵出质子，它们当然会得到更多的碳和能量。

考虑一个渗漏的细胞，处于天然质子梯度环境中。此时已是基因和蛋白质的时代，这些物质本身是自然选择作用在原始细胞上的结果。这个渗漏细胞，可以利用天然质子流以及前面讨论过的能量转换氢化酶 *Ech* 来驱动碳代谢。*Ech* 让氢气与二氧化碳能够反应，生成乙酰辅酶 A，自此开始制造所有生命物质的构造材料。细胞还可以利用天然质子梯度，驱动 ATP 合酶合成 ATP。当然，它还可以使用 ATP 聚合氨基酸和核苷酸，接着合成蛋白质、RNA 和 DNA，最终进行自我复制。重要的是，渗漏细胞并不需要浪费能量来泵出质子。所以，即使它的酶都很原始低效、尚未经过几十亿年的演化雕琢，它仍然可以活得很好。

但是这样的渗漏细胞，也会因此被困在出生地，完全依赖碱性热液，无法在其他任何地方生存。一旦热液流停止或者转向别处，细胞就死定了。更糟糕的是，它们很可能处于一种无法演化的状态。改善细胞膜的质量并不会带来任何好处，相反，如果细胞膜的渗透性变小，质子梯度很快就会崩溃，因为累积在细胞内的质子无法排出。所以，任何细胞如果发生变异、制造出比较"现代"的隔离膜，反而会被自然选择淘汰——除非它们同时学会如何泵出质子。但这一点也很成问题。我们刚才讨论过，在渗漏的膜上泵出质子毫无意义。研究显示，即使细胞膜的渗漏程度整整降低三个数量级，质子泵也不会带来任何好处。

让我再说明白点：处于质子梯度中的渗漏细胞可以获得足够的能量来驱动碳代谢和能量代谢。就算出现演化奇迹，细胞膜上突然有了功能完整的质子泵，对于获取能量也没有一点好处，有没有泵获得的能量都一样。漏桶装水毫无意义，水马上就会流走。把膜的渗透性降低为原来的 1/10 再试试看？效果为零。降低为 1/100、1/1 000 呢？仍然没有效果。为什么不起作用？因为各种力量的影响会达到一种平衡。虽然降低细胞膜的渗透性可以增加质子泵的效率，但是同时也会让天然质子梯度难以维持，扰乱细胞的能量供应。只有用大量的质子泵布满几乎完全不渗透的细胞膜（与今天细胞的半透膜类似），泵出质子的操作才会有用。这是个严重的问题。碱性热液环境没有任何选择压力可以让现代脂质细胞膜和现代质子泵更有优势，而没有选择压力就没有演化。然而，脂质细胞膜和质子泵又确实存在。到底是哪个环节错了，或者被忽略了？

科学研究中常有茅塞顿开的意外突破，这个问题的解决就是一例。我和马丁一直在苦苦思索这个问题。我们研究的产甲烷菌会使用一种"反向转运蛋白"（antiporter），泵出的实际上是钠离子（Na^+）而非质子（H^+），但它们仍会面临质子在细胞中累积的问题。反向转运蛋白的功能是用一个 Na^+ 交换一个 H^+，就像一座双向的旋转门。每有一个 Na^+ 顺着质子梯度流进细胞，就会吐出一个 H^+。实质上，反向转运蛋白就是靠钠离子梯度来驱动质子泵的。而且这个泵可以双向运作，并不一定是如上所述的交换，也可以倒过来。如果一个细胞泵入的是 H^+ 而不是 Na^+，那么反向转运蛋白倒转运作即可。细胞每流入一个 H^+，就会有一个 Na^+ 被泵出。原来如此！我们突然找到了一种可行的答案。如果那个待在碱性热液中的可渗透细胞演化出了 Na^+/H^+ 反向转运蛋白，它就有了一台靠质子推动的钠离子泵。每有一个质子进入细胞，就必须泵出一个钠离子。理论上，反向转运蛋白会把天然的质子梯度转化为生物化学的钠离子梯度。

这有什么作用呢？我必须强调，这只是我们基于对蛋白质特性的了解而做出的理论推演。然而根据计算，这个蛋白质会产生重大影响。一般来说，脂质膜对于钠离子的渗透性比对质子的小 6 个数量级。所以对质子极易渗透的膜，对钠离子基本是不能渗透的。泵出一个质子后，它会很快流回膜内；但同样的膜如果泵出的是钠离子，它就不会那么容易回来。也就是说，反向转运蛋白可以被天然质子梯度驱动。每一个质子进入，就会泵出一个钠离子。只要膜对质子是渗漏的，质子流就可以持续流经反向转运蛋白，钠离子就会被持续泵出；而且，由于钠离子不能渗透过膜，就会一直待在外面。更准确地说，它们不能直接穿过脂质膜流回细胞，而是通过其他的膜蛋白重新进入。这才能让钠离子流和细胞的其他能量功能进行偶联。

当然，这种设想的前提是，驱动碳代谢和能量代谢的膜蛋白（Ech 和 ATP 合酶）对钠离子和质子不加区别，一视同仁让它们进入和运作。这听起来很荒谬，但很可能真是这样。有些产甲烷菌的 ATP 合酶用 H^+ 或 Na^+ 都能驱动，而且效果没多少差别。平日枯燥无味的化学术语，在描述这种现象时居然用了"乱交性"（promiscuous）这样生猛的词。通融的原因可能在于两种离子的电荷相同，而且粒子半径也差不多。H^+ 本身确实比 Na^+ 小很多，但质子很少独立存在。它溶于水时，会与水分子结合成为 H_3O^+，其粒子半径几乎与 Na^+ 一样大。其他的膜蛋白，包括 Ech，对于 H^+ 和 Na^+ 也是"乱交"的，原理应该相同。关键在于，泵出钠离子有特别的意义。首先，如果是靠天然质子梯度驱动，那么泵出钠离子根本没有能量代价。一旦细胞建立了钠离子梯度，钠离子比质子优越的地方就是它更倾向于通过 Ech 和 ATP 合酶等膜蛋白流回细胞，而不是自由渗透过脂质膜。以这种方式渗漏的细胞膜实际上有了隔离性，"偶联"改善了，更不容易"短路"。这样细胞可以在膜外聚集起更多的离子，用来驱动碳代谢和能量代谢，使泵出离子真正有了回报。

这个简单的新发明，有几个意外的后果。首先，一个从前难以理解的现象，从意想不到的方向得到了解释：泵出钠离子当然会降低细胞内的钠离子浓度。我们以前就知道，许多细菌和古菌的核心酶（比如负责转录与转译的酶），最合适发挥作用的环境都是低 Na^+ 浓度。然而，它们应该在 40 亿年前的海洋演化出来，即使在当时，海洋中的 Na^+ 浓度也应该较高。如果反向转运蛋白在演化早期就已出现并运作，这就能解释为什么所有的细胞虽然在高 Na^+ 浓度的海洋中演化，细胞内机制却优

化为适应低 Na^+ 浓度。[1]

对我们眼下的研究更有意义的是，反向转运蛋白相当于在已有的质子梯度上又叠加了一个钠离子梯度。细胞仍然依靠质子梯度提供能量，所以还是需要质子渗透膜；但是现在又多了钠离子梯度。据我们计算，与只有质子梯度时相比，现在额外增加了 60% 的能量。这会为细胞带来两大优势：首先，有反向转运蛋白的细胞可以获得更多能量，比没有的细胞可以更快地生长和复制。这是一种明显的选择优势。其次，细胞能在更弱的天然质子梯度环境下继续生存。我们的研究发现，有渗透膜的细胞能够在质子梯度为 3 个 pH 单位的环境中生长，即海洋中质子浓度（pH 值约为 7）比碱性热液（pH 值约为 10）高三个数量级所产生的质子梯度条件下。有了反向转运蛋白的细胞，可以从天然质子梯度获得更多的能量，就能在梯度小于两个 pH 单位的环境下生存。这让它们适应热液喷口环境中更广的范围，或者是扩散到毗邻的喷口系统。因此，有反向转运蛋白的细胞能在竞争中胜过其他细胞，还会在热液喷口环境中分化、扩散。但由于它们仍然完全依赖天然质子梯度生活，所以还不能离开这种环境。还差一步。

下一步才是关键。有了反向转运蛋白，细胞还不能离开热液喷口，但是它们已经做好准备。用演化生物学的术语来说，反向转运蛋白是一种"预适应"（preadaptation），是为以后的演化发展打下基础的必要一步。反向转运蛋白的出现，终于为主动质子泵的演化提供了初始的有利因素；在我看来，这有点像是意外之喜。前面说过，主动把质子泵出渗漏的膜没有任何好处，因为它们马上就会流回来。但是有了反

1　俄罗斯生物能量学家阿尔缅·穆奇加尼安（Armen Mulkidjanian）认为，这些古老的酶适应的是低 Na^+/高 K^+ 的运作环境，而最早的细胞膜对这些离子是可渗漏的，那么细胞诞生的环境也应该是低 Na^+/高 K^+。既然早期的海洋环境是高 Na^+/低 K^+，他认为生命不可能诞生自海洋。如果他是对的，那我就错了。穆奇加尼安认为，陆地上的地热温泉系统是低 Na^+/高 K^+ 的环境，这样才适于生命起源。他的这个假设本身还存在些许问题，比如他认为有机合成是由硫化锌光合作用驱动的，但现实世界中的任何生命形态都没有使用这种反应。自然选择真的不可能在 40 亿年间慢慢优化、改变这些蛋白质机器的工作条件吗？或者我们应该相信，远古的离子平衡浓度对每种酶来说都是最优条件吗？如果酶的功能真的可以优化，那么在渗漏细胞膜的条件下是怎么做到的？反向转运蛋白在天然质子梯度中的作用，为这个问题提供了一个满意的解释。

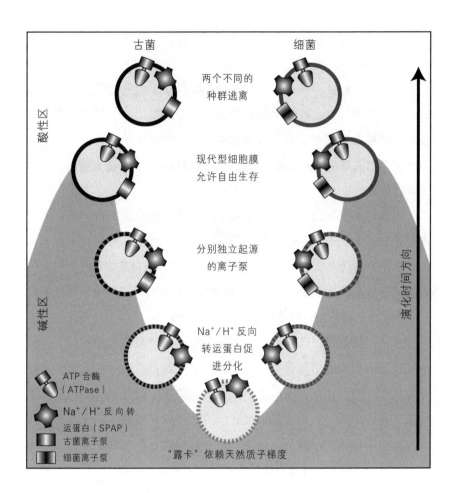

图 19 细菌与古菌的起源

　　根据天然质子梯度能量供应的数学模型，这张图显示了细菌和古菌趋异演化的可能场景。简单起见，图中只涉及 ATP 合酶，但同样的原理也适用于其他的膜蛋白（如 *Ech*）。只要细胞膜保持对质子渗漏，天然质子梯度就可以驱动 ATP 合成（图最下方）；但改进细胞膜没有任何好处，因为那样会摧毁质子梯度。Na^+/H^+ 反向转运蛋白（sodium proton antiporter, SPAP）在地球化学形成的质子梯度之外，又增加了生物化学形成的钠离子梯度，使细胞可以在较弱的质子梯度中生存，还有利于族群在热液喷口环境中扩散和分化。SPAP 提供的额外能量，让泵出质子的行为开始有利于细胞。有了质子泵之后，降低细胞膜对质子的渗漏性也有了好处。当细胞膜的质子渗漏性接近现代细胞时，细胞终于可以不用天然质子梯度而独立生存，也就可以离开热液喷口环境。图中所示的细菌和古菌，各自独立逃离热液喷口。

向转运蛋白，好处就出现了。质子被泵出膜外，其中一些不是直接从脂质膜渗透回来，而是从反向转运蛋白进入，同时把一个钠离子"挤"出去。因为细胞膜对钠离子的隔离性较好，如果细胞使用能量泵出质子，总会部分转换成跨膜的钠离子梯度。而每泵出一个质子，它们留在外面的机会总要多一点。也就是说，现在泵出质子就有了一点小小的优势，以前则是毫无用处。只有以反向转运蛋白的存在为前提，质子泵才有意义。

影响还不止于此。一旦有了质子泵，改变细胞膜的渗透性也能带来好处。再重申一次：在天然质子梯度环境中，必须有渗漏的细胞膜才行。而在渗漏膜上泵出质子毫无用处。反向转运蛋白是一种改善，因为它能增加细胞从天然质子梯度获取的能量；但它并不能完全断绝细胞对天然质子梯度的依赖。可是有了反向转运蛋白，泵出质子就开始有一点好处了，也就是说，依赖的程度有所降低。也只有在这种情况下，渗透性较低的细胞膜更有优势。细胞膜的渗透性再低一点，质子泵的好处就更大一些，如此不断改进，直到现代的质子隔离细胞膜出现。演化史上首次出现了一股持续的选择压力，可以**同时**驱动质子泵和现代脂质细胞膜的演化。最后，细胞终于可以切断连接天然质子梯度的纽带。现在，它们可以自由离开热液喷口，去外面广阔而又空旷的世界挣扎求存。[1]

这是一组精妙的物理条件限制。种系发生学的研究方法能提供的确定答案很少，但从物理条件限制出发却能整理出可能的演化步骤之间的必然顺序：以对天然质子梯度的依赖为开端，到出现真正意义上的现代细胞（特征是质子不能渗透的细胞膜，而且自己能产生跨膜质子梯度）

1　细心的读者可能会疑惑：细胞为什么不能直接泵出 Na^+？的确，如果膜是渗漏的，泵出 Na^+ 比泵出 H^+ 更好。但是随着膜的渗透性降低，这个优势就消失了。原因有点曲折：细胞能够获得的能量，取决于膜两侧的离子浓度差，而不是离子的绝对浓度。因为海洋中的 Na^+ 浓度非常高，如果要在细胞内外维持一个差异达到 3 个数量级的 Na^+ 浓度梯度，细胞需要泵出比 H^+ 多得多的 Na^+ 才行。因此，当细胞膜变得对两种离子都不渗透之后，泵出 Na^+ 就失去了优势。有意思的是，生活在温泉热液中的细菌，比如产甲烷菌和产乙酸菌，常常真的是泵出 Na^+。一个可能的解释是，高浓度的有机酸（比如乙酸）会增加膜对 H^+ 的渗漏性，让泵出 Na^+ 更有优势。

为终结（图19）。不仅如此，这些物理条件限制还可以解释细菌与古菌之间深远的差异。虽然它们都用跨膜质子梯度生产 ATP，但这两个域的细胞膜完全不同，还有许多其他的差异，包括充当质子泵的膜蛋白、细胞壁和 DNA 复制机制。下面将一一解释。

为什么细菌和古菌有根本差异

故事讲到这里，我来总结一下。在上一章中，我们从能量角度讨论了早期地球上哪些环境可能导致生命起源。我们一个个排除其他候选环境，最后聚焦在碱性热液喷口：这里有稳定的碳和能量流入，还有矿物质催化剂和天然的区隔空间。这种环境仍然存在问题：能量和碳以氢气和二氧化碳的形式流入，而这两种分子并不容易互相发生反应。但是我们发现，在喷口的微孔结构中，在半导性薄壁的两侧，由地球化学形成的天然质子梯度可以降低能量障壁，使反应发生。反应会产生硫代乙酸甲酯等活化硫酯类分子（功能等同于乙酰辅酶 A），质子梯度就能凭借它们来驱动最初的碳代谢和能量代谢。代谢形成的有机分子聚集在微孔系统中，浓度升高，进一步导致"脱水"聚合反应进行，最后形成包括 DNA、RNA 和蛋白质在内的复杂聚合物。我刻意略过了一些细节——比如遗传密码是如何出现的，而只着重于观念上的论证，阐明这些条件理论上可以制造出拥有基因和蛋白质的原始细胞。这样的细胞群体居住在碱性热液喷口环境中，依赖天然质子梯度生存，会经历完全正常的自然选择；而细菌与古菌的最后共同祖先——露卡，很可能是通过自然选择从它们当中演化出现的。同时，复杂蛋白质通过选择也慢慢演化出现，包括核糖体、*Ech* 和 ATP 合酶等，它们都保留在所有生物体内，成为共有特征。

原理上，露卡可以依靠天然质子梯度，通过 ATP 合酶和 *Ech*，支持所有的碳代谢和能量代谢。但这样做需要有渗透性极高的细胞膜。露卡无法演化出细菌或者古菌那样的隔离细胞膜，因为细胞膜渗透性降低后会摧毁它赖以为生的质子梯度。但反向转运蛋白的出现可能提供了契机，把天然质子梯度转换成生物化学的钠离子梯度，提供额外的能量，使细胞可以在较低的质子梯度下生存。这让细胞可以扩散，在原本站不住脚的区域生存，进一步导致种群的趋异演化。它们适应不同环境条件的能力更强，甚至可以"感染"邻近的热液系统，在早期地球的海底广泛分布，因为那时海底的蛇纹岩化作用可能极为普遍。

　　同时，反向转运蛋白也让泵出质子有了意义。我们终于说到了产甲烷菌与产乙酸菌在乙酰辅酶 A 途径上的奇怪差异。这些差异意味着，主动质子泵应该是在两个不同的种群中分别独立演化出现的；这两个种群从同一个祖先分化而来，都有反向转运蛋白。回想一下：产甲烷菌是古菌，产乙酸菌是细菌，它们分别代表了原核生物的两大域，也是"生命树"上最古老的分支。我们知道细菌和古菌有相似的 DNA 转录和转译机制、相似的核糖体、相似的蛋白质合成等，但是它们也有一些非常根本的差异，比如细胞膜的成分。我还提到过，它们的乙酰辅酶 A 途径虽然是非常古老的特征，但在细节上也不一样。细菌与古菌的相同与差异，都很予人启发。

　　产乙酸菌与产甲烷菌一样，都利用氢气和二氧化碳发生的反应制造乙酰辅酶 A。二者的反应步骤非常相似。这两种原核生物，都利用一种名为电子歧化（electron bifurcation）的巧妙机制来泵出质子。电子歧化最近才被优秀的德国微生物学家罗尔夫·陶厄尔（Rolf Thauer）和他的团队发现，可以算是生物能量学近几十年来最大的突破。陶厄尔现已正式退休，他数十年来对这些难以捉摸的微生物进行能量学研究，这一发现让他终成正果。此前，化学计量的计算结果认为它们无法生长，但它们无视"理论"，继续繁衍生息。演化的创造力往往比人类的思考聪明得多。电子歧化可以大致看成一种"短期能量租赁"过程，靠"借来"的能量债启动反应，然后马上偿还。之前提到过，氢气与二氧化碳的反应，总体上是一种放能反应，但是反应的前几步需要输入能量。电子歧化现象能够"预支"反应后面还原二氧化碳放出的能量，用以推动困难的前几步。[1] 因为最后几步释放的能量大于前几步所需的能量，"偿债"后多出来的能量，有一部分会被保存为跨膜质子梯度（图18）。这样的总体效果就是，氢气与二氧化碳反应释放的能量，被用来把质子泵出细胞膜。

谜团在于，产甲烷菌与产乙酸菌的电子歧化反应路径，有不同的"连线"方式。二者都依靠相似的铁-镍-硫蛋白质，但反应机制却不一样，很多参与反应的蛋白质也不同。产乙酸菌与产甲烷菌都把氢气和二氧化碳反应释放的能量，转换成跨膜质子梯度或钠离子梯度。二者也都利用离子梯度驱动碳代谢和能量代谢，也都有 ATP 合酶和 Ech。不同之处在于，产乙酸菌不直接使用 Ech 去推动碳代谢，而是反向使用，把它作为质子泵或钠离子泵。而且，二者碳代谢的具体反应路径也截然不同。这些差异非常基础，因此一些学者甚至认为，二者反应的相似之处可能并非来自共同祖先，而是趋同演化或者水平基因转移的结果。

然而，如果假定露卡确实是依靠天然质子梯度生存，那么这些相同和差异就有道理了。如果是这样，质子泵演化的关键就在于质子流通过 Ech 的方向：质子流是自然地从外部经 Ech 流入细胞，再进行固碳作用？还是逆转方向，由 Ech 充当质子泵将其泵出细胞（图20）？我认为，在始祖细胞群中，天然质子流由外向内通过 Ech，被用来还原铁氧还蛋白，再还原二氧化碳。而分化出的两个后代种群各自独立演化出了质子泵。其中一群是产乙酸菌的祖先，倒转了 Ech 的作用方向，通过氧化铁

1　如果读者想进一步了解这个神秘的电子歧化现象，我解释一下：电子歧化实质上是把两个反应偶联在一起，让容易进行的（放能）反应去推动困难（耗能）的反应。氢气分子中的两个电子，其中一个会立即与"容易"反应的对象发生反应，迫使另一个电子去完成更困难的任务：把二氧化碳还原成有机分子。实现电子歧化的蛋白质机器中含有很多铁-镍-硫簇。在产甲烷菌的反应中，这些矿物质结构会把来自氢气的电子对拆开，其中一半送给二氧化碳合成有机物质，另一半送给硫原子（即"容易"的对象），利用放出的能量驱动整个过程。这些电子最后会在甲烷产物中重逢，甲烷会被细菌当作废物排出，这些细菌因此得名。简而言之，电子歧化过程是非常神奇的自循环反应。氢气提供的电子对会短暂分离，但最终全都会传给二氧化碳，将其还原为甲烷，然后马上扔掉。当只剩下还原二氧化碳时，放能步骤释放的能量会被保存为跨膜质子梯度（实际上，产甲烷菌制造的通常是 Na^+ 梯度而非 H^+ 梯度，不过 H^+ 和 Na^+ 很容易通过反向转运蛋白互相替换）。从总体上看，电子歧化能够泵出质子，提供原先由碱性热液喷口天然赠予的动力。

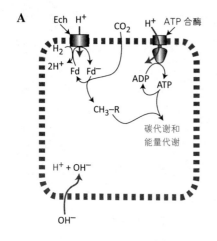

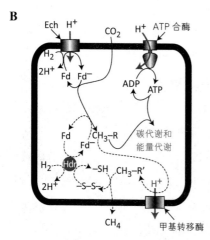

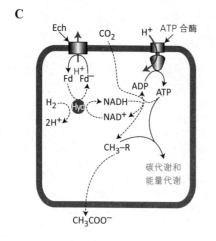

图 20　进行主动运输的离子泵可能的演化方式

　　根据质子流通过膜蛋白 *Ech* 的不同方向，图中描述了细菌与古菌进行主动运输的离子泵的不同起源假设。小图 **A** 是祖先状态：天然质子梯度通过 *Ech* 与 ATP 合酶驱动能量代谢和碳代谢。只有在细胞膜对质子渗漏的情况下才能运作。小图 **B** 是产甲烷菌（假定是古菌的祖先），它们仍然继续使用 *Ech* 与 ATP 合酶来进行能量代谢与碳代谢。但现在细胞膜对质子不渗漏，就无法再依赖天然质子梯度。它们必须"发明"新的生化反应路径和新的离子泵（甲基转移酶，Mtr），以此来制造自己的 H^+（或 Na^+）浓度梯度（图中的虚线路径）。注意小图 **B** 等同于图 18 中小图 **A**、**B** 的合并。小图 **C** 是产乙酸菌（假定是细菌的祖先）。通过 *Ech* 的质子流方向与前面的相反，而且是利用氧化铁氧化还原蛋白质产生的能量来驱动的。产乙酸菌并不需要"发明"新的泵，但需要新的反应路径把 CO_2 还原成有机分子，即利用 NADH 和 ATP（图中的虚线路径）。这个假设的演化场景，可以解释为什么产甲烷菌和产乙酸菌的乙酰辅酶 A 途径既有相同又有不同之处。

氧还蛋白释放能量，用来把质子泵出细胞。这种做法简单有效，但是马上造成了一个问题：以前用来还原二氧化碳的铁氧还蛋白，现在被用来泵出质子，所以产乙酸菌必须另辟蹊径来还原二氧化碳，而且不能再使用铁氧还蛋白。它们这群祖先发明了电子歧化的招数，让它们可以间接地还原二氧化碳。产乙酸菌的整套生化反应，其实质就是反转 Ech 的质子流方向，把它变成一个有用的质子泵；同时也留下一堆问题，必须另谋出路解决。

始祖细胞的另一群后代，也就是产甲烷菌的祖先，找到了另一条路径。它们谨遵祖制，仍然利用质子梯度来还原铁氧还蛋白，再用这个被还原的蛋白质固碳。但它们现在必须无中生有，从头发明一个质子泵。也许算不上真的无中生有，它们可能只是给一个现有的蛋白质换了新用途，似乎是把某个反向转运蛋白改装成了质子泵。这本身并不难，但引出了一个新问题：新的质子泵使用什么动力？产甲烷菌发明了一种不同形式的电子歧化，使用的有些蛋白质与产乙酸菌一样，但因为需求不同，连接的泵也不同，所以接线方式也完全不同。细菌和古菌这两个域的碳代谢和能量代谢，可以说是基于各自 Ech 不同的质子流向而分别发展的。只有两种选择，产甲烷菌和产乙酸菌各选其一（图20）。

一旦有了进行主动运输的离子泵，细胞膜的改进终于有了优势。在此之前的每一步，现代型磷脂细胞膜都不能提供任何好处，反而相当有害。然而当细胞有了反向转运蛋白和质子泵，让细胞膜脂质分子加上甘油头部降低渗透性，就有利可图了。这两个域在细胞膜的改进方面看来也是各自独立演化的。古菌采用甘油的一种立体异构体，细菌则采用它的镜像（详见第二章）。

到了这一步，细胞演化出了主动离子泵和现代型细胞膜，终于可以离开热液喷口环境，游向广阔的海洋了。细菌和古菌，最早自由生活的细胞，是从生存于碱性热液质子梯度中的共祖细胞分化而来的。所以后来它们发展出了不同的细胞壁，以此来保护自身面对新的冲击，这不足为奇。它们还独立发明了各自的 DNA 复制机制。细菌分裂时会把 DNA

附着到细胞膜上，附着点为"复制子"（replicon）。这个步骤可以保证两个子代细胞都能拿到一份基因组拷贝。具体的附着方式当然会影响到执行它的分子机器结构，以及DNA复制的很多细节。细菌和古菌细胞膜的独立演化，解释了为什么它们的DNA复制机制有这么多差异。细胞壁的差异问题也基本类似。所有的细胞壁构件都来自细胞体内，通过细胞膜上特定的膜孔输送出来，所以细胞壁的合成方式取决于细胞膜的特性。以此类推，细菌和古菌的细胞壁**理应**不同。

现在我们可以告一段落。虽然生物能量学的基本原理并不能预言细菌与古菌会有根本不同，但这些能量上的推演确实可以解释这些差异为什么会出现，以及是怎样出现的。原核生物两大域之间深刻的差异，与适应极端高温环境没有任何关系，而是缘于生物能量的需要。细胞必须维持渗漏细胞膜，后来又分化出各自独立的解决方案。基本原理确实无法预言细菌与古菌必然分道扬镳，但它们都使用化学渗透机制（利用跨膜质子梯度），这一点确实遵循前两章介绍的各种物理化学原理。不论是在地球还是宇宙中任何一个角落，最有可能孕育生命的场所，大概就是碱性热液喷口环境。这种环境迫使细胞首先利用天然质子梯度，最后自己学会制造质子梯度。在这个理论体系中，地球上所有的细胞都使用化学渗透，这并不难理解。我相信，宇宙中其他地方的细胞，也应该使用化学渗透。这意味着，它们面临的问题也与地球生命类似。我们将在第三部中讨论，为什么对质子动力的普遍需求，让复杂生命在宇宙中注定罕有。

第三部

复杂性

5

复杂细胞的起源

奥逊·威尔斯（Orson Welles）在黑色电影《第三人》中有一段著名的台词："意大利在波吉亚（Borgias）家族 30 年的统治下，充满了战争、恐怖、谋杀和流血事件，但是也贡献了米开朗琪罗、达·芬奇和文艺复兴。在瑞士，人民亲如手足，享受了 500 年的民主与和平，但是他们创造了什么？布谷鸟报时钟。"据传，这是威尔斯自己写下的。瑞士政府还因此给他发了一封抗议信，信中怒斥道："我们不生产布谷鸟报时钟。"我对瑞士或者威尔斯都没有意见，提到这个故事只是因为对我来说，它生动地描述了演化。自从第一个复杂的真核细胞在大约 20 亿至 15 亿年前诞生，生物界也出现了战争、恐怖、谋杀和数不尽的流血事件，大自然中充斥着冷酷的竞争。但是在此之前，我们有 20 亿年亘古的和平与共生，有细菌之爱（还不止于爱），然而漫长无尽的原核生物时代，又创造了什么？当然没有像布谷鸟报时钟这样又大又复杂的东西。从形态复杂度来看，不论是细菌还是古菌，都完全无法与真核生物相提并论，哪怕是和单细胞真核生物比较。

有一点值得再次强调。原核生物的两大域，不论是细菌还是古菌，其基因多样性和生化反应的灵活多变都令人叹为观止。在新陈代谢能力方面，它们让真核生物完全相形见绌：单独一个细菌的代谢多样性，就能超过整个真核生物域的所有生物。但不知为何，细菌和古菌从来没有**直接**发展出和真核生物相当的复杂结构。从细胞体积来看，原核生物细胞一般小于真核生物细胞的 1/15 000（有一些很说明问题的例外，下面我们会谈到）。在基因组容量方面，原核生物和真核生物有大小差不多的，但总体仍然差距巨大。目前已知最大的细菌基因组，有大约 1 200 万对碱基。而人类基因组有大约 30 亿对碱基，还有些真核生物的基因组可以大到超过 1 000 亿对碱基。最令人惊奇的是，经过 40 亿年的演化，细菌与古菌几乎没有任何变化。40 亿年间，地球环境经历了各种翻天覆地的巨变。大气和海洋中氧气浓度的上升完全改变了生存条件，但细菌与古菌行若无事。全球冰川期（即雪球地球时代）曾经把整个生态系统推到崩溃边缘，但细菌与古菌仍然不为所动。寒武纪大爆发带来了动物，但对细菌来说只不过是有了新的牧场可以享用。以人类的偏见，我们总爱把细菌看作病原体，尽管真正致病的只是众多原核生物中的冰山一角而已。细菌顽固地保持本色，从没有演化出哪怕是像跳蚤这样的大小和复杂度。没有什么东西比细菌更保守。

我曾在第一章中提过，对这些现象最好的解释就是结构上的限制。在身体结构上，真核生物的确与细菌和古菌有一些非常根本的差异。只有真核生物突破了结构的限制，所以也只有真核生物发展出无限复杂的形态。在代谢机制方面，原核生物可谓天马行空，面对各种稀奇古怪的环境化学条件，它们都会发明出相应的巧妙解决方法。而真核生物弃化学多样性于不顾，转而变得更大、更复杂，释放出尺寸与结构的无限潜力。

结构限制的概念并非什么新奇观点，但具体是什么样的限制，从来没有共识。生物学界过去提出了很多突破结构限制的假说，比如"失去细胞壁的灾难"，或者"发明了棒状染色体"。失去细胞壁可能是灾难性的：没有外面那层坚硬的支架，细胞很容易膨胀、爆裂。然而困在这件"拘束衣"里，细胞也因此无法改变形状、无法四处移动，更无法通过吞噬作用吞食其他细胞。牛津大学的生物学家卡瓦里耶-史密斯很早以前就提出过一个假说：在一个罕见的场合，细菌成功地抛弃了细胞壁，因而摆脱限制，演化出了吞噬作用。他认为这是演化出真核生物的关键。确实，要想演化出吞噬作用就得先丢掉细胞壁，但倒过来的逻辑是不成立的。很多细菌丢掉了它们的细胞壁，却什么事也没有。比如L型细菌（L-form bacteria）就没有细胞壁，却活得好好的，也没有演化出运动或者吞噬作用的迹象。好几种古菌也没有细胞壁，但也没有变成噬菌细胞。这些没有细胞壁的细菌和古菌并没有变得更加复杂，而很多真核生物（包括植物和真菌）拥有细胞壁，却比原核生物复杂得多。所以，认为笨重的细胞壁就是真正的限制，让古菌和细菌无法演化得更复杂，这种说法经不起仔细推敲。比较真核藻类与原核生物蓝细菌后就很能发现问题：二者生活方式相似，都进行光合作用，都有细胞壁；但藻类的基因组通常比蓝细菌的大几个数量级，细胞体积大得多，复杂度也更高。

棒状染色体的假说也存在类似的问题。原核细胞的染色体通常是环状的；DNA复制会从一个特定的起点（即复制子）开始。但是，DNA复制的过程通常比细胞分裂慢，而DNA复制没完成，细菌就不能分裂成两个。也就是说，只有一个复制子实际上限制了细菌染色体的尺寸，因为染色体较小的细菌，DNA复制得更快，分裂得也更快。如果细菌丢弃任何不必要的基因，就可以加快分裂速度。所以从长期来看，染色体较小的细菌会占优势。尤其当它们随时可以通过水平基因转移把以前丢掉但现在需要的基因捡回来时，这种优势就更加明显。而真核生物通常有若干条棒状（线状）染色体，每条染色体上都有多个复制子。也就是说，真核生物体的DNA复制过程是并行的，而细菌的DNA复制是线性的，效率低得多。然而，这个限制理论无法解释为什么原核细胞没能演化出多条棒状染色体。实际上，研究人员现在发现，部分细菌和古菌确实有棒状染色体，在DNA复制的时候也可以"并行处理"。尽管如此，它们的基因组并没有扩充到真核生物的水平。所以，一定另有限制原因。

为什么细菌没有继续发展到和真核生物一样复杂？基本上，所有着眼于结构限制的解释，都会遇到同样的问题：每当有人提出某种"规则"，都会遇到一大堆例外。著名演化生物学家约翰·梅纳德·史密斯（John Maynard Smith）曾尖刻地指出，这些解释根本不中用。

那么，什么样的解释才管用呢？我们已经发现，种系发生学无法给出一个简明的答案。真核生物的共祖已经是一个很复杂的细胞。它有棒状的染色体、被膜的细胞核、线粒体，还有多种功能专一的细胞器，有众多膜状构造，有动态的细胞骨架，还有有性生殖等特征。它已经很像一个现代的真核细胞。在细菌身上找不到任何这些类似于真核生物的特征。这是种系发生学的"事件视界"，意味着真核生物特征的演化轨迹在追溯到真核生物共祖出现时即告中断，更早的情况无从得知。就好比去追溯现代社会各种发明的源头，房子、卫生设施、道路、社会分工、农业、法院、常备军、大学、政府等诸如此类的存在都能追溯到古罗马；但是在古罗马之前，就只有原始的狩猎-采集社会。我们找不到古希腊、古中国、古埃及、古黎凡特、古波斯或者其他任何古代文明的遗迹，极目所见，只有大量的狩猎-采集部落留下的痕迹。最奇怪的是，这就像专家们花费了几十年时间，考察世界各地的考古场所，希望发掘出更古老的城市或古罗马之前的文明遗迹，希望能找到线索，以此推测罗马是怎么建成的。他们发现了几百个样本，但仔细考察后才发现，每个遗迹其实都出现在罗马之后。所有这些表面上古老、原始的城市，其实都建造于"黑暗中世纪"，而建造者的祖先家系都能追溯到古罗马。条条大路通罗马，而罗马还真是一天就建成了！ [1]

这听起来很荒谬，但差不多就是目前生物学面临的窘境。在细菌与真核生物之间，确实找不到中间型的"文明遗迹"。一些貌似中间型的生物（即第一章讨论过的源真核生物）曾经显赫一时，就像拜占庭的空壳，在帝国的最后几个世纪龟缩到君士坦丁堡的城墙之内，虚有其表。我们该如何去梳理这团尴尬的乱麻呢？事实上，种系发生学确实提供了

---

[1] 化用自西方谚语"罗马不是一天建成的"。——译者注

一条线索。这条线索从前被单一基因的研究方法所忽略，但现在的全基因组比较研究方法揭示了它的存在。

复杂性的嵌合起源

从单一基因重建整部演化史，根本的不足就在于肯定会画出一棵分支树。即使使用核糖体 RNA 基因这样高度保留、普遍存在的基因，这一点也不会改变。一个基因在同一个生物身上不可能背负两段不同的历史，因为基因不可能是嵌合的。[1] 在种系发生学的完美世界中，根据每个基因都应该能画出一棵相似的树，它们都应该反映相似的历史。但我们已经发现，演化史的早期完全不是这样。通常可以回到使用一组基因的方法来解决这个问题，这些基因被认为是真正拥有共同历史的基因，合乎标准的一共只有几十个。有人把这样画出来的生命树称为"真正的亲缘关系树"。如果这棵树反映了事实，那么真核生物与古菌的亲缘关系会非常接近，这就是现在标准的"教科书"版生命树（图 15）。真核生物与古菌到底有多近？目前没有统一的意见，因为不同的基因、不同的研究方法会给出不同的结果。但是长久以来的一致意见是，真核生物是古菌的姊妹群。我讲课的时候也喜欢展示这棵树。树枝的长度代表了遗传的距离。可以很清楚地看到，细菌、古菌和真核生物一样，其类群内部的基因都有很多变异与分化。但是，古菌与真核生物之间有一段长长的空白枝干，这一段发生了什么事呢？这棵树并没有给我们提供任何信息。

如果从整个基因组来看，我们就会发现完全不同的模式。真核生物的很多基因，在细菌和古菌身上都找不到任何对应基因。这些基因就是所谓的真核生物"识别"基因（signature genes）。不过随着研究方法的进步，不断有基因找到了原核生物的变体，识别基因所占的比例也随之

---

1 严格来说，实际上还是有可能的。因为一个基因还是有可能由两个背景历史不同的基因片段拼合而成。不过，一般不会发生这种情况，种系发生学用单个基因去追溯演化历史时，通常也不会考虑去重建自相矛盾的历史。

减少。即使以较为保守的标准方法衡量，也有多达 1/3 的真核生物基因可以在原核生物体内找到对应基因。这些基因必然来自原核生物和真核生物的共祖，我们称这些基因是同源的（homologous）。有趣的地方就在这里：真核生物的同源基因并非来自同样的祖先。大约有 3/4 的同源基因似乎来自细菌，剩下的 1/4 则似乎来自古菌。人类基因组是这样，而且并不是特例。酵母基因组的情况十分类似，果蝇、海胆和苏铁也都是如此。在基因组层面，似乎**所有**的真核生物都是怪异的嵌合体。

这个现象本身无可争议，但是它代表的意义却众说纷纭。例如，真核生物的识别基因与原核生物的基因在序列上完全没有相似性。这怎么解释呢？有人认为这是因为这些识别基因才是古老的基因，始于生命诞生之初。这是所谓的古老真核假说（venerable eukaryote hypothesis）。或许这些基因是从一个非常古老的共祖开始分化的，经过漫长的岁月，它与其他分支之间的任何相似性都已经在时间的迷雾中磨灭。如果真是这样，推论就是真核生物在很久以后一定通过某种方式（比如获取线粒体）纳入了不少原核基因。

这个古典理论对真核生物的崇拜者一直都有感性的吸引力。在科学研究中，感性和个性所占的分量出人意料的重。有些研究者对突发的巨变有天然的好感，另一些则强调渐进式的微步演变。生物学家圈内的老笑话，把这两种倾向分别称为"抽风演化论"对"爬行演化论"。[1] 现实当中的演化兼而有之。对有些人来说，真核生物的问题关乎人类中心论的尊严。我们是真核生物，把自己看作后起的基因杂种，似乎有损人类的尊严。有些科学家坚持主张真核生物来自生命树的最底层，在我看来，这其实是出于个人情感因素。确实很难证明这种观点是错的，但如果真是这样，那为什么真核生物沉寂了这么久才突然一飞冲天，变得硕大且复杂？迟了整整 25 亿年！为什么我们在化石记录中可以看到许多原核生物的痕迹，却找不到任何古老真核生物的踪迹？还有，既然真核生物在

---

1 原文是"jerk"和"creep"。这两个词分别也有"浑蛋"和"变态"的意思，所以是双关语笑话。——译者注

获得线粒体之前可以成功存活这么久，那为什么现在没有留下任何没有线粒体的后代？它们也不可能是因为与别的物种竞争失败而灭绝。我们已经在前面讨论过，源真核生物的存在（见第一章）证明，形态简单的真核生物可以与细菌和复杂的真核生物共存长达数亿年。

对真核生物识别基因的另一个解释认为，只不过是因为它们演化得比其他基因快得多，所以失去了与原核生物亲缘基因序列的相似性。为什么它们演化得如此之快？如果它们后来执行的功能与原核生物中的祖先基因不同，那么它们受到的选择压力也会不同，从而迅速演化。对我来说，这个解释相当合理。我们知道，真核生物的基因组中有很多所谓的"基因家族"；同一家族中有若干个同一来源的基因副本，各自特化，执行不同的功能。在形态复杂性上，真核生物进入了一个原核生物不可企及的境地，那么也不奇怪相应的基因为了适应全新的任务而迅速演化，最终失去了与原核基因的相似性。这个解释的实质是说，真核生物的识别基因还是来自细菌或古菌的某些祖先基因，只是对新功能的适应性演化完全抹去了过往历史。后面我会来论证这个假说的正确性。现在我们只需理解，真核生物拥有大量识别基因，这并不能否定真核生物本质上是嵌合体（即原核生物之间某种合并的产物）的可能性。

那么，真核生物体内那些真正的同源基因又是怎么回事呢？为什么它们一部分来自细菌，一部分来自古菌？这些现象本身显然完全符合嵌合起源假说，真正的问题在于不同来源的数量。以真核生物的"细菌来源"基因为例。种系发生学家詹姆斯·麦金纳尼（James McInerney）比较了真核生物与细菌的整个基因组，发现真核生物的细菌型基因与许多不同的细菌类群都有亲缘关系。把它们画到亲缘关系树上会发现，不同的基因来自不同的细菌分支。原先很多人认为，真核生物的细菌型基因都来自 α-变形菌（α-proteobacteria），因为 α-变形菌被公认为线粒体的祖先。然而实际上，真核生物的细菌型基因来源远不仅限于此。根据已有研究的大致推测，至少有 25 种不同的现代细菌类群都为真核生物提供过基因。古菌型基因的来源情况也类似，只不过牵涉的类群比细菌的少一些。更有趣的是，马丁的研究显示（图21），在生命树的真核生物分支内部，所有这些细菌型和古菌型基因都一起分支、共同演化。很明显，真核生物在演化早期就获得了它们，所以从那时起，这些基因就拥有了共同的历史。这就排除了在真核生物的后续演化途中，持续的水平基因转移的影响。真核生物起源之初，似乎发生了一件奇怪的事。最早的真核生物，一下子就从原核生物身上取走了好几千个基因，然后就再也没与原核生物进行过基因交流。对此最简单的解释，不是细菌式的水平基因转移，而是真核细胞式的内共生。

从表面证据来看，演化史上确实有可能发生过多次内共生，就像序列内共生理论预测的那样。但要说曾经有25种不同的细菌和7～8种不同的古菌在演化早期全体参与了一场基因乱交派对，或者说一次单细胞生物的共生狂欢节，而在之后的整个真核生物史中，彼此都不再联系，这实在令人难以置信。可如果不是这样，那又如何解释这种基因嵌合模式呢？有一个很简单的解释：水平基因转移。请注意，我并没有自相矛盾。真核生物起源之初，可能发生过一次内共生事件，之后细菌与真核生物之间就基本没有基因交流；但在这段漫长的时间中，各个细菌种群之间却不断地发生水平基因转移。为什么真核生物的基因会与多达25种细菌型基因一起分化？表象背后的原因，很可能是真核生物最初是从某一群细菌中一次性获取了大量基因，而这群细菌后来慢慢分化了。假设我们从今天识别的25种细菌中随机抽取一些基因，然后放入一种细菌体内。再假设这个"新"种群是线粒体的祖先，生活在15亿年以前。现代细菌中找不到和这个种群相似的细菌，但既然细菌中的水平基因转移如此盛行，当然应该找不到了！这群细菌的一部分被内共生作用俘获，剩下的仍然保持细菌的自由生活，在之后的15亿年间奉行水平基因转移，四处散播它们的基因。所以，它们古老的基因组合，现在会散布在很多现代细菌种群之中。

同样的现象也发生在内共生事件的宿主细胞上。假设从那7～8种与真核生物有联系的古菌身上取出一些基因，放到某一群15亿年前的

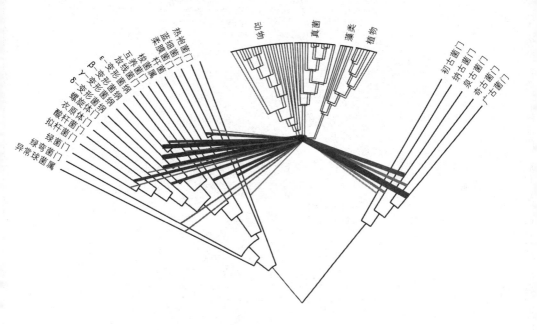

图 21 真核生物的广泛基因嵌合现象

许多真核生物基因都能在细菌或古菌中找到对应的基因,然而来源范围广得惊人。如马丁与他的团队制作的这张树图所示。图中展示的是有明显原核生物来源的真核基因,与它们最相似的细菌或古菌类群之间的对应关系。较粗的线表示,通过这个来源获得了较多的基因。例如,真核生物显然从广古菌门(Euryarchaeota)那里获得了很大一部分基因。基因来源的广泛,可以用多次内共生事件解释,也可以用水平基因转移来解释。但是,形态研究无法提供证据确定,也很难解释为什么这些来自原核生物的基因,在真核生物中的分化路径是一致的。这意味着在真核生物演化的早期,在一段短暂的时间内发生了大量基因转移,但之后的 15 亿年间几乎没再发生。更简单、更现实的解释是,一个古菌与一个细菌之间发生了一次内共生事件,二者的基因组与任何现代的细菌和古菌类群都不一样。由此产生的后代与其他原核生物之间发生了水平基因转移,从而造就了现代这些有多种来源基因的类群。

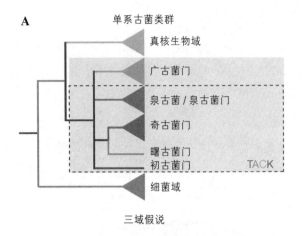

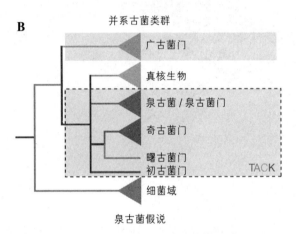

图 22　生命分为两域，而非三域

　　恩布利团队的研究认为真核生物起源于古菌。小图 A 是传统的三域生命树，每一个域都是单系类群（互相没有混合）：最上面的是真核生物域，最下面的是细菌域，古菌域被分成几大类群，类群之间的关系都比它们与细菌或真核生物的关系更近。小图 B 是根据恩布利团队的新近研究绘制的生命树，有更多的证据支持。这项研究基于更广泛的抽样，涉及更多参与转录和转译的信息基因。在这张图中，真核生物的这些信息基因在古菌域**内部**分支，与泉古菌（eocytes）类群最接近，所以这个假说得名为"泉古菌假说"。这意味着，真核生物起源时获得细菌内共生体的宿主，是一个不折不扣的古菌，类似于泉古菌，而不是某种"原始的吞噬细胞"。图中的 TACK 代表古菌域中的一个"超门"，包含了奇古菌门（Thaumarchaeota）、曙古菌门（Aigarchaeota）、泉古菌门（Crenarchaeota）和初古菌门（Korarchaeota）。

古菌中。同样，这群古菌中的某些成员捕获了内共生体（后来变成了线粒体），其他的则继续过着古菌的正常生活，通过水平基因转移散布基因。请注意，我们的这些假设均采用逆向工程[1]的方法，除了已知事实之外，没有引入任何其他假设。水平基因转移在细菌和古菌中很常见，在真核生物中则很少见。另外还要注意一个假设：某个原核生物（一种古菌，根据定义，它无法通过吞噬作用吞下其他细胞）可以通过吞噬作用之外的某种机制获取内共生体。我们暂且先接受这个假设，后面再详细讨论。

　　在所有关于真核生物起源的假说中，这可能是最简单合理的一种，即一个古菌宿主与一个细菌内共生体之间，发生了一次基因嵌合事件。我并不奢望读者马上就能信服。我只是认为，这个假说与目前所有的真核生物种系发生学研究结果非常符合。当然还有其他几种假说也很符合，我个人比较倾向于这个假说，只是因为它最符合奥卡姆剃刀原理（对相同数据的所有解释中，它最简单）。另外，纽卡斯尔大学的演化生物学家马丁·恩布利（Martin Embley）和他的团队也提出了越来越充分的种系发生学证据，支持这个假说（图22）。不过，鉴于真核生物种系发生学研究仍然有很多争议，针对这个问题，是否还有其他的解决方法呢？我认为有。如果说真核生物是通过两个原核生物（细菌和古菌）发生内共生作用而诞生的，而其中的内共生体后来变成了线粒体，那么我们就能从另一个更具观念性的角度来探索这个问题。为什么当一个细胞进入另一个细胞体内后，会彻底改变原核生物的命运，释放出真核生物无尽的复杂性呢？有一个很关键的原因，而它与能量有关。

为什么细菌仍然是细菌

　　这个问题的关键，在于原核生物都利用化学渗透提供能量，无论

1　逆向工程，对目标进行逆向分析与研究，演绎出该目标的形成流程、组织结构等要素。

细菌还是古菌。我们已经在上一章中看到，最早的细胞如何能在热液喷口结构的薄壁之间诞生，那里的天然质子梯度如何驱动碳代谢与能量代谢，以及为什么对质子梯度的依赖性能迫使细菌与古菌彻底分化。对这些问题的探讨，确实可以解释化学渗透偶联是如何出现的，但并没有解释为什么它会永远保留在所有的细菌、古菌和真核生物身上。难道没有某种生物丢弃化学渗透偶联，代之以其他更好的能量机制？没有这种可能吗？

确实有。以酵母为例，它们大部分时间都在进行发酵作用，另有几种细菌也是。发酵作用可以直接产生 ATP，速度较快，对原料的使用效率却较低。单纯进行发酵作用的生物很快就会污染周围的环境，导致自己无法生长。酒精或乳酸等发酵作用的终产物，会被其他微生物利用。使用化学渗透的细胞，可以利用氧气或硝酸盐等氧化剂与这些废物反应，获取更多的能量，生长得更充分。在有其他细菌参与消解废物的情况下，发酵作用还是很好用的，但单独使用局限性很大。[1] 有充分的证据显示，在演化过程中，发酵作用是在呼吸作用之后出现；如果从热力学上的局限性来看其出场顺序，也非常合理。

发酵作用，是生物除了化学渗透偶联之外唯一已知的产能方式。这倒是让人比较意外。各种形式的呼吸作用和光合作用、各种形式的自养作用，只要是完全利用简单无机分子供细胞生长的机制，都彻底依赖化学渗透。其根本原因，我们已在第二章做过较为充分的解释。化学渗透偶联还特别灵活，它像是一个公共操作系统，支持多种电子供体和受体即插即用，还允许小范围的改装来产生更好的效果。同样，相关基因可以通过水平基因转移在种群之间交流，就像把新的应用程序安装到其他兼容系统中。所以，化学渗透偶联能让生物的代谢适应几乎任何一种环境，而且适应得非常快。难怪它会一统天下！

1　移除发酵作用终产物最快且最可靠的办法，就是利用呼吸作用消耗它们。这样终产物就成了二氧化碳，很容易消散在空气中或者变成碳酸盐沉淀。所以，发酵作用很大程度上依赖呼吸作用才能运作。

更优越的是，化学渗透偶联可以从任何环境中挤出最后一滴能量。以产甲烷菌为例，它们利用氢气和二氧化碳反应驱动碳代谢和能量代谢。我们讨论过，氢气和二氧化碳本身并不容易发生反应，一开始必须注入一些能量来克服活化能障壁，反应才能进行。产甲烷菌巧妙地利用电子歧化作用，来迫使它们反应。关于这个反应的能量水平，"兴登堡"号飞艇事故能提供一例参考。"兴登堡"号是一艘巨型德国飞艇，气囊中充满了氢气，横跨大西洋后意外起火，像一颗燃烧弹一样猛烈爆炸，从此让氢气蒙上了危险的坏名声。氢气和氧气在一起时，原本是稳定不反应的，但一簇小火花就能提供活化能，启动反应，释放出巨大的能量。而氢气与二氧化碳的反应，恰好面临相反的问题：启动反应所需的"火花"相对较大，反应释放的能量却少了许多。

如果一种反应释放的可用能量小于启动注入能量的两倍，细胞要直接利用它，就会受到一种奇特的限制。还记得从前在学校配平化学反应式吗？必须是整个分子参与反应，不可能是半个分子与另外四分之三个分子反应。如果细胞用掉一个 ATP 分子，生产出的 ATP 分子却少于两个，情况就非常尴尬。因为不存在 1.5 个 ATP 分子，只有完整的一个或者两个。能量不可能无中生有，只能浪费，所以细胞花掉一个 ATP 分子只能获得一个 ATP 分子，能量净收益为零。这就排除了细胞直接利用氢气和二氧化碳反应的可能。不仅是氢气和二氧化碳这一对，很多其他氧化还原对（即可以进行氧化还原反应的一对电子供体和受体）的能量水平也是这样，比如甲烷与硫酸盐。但是尽管存在这种化学上的限制，细胞还是把这些氧化还原对用得好好的。原因在于，从定义上看，跨膜质子梯度就是一种**渐变**（gradations）。化学渗透偶联的优势，就在于它完全超越了化学。它让细胞可以把能量"零钱"储存起来。如果需要 10个质子才能合成 1 个 ATP 分子，而某个化学反应释放的能量只够泵出 4个质子，那只需要把反应重复 3 次，泵出 12 个质子，再抽出其中 10 个就可以用来制造 ATP 分子。这一机制不仅对于某些形式的呼吸作用绝对必要，也能为所有的生物带来极大的好处，因为它让细胞可以把点滴的能量储存起来；如果没有化学渗透，这些能量就只能以热量的形式浪费掉。这一个特点让质子梯度相对普通的化学反应永远占优势，这就是"微操作"的强大威力。

化学渗透偶联在能量方面的优势，足以解释为什么它的核心地位历经 40 亿年而不变。然而它还在其他一些方面融入了细胞的功能。一种机制越是根深蒂固，其他不相关的特征就越有可能以它为发展基础。质子梯度被广泛使用于细胞的其他各种功能之中，比如摄取营养和排泄废物；它也被用来转动细菌的鞭毛（一种可以旋转的外部推进结构），让细菌可以自由运动；它还可以被故意耗散，用来产生热量，褐色脂肪细胞就会这样做。最有趣的是，质子梯度的崩解还被用来启动细菌种群突然的"程序性死亡"。一个细菌细胞被病毒侵染后，它的死亡几乎已经注定。但是它如果死得够快，在病毒自我复制之前就干掉自己，那么它附近的亲族（周围带有相似基因的细菌）就有可能幸免于难。因此，指挥细菌自杀的基因会普遍散布在整个种群之中。但是这些死亡基因必须迅速发挥效力才能起作用，而洞穿细胞膜正是最快的细胞自杀机制之一。许多细菌正是这样做的：一旦遭到感染，它们就会在自己的细胞膜上形成孔洞。依赖细胞膜的质子动力当然会随之瓦解，细胞的死亡程序也会随之启动。这个意义上，质子梯度是细胞健康状态的终极感应器，生与死的裁决者。在本章的后面部分我们会看到，这个功能影响深远。

总而言之，化学渗透偶联的普遍性看起来绝非偶然。它的起源很可能与生命的起源关系紧密，也和细胞在碱性热液喷口环境（目前看来最有可能的生命孵化器）的诞生有关。几乎所有的细胞都使用化学渗透，其实是理所当然的。它曾经显得十分诡异，但只是表面上反直觉而已。根据我们的分析，化学渗透偶联应该是宇宙中所有生命共有的特征。也就是说，其他星球上的生命也会面临地球上细菌和古菌同样的问题，其根源就是原核生物把质子泵出细胞膜。对真正的原核生物来说，这没有碍到什么事（恰恰相反，这让它们的能量代谢极其灵活多变），但确实限制了某些可能。我认为，那些被化学渗透机制限制的可能，就是我们从未见过的东西：大尺寸、形态复杂、带有大型基因组的原核生物。

问题的本质就在于平均每个基因能得到的能量。多年以来，我自己的思路曾经绕来绕去逼近这个概念，但直到与马丁一次唇枪舌剑的脑力激荡之后，这个概念才真正清晰起来。经过好几周的对谈，以及意见和视角的交换，我们突然开悟：演化出真核生物的关键在于"每个基因的平均能量"这样一个简单的概念。我兴奋不已，在一个信封背面写写画画，开始计算。我花了一周时间，用掉好多个信封，最终算出的结果让我和马丁都震惊了。这个答案是从各种文献数据中推断出来的一个数字，显示了区分原核生物与真核生物的能量差距。根据我们的计算，真核生物平均每个基因的能量，高达原核生物的 200 000 倍。20 万倍的能量差距！终于，我们发现了两种生物之间的巨大鸿沟，这道深渊精辟地解释了为什么细菌和古菌一直没能演化出真核生物的复杂度。同理，我们大概永远不会遇到一位由细菌式细胞组成的外星人。设想所有生命处在某种象征能量的地貌中，山峰代表高能量，谷地代表低能量。细菌会全部待在最低的谷地、能量的深渊之中；四周的山壁对它们来说直入云霄，绝对不可攀登。难怪原核生物只能永远滞留于此。让我好好解释这个概念。

每个基因的平均能量

大体上，科学家比较的是类似的事物。要比较生物的能量水平，最公平的方法是比较平均每克物质的能量。我们可以比较一克细菌和一克真核细胞的代谢率（测量标准是氧气的消耗速率，又称呼吸速率）。结果可能不会让你惊讶：细菌的呼吸速率通常比单细胞真核生物更快，平均快 3 倍左右。这样平淡无奇的结果，让绝大部分研究者到此为止，因为再追究下去，比较就有可能变得"不伦不类"。但是我和马丁继续追究下去。如果比较单个细胞的代谢率会得到什么结果呢？这样的比较好像很不公平！我们的抽样包括 50 种细菌和 20 种单细胞真核生物，这些真核

生物的平均体积大约是细菌的 15 000 倍[1]。已知它们的呼吸速率是细菌的
1/3，那么平均每个真核生物细胞每秒消耗的氧气是细菌细胞的 5 000 倍。
这一数字当然反映了真核细胞的体积比细菌大得多，DNA 也多得多。即
便如此，单个真核细胞还是比细菌细胞多了 5 000 倍的能量。这么多能
量用在哪里了？

　　这些多出来的能量，直接用于 DNA 复制的并不多。单细胞生物复
制 DNA，大概只用到总能量的 2%。根据英国微生物能量学大师弗兰克·
哈罗德（Frank Harold）的研究（哈罗德是我的偶像，虽然我们的意见
并不总是一致），细胞把多达 80% 的能量用于合成蛋白质。因为细胞主
要由蛋白质组成，细菌大概有一半的脱水干重是蛋白质。制造蛋白质的
代价也很高昂。蛋白质是氨基酸串成的长链，通常由几百个氨基酸组成，
通过"肽键"互相连接。每连接一个肽键至少要花费 5 个 ATP，5 倍于聚
合核苷酸生成 DNA 花费的能量。每种蛋白质都以成千上万的数量制造，
才能翻新和修补细胞平时的损耗。所以粗略而言，细胞消耗的能量几乎
都用来制造蛋白质了。每一种独特的蛋白质，都由一个基因编码。假设
细胞的所有基因都转译成了蛋白质（大致接近事实，虽然各个基因的表
达状态不同），那么一个基因组中基因越多，合成蛋白质所需的能量就越
多。这一结果可以通过简单统计核糖体数量来估算，因为核糖体是制造
蛋白质的微小工厂，核糖体的数量与蛋白质合成的工作量有直接的线性
关系。大肠杆菌这样的普通细菌，平均有 13 000 个核糖体；而一个肝
脏细胞至少有 1 300 万个核糖体，数量是细菌的 1 000 ~ 10 000 倍。

　　平均每个细菌大约有 5 000 个基因，真核生物大约有 20 000 个，多
的可达 40 000 个，比如池塘中很常见的草履虫等大型原生生物，它们
的基因数量是人类的 2 倍。这样，真核生物每个基因平均分配到的能量，

1　要进行这样的比较，必须知道每种细胞的代谢率、细胞尺寸和基因组大小。或许你会觉得，50
种细菌和 20 种真核生物对于这种比较未免不太够。不过考虑一下，要获取每一种细胞的这些数据是
相当困难的工作。有时我们已知生物的代谢率，但不知道它们的基因组大小和细胞尺寸；有时候恰
好反过来。即便如此，我们根据文献资料计算出来的数字仍然相当可靠。如果你对详细的计算过
程感兴趣，请参见参考文献中列出的论文（Lane and Martin，2010）。

比原核生物基因多了 1 200 倍。如果我们再做一次"校准",把细菌基因组的大小（5 000 个）比例放大到真核生物基因组的水平（20 000 个），那么细菌每个基因的平均能量，就只有真核生物的 1/5 000。换言之，真核生物要么能够负担比细菌大 5 000 倍的基因组，要么能为每个基因的表达提供比细菌多 5 000 倍的能量（比如为每个蛋白质制造更多份拷贝）。实际情况是，二者兼而有之。

你也许会觉得"这有什么了不起的？"，真核生物细胞的体积本来就比细菌大 15 000 倍，更大的体积总要用什么东西填满。而前面已经提过，细胞中大部分物质都是蛋白质。所以再校正一下体积，这样比较才有意义。让我们把细菌的体积也增大到真核生物的平均尺寸，再来计算每个基因要花费多少能量。你或许会想，更大的细菌可以制造更多的 ATP；没错，但是更大的体积也需要合成更多的蛋白质，因此会消耗更多的 ATP。总体的平衡，取决于这些因素之间互相关联的消长。根据我们的计算，细菌如果真要变大，代价会十分沉重：尺寸确实很重要，但是对细菌来说并非越大越好。恰恰相反，如果存在大如真核细胞的细菌，它每个基因的平均能量，比起同体积的真核细胞只有二十万分之一。很奇怪吧？听我解释。

把细菌放大几个数量级后，马上就会出现一个大问题：表面积与体积之比。真核生物细胞的体积平均比细菌大 15 000 倍。简单起见，我们先假设细胞都是球形。细菌放大到真核生物的尺寸，它的细胞半径会增加 25 倍，表面积则会增加 625 倍。[1] 表面积是关键参数，因为 ATP 合成依赖细胞膜。如果简单近似，认为 ATP 合成与表面积的增加成正比，那么前者也会增加 625 倍。

但是合成 ATP 需要蛋白质：需要呼吸链蛋白来泵出质子，也需要 ATP 合酶来利用质子回流。如果细胞表面积扩大了 625 倍，且呼吸链蛋

---

[1] 球体的体积与半径的立方成正比，表面积与半径的平方成正比。所以球体的半径增加时，体积增加得比表面积快。对细胞来说，变大的问题就是表面积相对于体积的比值会变小。改变形状可以缓解这个问题，比如很多细菌都呈杆状，这让它们的表面积与体积之比可以比较大。但是当实际尺寸增加好几个数量级时，改变形状也只能有限缓解一下。

白与 ATP 合酶也同比例增加，它们均匀地分布在膜上，使单位面积的蛋白质密度不变，那么 ATP 合成只能增加 625 倍。这些计算没错，但推理过程漏洞百出。所有这些额外的膜蛋白都需要先制造出来，再插入细胞膜，这个过程还需要足够的核糖体和各种组装因子，所以还需要先准备好这些物质。氨基酸和 RNA 必须运送到核糖体处，这些也得先制造出来，还要加上负责基因操作和运送的蛋白质。为了支持这些额外的工作，更多养分需要从细胞膜附近运送进来，这也需要专门的运输蛋白。当然还需要合成新的细胞膜，那就需要更多催化脂质合成的酶……以此类推。仅凭细菌的基因组，不可能应付这种暴涨的活动规模。想象一下，小小的基因组孤单地坐在细胞核里，现在要负责生产数量暴涨 625 倍的核糖体、蛋白质、RNA 和脂质，还要在扩张到这么大的细胞空间内运送它们，成果仅仅是与从前一样的每单位面积 ATP 合成速率？这显然不可能做到。就像一座城市的面积增加了 625 倍，新的学校、医院、商店、游乐场、垃圾场成比例增加，负责运作一切设施的市政府只凭原先那点可怜的预算，当然无法支撑。

考虑到细菌的生长速度，及其精简的基因组具有的优势，细菌基因组现在承担的蛋白质合成规模很可能已经逼近极限。要让蛋白质合成增长 625 倍，就需要 625 份完整的细菌基因组，而且每个基因组都以同样的方式运作。

乍一看，这真是疯狂的想法。其实不然，等一下我们再回来讨论。现在，让我们只考虑能量开销的问题。我们多了 625 倍的 ATP，却也多了 625 份基因组，每个都会消耗差不多的能量。现在还没有精巧的细胞内运输系统，因为那需要许多代时间和无数能量注入才能演化出来。每一份基因组可以管理一个体积大小与标准细菌相仿的区域，包括细胞质、细胞膜等。或许，想象一个放大版细菌的最佳方式，不是作为单个的细胞，而是把它看成 625 个相同的细菌融合在一起而构成的聚集体。这样对每个细菌成员来说，每个基因的平均能量就跟原来一模一样。因此，细菌增加表面积，没有一点能量方面的好处。放大的细菌相对于真核细胞，仍然处于巨大的能量劣势。前文讲过，真核生物每个基因的平均能量比"标准"的细菌多 5 000 倍。如果细菌的表面积增大 625 倍，却没有增加每个基因可以获得的能量，那么它们的平均能量还是会降为真核生物的 1/5 000。

真实情况比这还糟糕。我们是让能量的生产与消耗都增加了 625 倍，才使得细菌的表面积也能增加 625 倍。但是内部体积呢？细胞的内部空间现在可是放大了 15 000 倍。我们前面描述这种放大，只是把细胞吹成了一个大泡泡，内部的代谢活动还没有明确；我们把它当成空白处理，即能量需求算成零。如果这个细胞里面只是塞了一个毫无代谢活动的巨大液泡，这倒是正确的算法。但这样一来，这个放大的细菌就无法与真核细胞相提并论，毕竟真核细胞不只在体积上增加了 15 000 倍，其内部还充满了各种复杂的生化机器。这些内容物大部分也由蛋白质组成，有类似水平的能量开销。与前面的分析同理，如果体积增加了 15 000 倍，基因组大致也需要增加这么多倍。但是，ATP 合成已经无法再等比例地增加，因为 ATP 需要在细胞膜的周围区域合成，而我们已经把这里的增加考虑进去了。所以，把细菌放大到真核细胞的大小，虽然 ATP 合成增加了 625 倍，但能量开销却增加了 15 000 倍，每份基因拷贝的平均能量反而减少为原来的 1/25。另外，细菌和真核细胞每基因平均能量差距本来就有 5 000 倍之大（校正基因组大小之后的数字），5 000 除以 1/25，125 000 倍！这就是细菌的基因组和体积校正到真核细胞的水平后每基因平均能量的差距。这还只是与平均意义上的真核细胞进行比较，如阿米巴原虫等大型单细胞真核生物的每基因平均能量会比"大细菌"多 20 万倍。这就是前文提到的 20 万倍这个数字的来历。

你也许会想，这不过是在玩数字游戏，并没有实际意义。我承认，我自己也曾有过类似的担心，因为这些数字让人相当难以置信。但是，这种理论推演至少给出了明确的预测：巨大的细菌必须把自己的整个基因组复制好几千份。这一预测不难验证，因为世上确实存在一些巨大的细菌，虽然它们并不常见。其中有两个菌种已经被详细研究过。刺骨鱼菌（*Epulopiscium*）是一种厌氧菌，仅见于刺尾鱼（surgeonfish）后肠的无氧环境中。它可算是细胞中的银河战舰，流线型的狭长身躯大约有半毫米长，肉眼可见。这比大部分真核细胞都大得多，包括草履虫（图23）。为什么刺骨鱼菌会长到这么大，我们还不知道。另一种巨型细菌名为嗜硫珠菌（*Thiomargarita*），还要更大，是直径接近一毫米的球菌，其绝大部分体积都由一个硕大的液泡占据。单独一个嗜硫珠菌可以长到果蝇的头那么大！嗜硫珠菌生活的海水环境，含有周期性上升洋流带来的大量硝酸盐。它们以此为呼吸作用的电子受体，并把富余的硝酸盐留存在体内的液泡中。当数天乃至数周都缺乏硝酸盐时，它们就会动用体内的库存。这很有趣，但不是要点。要点在于：刺骨鱼菌和嗜硫珠菌都是"极度多倍体"（extreme polyploidy）。也就是说，它们的整个基因组都有巨量的拷贝。刺骨鱼菌的基因组拷贝多达20万份；嗜硫珠菌细胞虽然大部分都是液泡，也有18 000份基因组拷贝。

刚才仿佛信口开河的15 000份基因组，一下子变成了现实。这些基因组不仅在数量上，而且在分布方式上都符合预测。这两种巨型细菌的基因组位置都很靠近细胞膜，分布在细胞膜内侧附近（图23）。细菌的中心位置则没有什么代谢活动。嗜硫珠菌的中心是一个大液泡，刺骨鱼菌的中心则是空荡荡的"繁殖场"，供生产子代细菌使用。细菌中心几乎没有代谢活动，意味着它们节省了蛋白质合成的能量开销，所以不需要在这些位置留下基因组。理论上，它们每基因平均能量应该大致与普通细菌相同；每一个多余的基因组都与一部分生物能量膜联系在一起，能够生产足够多的ATP，来支持每个基因的那么多份拷贝。

实测得的每基因平均能量也确实符合理论预测。这些细菌的代谢率经由科学家精密测定，我们也知道它们基因组拷贝的数目，因此可以直接计算每基因平均能量。结果不出所料，这个数字与最平凡的大肠杆菌十分接近，在同一个数量级。巨型细菌长这么大，不管有什么其他好处和代价，从能量上看并没有优势。正如理论预测的，这些细菌的每基因平均能量，小于真核细胞的1/5 000（图24）。请注意，这个差距不是我

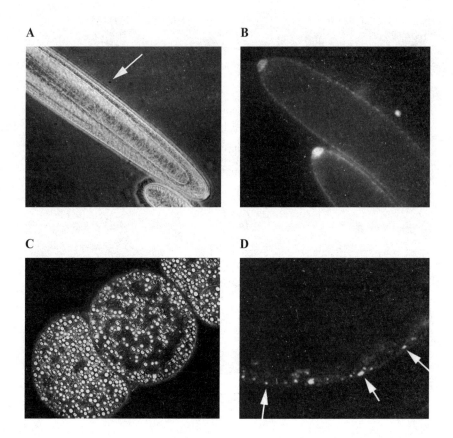

图 23　身为"极度多倍体"的巨型细菌

　　小图 **A** 是巨大的刺骨鱼菌。箭头所指的黑点是"典型"的细菌：大肠杆菌，放在图中作为比较。图下方露出一半的细胞是真核原生生物草履虫，与这个巨舰一般的细菌一起，相形见绌。小图 **B** 是刺骨鱼菌的 DNA 用 DAPI 染色呈现的图像。细胞膜附近的每个白色小点都是一套完整的基因组拷贝，大一点的细菌有多达 20 万份拷贝。这就是"极度多倍体"。小图 **C** 是更大的巨型细菌嗜硫珠菌，直径约为 0.6 毫米。小图 **D** 是嗜硫珠菌的 DNA 用 DAPI 染色呈现的图像。细菌的绝大部分体积都被巨大的液泡占据，也就是图上部的黑色区域。一层薄薄的细胞质围绕着液泡，其中含有多达 2 万份完整的基因组拷贝（白色箭头所指）。

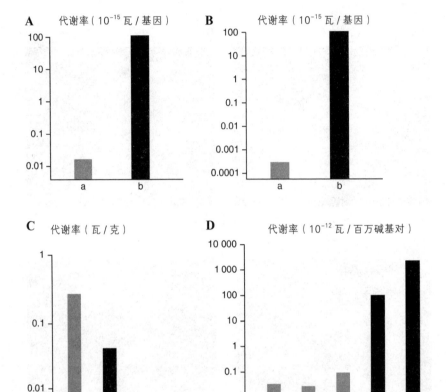

图 24　细菌和真核生物的每基因平均能量比较

小图 **A** 是细菌（a，灰色条）和单细胞真核生物（b，黑色条）平均每个基因的代谢率比较（基因组大小进行了等比均衡）。小图 **B** 是同样的比较，但对基因组大小和细胞体积（真核生物大 15 000 倍）都进行了均衡处理。注意这些图的 Y 轴都是对数尺度，每个单位刻度都差了 10 倍。所以，真核生物每个基因的平均能量，是细菌的 10 万倍。小图 **C** 显示平均每克体重的代谢率比较，真核生物只有细菌的 1/3。这些数据中，代谢率是根据实际测量，基因组大小与细胞体积的校正则是理论数值。小图 **D** 是每个基因组平均代谢率的比较，考虑了基因组大小、基因组拷贝数（多倍体）和细胞体积的均衡校正。图中可见，理论与现实情况相当符合。a 是大肠杆菌，b 是嗜硫珠菌，c 是刺骨鱼菌，d 是眼虫藻，e 是大变形虫（*Amoeba proteus*）。

们前面算出的 20 万倍，原因是这些巨型细菌的很多份基因组只分布在细胞膜周边，中间的大部分体积几乎没有代谢活动。这让它们很难分裂，也能解释为什么它们很少见。

细菌和古菌安于它们目前的形态。细菌很小，其基因组也很小，在能量供应方面并不窘迫。只有当我们在理论上把它们放大到真核细胞的尺寸时，这些问题才会出现。把细菌放大，并不会让它们像真核生物一样扩张基因组或者提升能量供应；相反，它们每个基因的平均能量会大幅下降，与真核生物的差距变得极大。所以，细菌无法扩充它们的基因组，也不能积聚几千个新的基因家族、编码几种新功能，这些都是真核生物的特征。现实中的巨型细菌并不是演化出一个单独的大型核基因组，而是复制成千上万份细菌标准的小基因组。

真核生物如何摆脱桎梏？

那么，同样的尺寸问题，为什么没有阻止真核生物变得复杂呢？差别就在于线粒体。前面我们探讨过，真核生物应该起源于一个古菌宿主和一个细菌内共生体组成的基因嵌合体。种系发生学的证据与这个理论十分吻合，但证据本身还不足以证明理论的正确性。然而，细菌受到的严重能量限制倒是强有力的证据，可以证明嵌合起源是复杂生物诞生的**必备条件**。我下面将论证，只有两种原核生物之间的内共生作用，才能打破加在细菌和古菌身上的能量桎梏。而原核生物的内共生本身又是演化历史中极其罕见的事件。

细菌是一种细胞，是独立存在、自我复制的个体。但基因组不是。巨型细菌面临的问题是，要保持巨大的形态，它们就必须把整个基因组复制上几千次。每个基因组都必须完美复制，至少要接近完美；但是一旦复制出来，基因组就无所事事了。蛋白质可以在基因上工作，根据基因序列进行转录或转译；细胞也可以凭借蛋白质和代谢活动进行分裂，但基因组本身全然没有活性，就像计算机硬盘一样，没有复制自身的能力。

　　这有什么意义呢？意义在于细胞内所有的基因组是彼此完全一样的拷贝。即使有些细微的差异，也不受制于自然选择，因为它们不是自我复制的个体。同一细胞内的众多基因组即使出现变异，经过数代之后，也会像杂音一样消失。但如果是细菌个体之间彼此竞争，情况就完全不同了。如果有一支细菌出现某种特性，让它们可以复制得比别人快 2 倍，那么它们每一代的优势都会加倍，数量也会以指数级递增。几代之后，快速分裂的细菌就会在种群中取得绝对优势。生长速度上这么大的优势当然并不常见，但细菌的生长速度本来就很快，即使只是稍占优势，很多代之后种群的构成也会发生显著变化。细菌一天就可以繁殖 70 代之多，如果以人类的生命周期类比，同一天的黎明，到晚上就已经像耶稣诞生日一样久远。要获得生长速度上的微小优势，一个办法就是从基因组中丢弃一些 DNA，比如剔除一个目前不用的基因。不管以后会不会再次需要这个基因，只要现在丢弃它，细菌就可以复制得更快一些；几天之内，它们的后代就会在种群中占多数。保留无用基因的细菌，则会被逐渐淘汰。

　　环境在不断改变，刚才那个无用的基因，现在可能又有用了。缺了它，细菌现在无法生长，除非通过水平基因转移再次获取。这种丢弃又重新获取基因的动态变化不断轮回，主导了细菌种群的构成。随着时间推移，细胞基因组的大小会逐渐稳定为一个最小可行的尺寸，而单个细菌可以随时从一个大得多的宏基因组（metagenome，整个种群的基因总和，另外还包括可以进行基因交流的亲缘种群）中获取基因。一个大肠杆菌有 4 000 个基因，但大肠杆菌的宏基因组大概有 18 000 个基因。细菌从宏基因组中获取基因当然有风险，可能会获得无用的基因、突变的基因，或者是基因寄生物。但从长远来看，这种基因动态共享策略十分成功，因为自然选择会剔除不适应的个体，只留下幸运的赢家，延续种群。

　　现在考虑一群细菌类的内共生体。同样的原理也适用于它们，因为这还是一群细菌，只不过数量较少，生活范围也较为局限。同样，丢弃不必要基因的细菌会稍许提高复制速度，逐渐成为主流。关键差异在于环境的稳定性。外部的自然环境时时都在变动，但细胞质是非常稳定的环境。当初，内共生体进入细胞质并生存下来也许很不容易，然而一旦成功立足，它就可以依靠源源不绝的养分安居乐业。自由生活的细菌那种无限的基因得失轮回，现在被另一种趋势取代：大部分基因会被逐渐丢弃，基因组趋于极简化。在这里，不需要的基因就永远都不需要了。内共生体可以永久性地丢弃它们，基因组单向萎缩。

前面提到过，因为原核生物没有吞噬作用，无法吞噬其他细胞，所以它们之间的内共生作用很罕见。但是在细菌中，我们又确实知道几个现成的例子（图 25）。这些例子的意义很清楚：原核生物的内共生确实会发生，虽然因为没有吞噬作用而极少发生。几种真菌也有内共生体，虽然它们和细菌一样，也不会进行吞噬作用。而那些真正有吞噬作用的真核生物经常包含内共生体，已知的例子就有好几百个。[1] 所有这些内共生体的共同发展趋势，都是丢弃自己的基因。最小的细菌基因组通常都发现于内共生体。比如立克次体（*Rickettsia*），这种曾经毁灭了拿破仑侵俄大军的斑疹伤寒病原体，其基因组只有 100 万个碱基对，不到大肠杆菌基因组的 1/4。另一种细菌 *Carsonella* 是寄生于木虱科昆虫的内共生体，它有目前已知最小的细菌基因组，只有大约 20 万对碱基，比某些植物的线粒体基因组还小。对于原核细胞内共生体的基因丢失情况，我们几乎一无所知（因为实例太少），但没有理由认为会与真核生物的内共生体有所不同。实际上，我们确信它们会以同样的方式丢弃基

1　因为原核细胞没有吞噬作用，不能吞噬其他细胞，这经常被用来证明内共生作用的宿主必定是某种"原始"的吞噬细胞，而不是原核生物。这个推理有两个问题。首先是反证：我们已经知道一些稀有的例子，内共生体生存于原核生物内部。第二，虽然内共生作用在真核生物中十分常见，但是其内共生体并没有变成线粒体这样的细胞器。尽管机会多不胜数，但目前我们已知唯二的例子，只有线粒体和叶绿体。真核细胞的起源是一次单一事件。在第一章中我们讨论过，一个有力的解释，必须阐明为什么这个事件只发生过一次：它必须有足够的说服力让人相信它可以发生；但又不能太有说服力，让人疑惑为什么这次事件没有多次发生。内共生作用虽然在原核生物之间很罕见，但并没有罕见到单独就可以解释真核生物起源单一性的程度。然而，原核生物之间的内共生，在能量方面带来了巨大的益处，同时，双方生命周期的融合又带来了严重的问题（下一章会讨论这个问题）。二者结合，就可以解释这个演化事件的单一性。

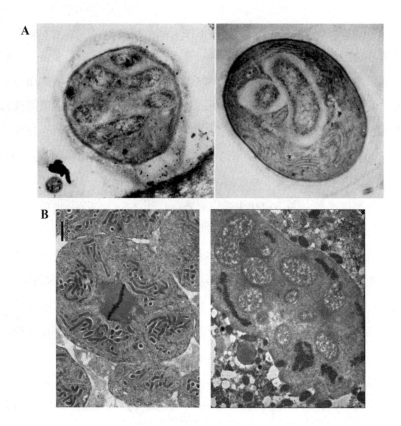

图 25　生活在细菌体内的细菌

　　小图 A 是一群生活在蓝细菌体内的细菌。右边的细胞中，波纹状的内膜是类囊体膜，是蓝细菌进行光合作用的场所。围绕着细胞的深黑色线是细胞壁，细胞壁外侧裹着一层半透明的凝胶外壳。内共生的细菌包在颜色较淡的区域内，这个结构可能被误认为吞噬泡（phagocytic vacuole），但应该只是制备样本时人为造成的缩水现象，因为有细胞壁的细胞无法通过吞噬作用吞入其他细胞。这些细菌到底是如何进去的，至今仍是个谜。但毫无疑问，它们就是进去了。所以，自由生存的细菌体内住着另外的细菌，即使极为罕见，但确实有活生生的实例。小图 B 是一群生活在 β-变形菌宿主体内的 γ-变形菌，而这些 β-变形菌又生活在多细胞生物粉蚧的真核细胞内。左图中，位于中间的粉蚧细胞（细胞核正要进行有丝分裂）内有 6 个内共生细菌，而每个细菌体内又有若干个杆状细菌。右图为共生细菌的放大图。这个例子也许没有小图 A 中的蓝细菌那么有说服力，因为在真核细胞内部同居，与在一个真正自由生存的宿主内部共生不是一回事。尽管如此，两个例子都表明，细菌之间的内共生并不一定需要吞噬作用。

因。毕竟，线粒体就曾经是古菌宿主体内的内共生体。

　　基因丢失会造成深远的影响。丢掉基因的一个直接好处是令内共生体加快复制，还可以省 ATP。我们来做一个简单的思想实验。假设一个宿主细胞有 100 个内共生体。每个内共生体开始都是一个正常的细菌，然后不断丢失基因。假设每个内共生体开始都有标准的细菌基因组，包含 4 000 个基因。它们可能会先丢弃 200 个（5%）负责合成细胞壁的基因，住在宿主体内就再也用不着这些基因了。这 200 个基因都编码蛋白质，生产这些蛋白质也都会消耗能量。现在**不制造**这些蛋白质，可以节省多少能量呢？细菌的蛋白质，平均会制造 2 000 个拷贝，平均每个拷贝有 250 个氨基酸。形成每个肽键（把氨基酸连起来形成蛋白质的化学键）要花费大约 5 个 ATP 分子。所以，100 个内共生体的 200 种蛋白质，每种 2 000 份拷贝，一共要花费 500 亿个 ATP 分子。假设宿主细胞每二十四小时分裂一次，而上述能量开销是在它的一个生命周期内发生的，那么制造这些蛋白质的能量消耗是每秒钟 58 万个 ATP 分子！如果不制造这些蛋白质，这就是节省的 ATP 数量。

　　当然，细胞也没有什么特别的需求，一定要把这些 ATP 省下来花在其他地方（还有其他的可能因素，回头再讨论）。不过，我们先看看，如果细胞把这些省下来的能量花在其他地方，会有什么不同？真核生物有一个相对简单的特征区别于原核生物，即动态的细胞骨架。细胞骨架可以自由重组，改变形状，以支持细胞运动，或者在细胞内运输物质。细胞骨架的主要成分之一是肌动蛋白（actin），那么每秒 58 万个 ATP 的能量，可以制造多少个肌动蛋白呢？肌动蛋白的构造，先由多个单体（monomer）连接形成长链，两条这样的长链再互相缠绕，形成一条肌动蛋白纤维。每个单体都有 374 个氨基酸，每一微米长的肌动蛋白纤维都含有两条长链，各条包含 2×29 个单体。形成肽键花费的 ATP 基本相同，那么一微米长的肌动蛋白纤维要花费 131 000 个 ATP。所以，理论上每秒省下的 58 万个 ATP 可以用来制造 4.5 微米长的肌动蛋白。如果你对这个数字没什么概念，想想普通的细菌，它们的长度一般只有两三微米。[1] 所以，有了内共生造成的基因丢失（此处只考虑了 5% 而已）节省下来的能量，可以很轻松地支持动态细胞骨架的演化，事实上它也发生了。另外，100 个内共生体其实也是非常保守的估计。某些大型的阿米巴原虫有多达 30 万个线粒体。

而且，实际发生的基因丢失比例远远超过 5%。线粒体几乎丢光了自己的基因。人类以及所有动物的线粒体，只保留了 13 个能够编码蛋白质的基因。如果线粒体确实起源于类似现代 α-变形菌的细菌祖先，那它们原先也应该有大约 4 000 个基因。经过漫长的演化，它们的基因组丢弃了 99% 以上的基因。以我们上面的计算方式，如果 100 个内共生体都丢掉了 99% 的基因，那么细胞在 24 小时的生命周期中，可以节省一万亿个 ATP，或者每秒大约节省下 1 200 万个 ATP。然而，线粒体的功能恰恰是生产 ATP，而不是节能。线粒体制造 ATP 的能力与它们独立生存的祖先一样，同时还可以大量减少普通细菌生活所需的一般能量开支。真核生物细胞可以说拥有了多个细菌的能量，又节省了细菌蛋白质合成所需的能量。或者可以说，它们饱餐多细菌能量，但面对合成蛋白质的能量代价时却"逃单"了。

线粒体丢掉的绝大部分基因中，有一部分转移到了细胞核中（下一章将详细讨论这一点）。这些基因中有些继续它们之前的工作，生产同样的蛋白质，所以在这种情况下没有节省下能量。但也有很多丢弃的基因，无论是对宿主还是对内共生体都已经完全不需要。它们进入细胞核后就成了基因界的浪人，可以任意改变功能，也不受自然选择限制。这些多余的 DNA 片段，就成为真核生物演化的基因原材料。其中有些衍生出整个基因家族，家族中的每个基因都可以特化，执行专门的任务。我们知道，与细菌相比，最早的真核生物多了大约 3 000 个新的基因家族。在不增加能量消耗的情况下，线粒体的基因丢失让细胞核累积了很多新

1　再为这些数字提供一些参照对象：一般来说，动物细胞每分钟可以制造 1 ~ 15 微米的肌动蛋白纤维，而有些有孔虫目生物，可以快到每秒制造 12 微米。当然，这里的速度是指组装已经生成的肌动蛋白单体，而不是计算从头合成新单体分子的速度。

的基因。原则上，如果一个细胞拥有100个内共生体，每个内共生体都丢掉200个（5%）基因，那么宿主的细胞核就能累积20 000个新基因，几乎与人类基因组的基因总数相当！新的基因可以被改造来执行各种各样的新功能，而且没有新增的能量开销。线粒体真是令细胞受益无穷。

　　还有两个问题尚待解决，而且它们紧密相关。首先，以上的整个论证，都基于原核细胞表面积体积比带来的限制。但一些细菌（例如蓝细菌）会内化自己的生物能量膜，把细胞膜向内折叠成繁复的盘绕结构，这样可以大幅增加膜面积。为什么细菌不能通过这样的膜内化作用脱离化学渗透偶联的限制呢？其次，如果基因丢失如此重要，那为什么线粒体没有完全丢弃整个基因组，让能量收益达到极致呢？这两个问题的答案，恰恰能够更清楚地解释：为什么过了40亿年，细菌仍然一成不变。

线粒体，通往复杂性的关键

　　线粒体为什么始终保留着一小群基因？理解这个问题很不容易。在真核生物的演化早期，几百个编码线粒体蛋白质的基因就转移到了细胞核。这些蛋白质现在都在胞质溶胶（cytosol）中合成，然后再转运到线粒体中。但是，仍有一小群编码呼吸蛋白的基因一直保留在线粒体中。为什么呢？经典教科书《细胞分子生物学》（*Molecular Biolog of the Cell*）是这样说的："我们找不到什么必然的理由，让某些蛋白质一定要在线粒体和叶绿体中，而不是在胞质溶胶中生产。"这句话在2008年、2002年、1992年和1983年的各个版本中从来没变过。这不禁令人怀疑，这么多年来，作者们到底有没有认真思考过这个问题。

　　从真核生物起源的角度来看，我认为有两种可能的答案：一种是无关紧要的，另一种则是必然的。我说"无关紧要"，并不是说那不值得研究。我的意思是，也许并没有什么必然的生物物理原因，让这些基因非得留在线粒体中不可。它们之所以没有转移到细胞核中，并不是因为**不行**，只是因为演化史发展到现在，它们**还没有**转移。"无关紧要"的答案认为，留在线粒体内的基因本来是可以转移的，但是在概率和自然选择的平衡影响下，有些基因就留了下来；可能产生影响的因素包括线粒体蛋白质的大小和疏水性，或者基因编码的少许改变。这种解释认为，所有留下来的基因，原则上都可以转移到细胞核中，只不过需要先微调一下它们的序列，然后细胞就可以完美运作。现在有些学者正努力尝试把线粒体基因转移到细胞核中。他们的研究动机是，这样做有可能防止细胞衰老（第七章会详细讨论衰老问题）。这是一个充满挑战的问题，其意义之重大，绝非我们随口说"无关紧要"那样轻描淡写。但这些学者认为线粒体基因留在线粒体中的理由无关紧要，所以把它们转移到细胞核中可能带来巨大的好处。我衷心希望他们成功。

但是我并不同意他们的推理。另一种"必然"的解释认为，线粒体之所以保留这些基因，是因为需要这些基因；如果没有保留这些基因，线粒体就不能存在。其中的原因是不可改变的，这些基因不可能被转移到细胞核中，原理上就不行。那么，到底为什么不行呢？我认为英国生物化学家约翰·艾伦（John Allen）给出了正确的答案。我相信艾伦，并非因为他是我共事了很久的同事和朋友。恰恰相反，我们成为朋友，很大程度上是因为我相信他的答案。艾伦思想活跃，提出了许多创新的假说。几十年来他一直致力于验证这些假说，其中有一些我们还争论了好多年。在线粒体基因问题上，他提出了一些有力的证据，证明线粒体（叶绿体也一样，基于同样的原因）必须保留这些基因才能控制化学渗透偶联。他认为，如果把保留下来的线粒体基因转移到细胞核，无论它们能通过多么巧妙的改变来适应新的环境，细胞都难逃一死。这些线粒体基因必须坚守现场，紧挨它们为之服务的生物能量膜。曾经有人教给我一个军事术语来描述这种情形——"青铜控制"（bronze control）。[1]在战争中，"黄金控制"指中央政府，负责制定长远战略；"白银控制"

1　这个术语是英国前国防大臣约翰·里德（John Reid）教给我的。他读了我写的《生命的跃升》后，邀请我去上议院喝下午茶。他很热情，而且渴求知识。我向他解释了线粒体工作的分权管理策略，结果和他熟悉的军事术语不谋而合。

指军队的指挥层，负责人员和武器调度；但战争的胜负是在战场上决定的，掌握在"青铜控制"的手中；他们是那些真正与敌军交锋的勇士。他们做出战术决定，激励手下部队，作为伟大的战士被历史铭记。线粒体基因就是青铜控制，现场的决策者。

　　为什么有必要进行这样的现场决定呢？在第二章中，我们讨论过质子动力的强大威力。线粒体内膜的两侧有大约150～200毫伏的电位差，而膜的厚度只有5纳米。这可以换算为每米三千万伏特的电场，威力堪比一道闪电。如此强大的电力如果失控，你会被收拾得很惨！会出现的问题不只是ATP无法合成（虽然这个问题本身也足够严重）。如果呼吸链不能好好地把电子传递给氧气（或其他任何电子受体），那就会导致类似短路的状况，即电子逃逸后，直接与氧气或氮气分子发生反应，形成反应性很强的自由基（free radicals）。ATP数量陡降，生物能量膜去极化，以及自由基的释放，这三种情况是启动细胞程序性死亡最常见的原因。前文提过，细胞程序性死亡是一种广泛存在的现象，即使在单细胞细菌中也很常见。简单地说，线粒体基因可以对现场情况的变化做出实时反应，在局部变化酿成灾难之前，把膜电位调节到稳定的范围内。艾伦的理论认为，如果线粒体基因被移到细胞核内，那么当发生氧气浓度改变、基质缺乏或自由基泄漏等严重情况时，线粒体几分钟内就会失去对膜电位的控制，细胞就会死亡。

　　我们必须持续呼吸才能维持生命，才能精确控制横膈膜、胸腔和咽喉的肌肉。在线粒体层面，线粒体基因也以类似的方式调节呼吸作用，确保能量输出始终能精确配合能量需求。没有比这更重要的理由能够解释，为什么所有真核生物都保留了线粒体基因。

　　这个"必然的"理由，还不只是要求基因留在线粒体里。真正的必然要求是，基因必须紧靠能量膜驻扎，不论膜在何处。所有能进行呼吸作用的真核生物，其线粒体都保留了同样的一小群基因，绝无例外。极少数真核生物丢掉了全部的线粒体基因，它们也失去了呼吸能力。比如氢酶体和纺锤剩体（发现于源真核生物体内、由线粒体特化形成的细胞器），一般都失去了所有基因，代价就是失去了化学渗透偶联的能力。相反，前面讨论过的巨型细菌，总是把基因（应该说整个基因组）保留在生物能量膜旁边。对我来说一锤定音的例子，是拥有盘曲折叠内膜的蓝细菌。如果这些基因确实有必要留在现场才能控制呼吸作用，那么虽然蓝细菌小得多，也应该与巨型细菌一样，把整个基因组复制很多份，放在膜附近。它们的确是这样的。比较复杂的蓝细菌通常有好几百份完整的基因组。与巨型细菌的情况类似，这么多份基因组也限制了蓝细菌每个基因的平均能量，因为不得不累积多个小型的细菌基因组，它们无法把任何一个基因组扩充到真核生物细胞核基因组的大小。

这就是为什么细菌无法长到和真核细胞一样大，因为只靠内化生物能量膜和扩大体积是行不通的，它们还必须把必要的基因放置在膜旁边。但在没有内共生作用的现实条件下，它们只能把整套基因组都放过去。从每基因平均能量的观点来看，变大没有任何好处，除非变大是由内共生作用支持。有了内共生作用，它们才有可能丢弃基因，缩小线粒体基因组，从能量和原料上支持核基因组扩大好几个数量级，直至真核生物的大小。

你也许会考虑另一种可能：利用细菌的质粒（plasmid）。质粒是半独立的环状 DNA，有时可以携带几十个基因。为什么不能把负责呼吸作用的基因放在一个大质粒上，然后在生物能量膜旁配置许多份它的拷贝呢？细节的实现可能会遇到难以解决的困难，但是原则上可行吗？我认为不行。对原核生物来说，变大本身并没有优势，生产过剩的 ATP 也不会增加什么好处。微小的细菌并不缺少 ATP，它们的能量供应完全能够自足。稍微变大一些并多生产一点 ATP 没有什么好处，反而是变小一些且刚好有够用的 ATP 更能带来优势，因为这样可以加快复制。单纯变大的第二个缺点，是细菌需要建立补给线来支持细胞内更远的代谢活动。大型细胞需要把物质运送到各处，真核细胞正是这样运作的。但是这样的运输系统不会在一夜之间演化出来，而是需要很多代时间。在这段时间内，更大的尺寸必须要提供其他优势才行。所以，质粒的假设并不可行，这种想法是本末倒置。至于运输物质的问题，最简单的解决方案就是完全避免它，即干脆整套复制很多份基因组，让每个基因组负责体积相当于一个细菌的细胞质。巨型细菌就是这么做的。

那么，真核生物是如何突破尺寸的约束而演化出复杂的运输系统的呢？考虑两种情况：一个大型的真核细胞，拥有多个线粒体，每个线粒体都有质粒大小的基因组；一个巨大的细菌，拥有多个质粒，分散开来控制呼吸作用。二者之间的根本差异在哪里？马丁和米勒提出的真核生物起源假说认为，在真核生物诞生之初，宿主和内共生体的"交易"其实与制造 ATP 没有一点关系。他们提出，宿主和内共生体之间是一种新陈代谢的"互养"（syntrophy）关系，意义在于彼此交换生长所需的基质，而不只是能量。他们的"氢气假说"认为，最初的内共生体为宿主（产甲烷菌）提供了生长所需的氢气。我们不需要关心他们的理论细节，只需明白重点：如果没有内共生体提供的基质（在这个例子中是氢气），宿主细胞无法生存。内共生体提供了宿主生长所需的**所有**基质。宿主体内的内共生体越多，就可以获得更多的基质，生长越快，内共生体的生存条件也越好。所以，在内共生作用的影响下，细胞越大越有好处，因为它们能装下更多的内共生体，获得更多的燃料。当它们为内共生体发展出运输网络之后，还可以更上一层楼。这才是把本（能量供应）置于末（物质运输）之前。

当内共生体开始丢弃基因时，它们对 ATP 的需求也随之降低。这会产生一个矛盾现象。细胞的呼吸作用使用 ADP 来生产 ATP；当 ATP 裂解成 ADP 时，会释放出能量供细胞的各种活动使用。如果细胞不消耗 ATP，那么当所有的 ADP 都转换成 ATP 后，呼吸作用就会停止。在这种情况下，呼吸链就会开始累积电子，变成高还原态（第七章将详细讨论这一点）。这时它会直接与氧气反应，释放自由基，破坏周围的蛋白质和 DNA，甚至启动细胞自杀程序。演化提供了一个关键的蛋白质来救场：ADP-ATP 转运蛋白（ADP-ATP transporter），它让宿主细胞能够把内共生体制造的 ATP 释放出来为自己所用，刚好也解决了内共生体的困境。通过把 ATP 运送出来，同时补充内共生体所需的 ADP，宿主细胞限制了内共生体的自由基泄漏，减轻了细胞受损和死亡的风险。这也可以解释，为什么在建造动态细胞骨架等奢侈项目上"挥霍"ATP，其实对宿主和内共生体双方都有利。[1] 要点在于，内共生关系发展的每一步都提供某种优势。这就完全不像质粒假设，体形变大或者生产更多的 ATP，本身都不能为细胞提供任何好处。

真核生物的起源，是一起奇妙的单一演化事件，在地球 40 亿年的演化史中只发生过一次。如果从基因组和信息的角度来考虑，这条奇特的演化之路几乎完全无法理解。但如果从能量与细胞物理结构的角度看，一切都显得很有道理。我们已经讨论过，化学渗透偶联如何能从碱性热液喷口环境中创生，以及为什么它会作为所有细菌和古菌的基本能量代谢方式一直保持下来。我们也同样见证了化学渗透偶联为原核生物带来了奇迹般的适应性和灵活性。在其他行星上，当生命从岩石、水和二氧化碳这样简单的条件中诞生时，这些因素也很可能起到同样的作用。现在我们也认识到，为什么自然选择在无限长的时间中作用在无限多的细菌种群身上，却仍然无法让它们演化成我们现在称之为真核生物的大型复杂细胞，除非通过极为罕见、偶然发生的内共生作用。

通往复杂生命之路，在演化历史上并不是注定出现或者普遍存在的。宇宙并没有承诺我们的存在。复杂生命有可能出现在其他星球上，但不太可能是普遍现象；基于同样的原因，它在地球上也没有重复发生过。对此的解释，前半部分很简单：原核生物之间的内共生现象非常罕见（但我们确实已知那么几个例子，所以知道这有可能发生）；后半部

1　细菌有一种燃烧 ATP 的机制很能说明问题，即 ATP 外溢或者说能量外溢（energy spilling）。这个术语的字面描述已经十分精准：有些细菌会用掉多达总量 2/3 的 ATP 分子，在细胞膜内外进行没有任何用处的离子循环，或者进行其他同样毫无意义的行为。为什么呢？一个可能的解释是，这样能维持 ATP 与 ADP 健康的比例，保持对膜电位和自由基泄漏的控制。这个例子说明细菌有足够的 ATP 来挥霍，它们并没有能量紧张的问题。只有放大到真核细胞的尺寸时，每基因平均能量的问题才会暴露出来。

分没那么明显易懂，而且暗合萨特的哲学：他人即地狱[1]。亲密的内共生关系或许打破了束缚细菌的死局，但在下一章中我们会发现，真核细胞作为新生的存在，其曲折坎坷的诞生经历可以解释：为什么这种事件会非常罕见，以及为什么所有复杂生命都共有一些奇异的特征，包括性与死亡。

1　萨特（Jean-Paul Sartre），法国哲学家，存在主义的代表学者。"他人即地狱"是萨特的名句，原为萨特创作的戏剧《间隔》中的台词。这句话的诠释很多，但在原剧中表达的是人与人之间不得不互相依存，但又充满冲突的困境。——译者注

6

性，以及死亡的起源

9

　　"自然讨厌真空"，亚里士多德如是说。两千年后，牛顿的观念与亚里士多德的思想相呼应，两位都在思索，究竟是什么物质填满了空间？牛顿认为，那是一种名为以太（æther）的神秘物质。进入 20 世纪后，这个观念在物理学领域被破除，落得声名狼藉，不再被主流研究考虑。然而在生态学中，"空白恐惧"（horror vacui）的观念仍然大行其道。一首古老的童谣形象地描述了"填满所有生态位"的原则："大跳蚤背上咬着小跳蚤，小跳蚤背上咬着更小的跳蚤，无穷无尽。"每个可以占据的生态位都会被占据，每种生物都精巧地适应自己所处的环境。每个植物、每个动物、每个细菌，本身都是一处栖息地；对于各式各样的跳跃基因、病毒和寄生虫来说，这些场所都是机遇无限的丛林沃野，更不用说对更大型的掠食者意味着什么了。怎么都行，什么都有。

　　但这只是表象，事实并非如此。绵延不断的生命画卷只是一种表面印象，生命问题的核心赫然存在着一个黑洞。是时候直面生物学中最大的悖论了：为什么地球上所有的生物会被区分为形态简单的原核生物和具有众多复杂特征的真核生物这两大类？真核生物的共同特征，在原核生物中完全找不到。在两种生物之间，一条鸿沟、一团虚无、一片真空，大自然理应不能容忍这种状态。所有的真核生物基本上共有这一切形态特征；而从形态上看，所有的原核生物几乎一样都没有。《圣经》中曾有最准确的描述："凡有的，还要给他，叫他丰足有余。"

我们在上一章中讨论过，发生在两个原核生物之间的内共生作用，打破了永无止境的简单循环。一个细菌进入另一个细菌体内，生存下来，还要一代又一代延续下去，这绝非易事。但我们的确发现了几个实例，证明内共生事件即使非常罕见，也确实能发生。然而，细胞中的细胞只是一个开始，只是生命史上一个意味深长的时刻，远不是全部。我们必须以此为起点，描绘一个带有所有真核生物特征的细胞的演化路线，找到通往真正复杂性的演化途径。我们从没有任何复杂特征的细菌开始，到一个完整的真核细胞为止；它必须有细胞核、有丰富的内膜和内部分隔、有动态细胞骨架，还有有性生殖等复杂行为。真核生物的最后共祖已经拥有这一切，然而我们的起点，即体内住着一个细菌的细菌，则什么都没有。两者之间没有任何中间型存活下来，所以我们无法通过观察得知演化出复杂真核生物特征的缘由，以及它们是如何演化的。

有人认为，内共生作用促使真核生物崛起不是达尔文式的演化，因为它不是一系列逐代继承的微步改变，而是突然一跃进入未知领域，一下子制造出一头"有希望的怪物"（hopeful monster）[1]。一定意义上，这种看法没有错。之前我曾说过，即使自然选择在无限长的时间内作用在无限多的细菌种群身上，也仍然无法令它们演化成复杂的真核细胞，除非是通过内共生作用进行才有可能。这种事件无法用标准的分支生命树图来展示。内共生作用是反向的树状图，它的树枝不是分叉，而是融合。但是内共生作用也是一次单一事件，发生于演化史中的一个时间节点，并不能一下子制造出细胞核，或者真核生物的任何其他主要特征。它的作用是触发了一系列后续事件，而这些事件的发展过程是标准的达

1　最早由德国遗传学者理查德·戈尔德施密特（Richard Goldschmidt）提出的演化假说，他认为循序渐进的微步演化无法弥合微演化（microevolution）和大演化（macroevolution）之间的鸿沟。该假说认为，演化转变是由大演化促使的大步变化所致。——编者注

尔文式演化。

　　所以，我的观点并不是说真核生物的起源不符合达尔文式的演化理论。我认为，原核生物之间的单一内共生事件，使自然选择的整个场景彻底改观。自此之后，一切生命仍然沿着达尔文式的演化轨迹发展。问题在于，这种改观具体是怎么进行的？获得内共生体会如何影响自然选择的进程？这种变化是可预测的吗？也就是说在其他行星上，生命的演化是否会遵循相似的路径？还是说一旦打破能量限制，演化就如洪水出闸，可以无拘无束任意发展了？我认为，至少有一部分真核生物特征是由宿主和内共生体之间的亲密关系塑造而成的，所以它们的出现可以根据基本原理来预测，这些特征包括细胞核、有性生殖、两性，甚至还包括不朽的种系，以及它的代价：寿数有限的肉体。

　　以内共生作用为起点，立即对各个事件的发生顺序产生了一些限制。例如，细胞核与内膜系统必定出现在内共生作用之后；演化的实际发生速度也受到了一定限制。达尔文式的演化与渐变论（gradualism）经常被混为一谈，但所谓的“渐变”，究竟是什么意思呢？渐变的意思很简单：演化不会大跨步飞跃进入未知领域。所有的**适应性**变化，都应由微小而不连续的分步构成。渐变论其实对基因组自身的变化模式就不适用。基因组可能发生大面积缺失、重复、易位，或者是调控基因不正常关闭或开启而造成的突然重构。但是这些变化与内共生一样，都不是适应性的，只是改变了自然选择作用的起始条件。例如，认为细胞核会突然凭空出现，就是没有分清基因突变造成的是跳跃式演化还是适应性演化。细胞核是一个适应得非常精巧的构造，并不仅仅是基因的贮藏室。细胞核又由若干内部构件组成，例如核仁，会大规模制造新的核糖体 RNA；还有双层核膜，上面镶嵌着精密度令人叹为观止的核孔复合体（图 26），每一个核孔都由几十种蛋白质组成；还有核纤层（lamina），一种柔软、具有弹性的蛋白质网状结构，它作为核膜的内衬，可以保护细胞核内的 DNA 不受伤害。

　　这样的构造是自然选择经过长时间的作用而形成的，还需要几百种精巧的蛋白质协同合作才能实现。这个过程是纯粹的达尔文式演化。但这并不等于是说，这个过程在地质时间上一定会很慢。在化石记录中，我们常常可以发现时间跨度很长的停滞期，中间偶尔间隔着一些快速变化期。真核生物的演化在地质时间上发生得很快，但是如果用经历的世代来计算就未必了。这种演化之所以能发生，只是因为从前在正常情况下那些阻碍改变的制约条件，现在不能再阻碍了。自然选择鼓励变化的情况相当罕见，在大多数情况下它都阻碍改变，会不断清除一个适应度地形（adapative landscape）中的变异尖峰。只有当这个"地形"（即环境）经历了翻天覆地的改变时，自然选择才会鼓励变异，而非压制。而由此带来的演化速度，可能快得惊人。眼睛的演化就是一个绝佳的例子。眼睛出现于寒武纪大爆发时期，在大约两百万年之内就演化出来了。前寒武纪时期的生命演化节奏在几亿年间几乎没有任何变动，与之相比，两百万年显得十分匆忙。为什么停滞了这么久，然后又突飞猛进？也许是因为氧气浓度上升，自然选择随之开始青睐运动力较强的大型动物，然后就出现了捕食者与猎物、眼睛与甲壳。[1] 一个著名的数学模型曾经计算过，某种蠕虫身上原始的感光眼点演化成眼睛需要多长时间。假设平均生命周期为一年，每一代形态改变都不超过 1%，答案是只需要 50 万年。

细胞核需要多长时间才能演化出来？有性生殖和吞噬作用呢？有任何理由认为它们需要比眼睛更长的演化时间吗？计算从原核生物演化成真核生物最少需要多少时间，是未来可以开展的一个科研项目。在讨论这个项目是否值得启动前，我们需要更深入地了解相关事件发生的先后顺序。我们不能先入为主地假设，这些演化过程一定需要几亿年的漫长时间。两百万年有什么不可以呢？就算假设细胞每天只分裂一次，两百万年几乎是十亿代了。实际上需要多少代呢？一旦突破了阻止原核生

1　我并不认为是氧气浓度的上升促使动物演化出现（第一章讨论过这个问题），而是认为氧气令大型动物的行为变得更加活跃。对能量限制的突破，促进了很多种类的动物发生多系辐射演化。然而动物在寒武纪大爆发之前，在前寒武纪末期氧气含量大幅上升之前，就已经演化出现。

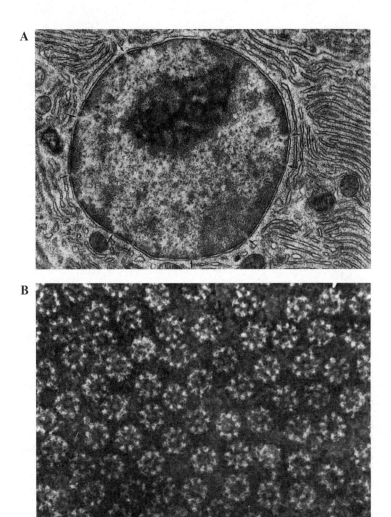

图 26　核　孔

　　以上是电子显微技术先驱唐·福塞特（Don Fawcett）拍摄的经典照片。小图 **A**
中，围绕真核细胞核的双层膜清晰可见，小箭头所指的开口是核孔。细胞核中的深色
区域是相对不活跃的部分，这里的染色质处于超螺旋的"浓缩"状态；浅色区域是正
在活跃进行转录的部分。核孔旁的明亮区域正在主动运输物质进出细胞核。小图 **B** 是
核孔复合体组成的阵列。每个复合体都由数十个蛋白质组成，是控制物质进出的复杂
机器。这些复合体的核心蛋白质是所有真核生物共有的，因此真核生物的最后共同祖
先也肯定已有核孔结构。

物变复杂的能量限制，真核生物有什么理由不能快速演化出来呢？相对于原核生物长达 30 亿年的演化停滞，真核生物的快速演化可能显得太过突兀，但它的确严格遵循达尔文式演化。

快速演化在理论上可行，并不等于它真的就发生了。然而，"自然讨厌真空"，我们有充分的理由相信，真核生物的演化很可能是迅速发生的。问题在于，真核生物共有一系列特征，而原核生物什么都没有。这暗示了某种不稳定性。我们在第一章中讨论过源真核生物，它们是相对简单的单细胞真核生物，过去一度被误认为是介于原核生物和真核生物之间的演化中间型。后来才发现，这些异类其实都是更复杂的真核生物后代，其祖先拥有全套的真核生物特征。无论如何，源真核生物仍然是真正的**生态**中间型：它们占据了介于原核生物与真核生物之间、形态复杂度中等的生态位。它们填充了这个空白。所以乍一看，已经没有空白了，生物的形态复杂度由简及繁，呈现连续不断的分布，从最简单的基因寄生物到大型病毒、细菌、简单真核生物、复杂真核细胞，直到多细胞生物，一切都稳妥完美。然而最近的研究发现，源真核生物其实名不符实，演化生物学中令人恐慌的巨大空白才浮现在我们面前。

源真核生物并未在竞争中灭绝，这证明简单的"中间型"生物很适应它们的生存空间。所以，没有理由认为，真正的演化中间型不能占据相同的生态位，比如没有线粒体、没有细胞核、没有过氧化物酶体的细胞，或者没有高尔基体和内质网等内膜系统的中间型细胞。如果真核生物演化得很慢，需要几千万甚至几亿年的时间，那就应该出现很多稳定的、缺少某些真核生物特征的中间型细胞，它们就应该占据今天源真核生物的中间生态位。其中至少有一部分，作为填充空白生态位的真正中间种，就应该能存活至今。然而一个都没有！科学界苦苦寻找许久，却从来没找到过。如果它们不是被竞争灭绝了，那为什么没有一个幸存者呢？我认为，原因在于它们的基因太不稳定。要跨越原核生物与真核生物之间艰险的鸿沟，基因组合上可行的路径并不多，大部分探索者都中途而亡。

　　这意味着最初的种群应该很小，这么推论也很合理。庞大的种群意味着演化上的成功。如果早期真核生物一下子就取得了演化成功，那么它们应该子孙繁盛，占据新的生态位，进一步分化。它们的基因应该很稳定，至少其中一部分应该可以存活至今。但这些并未发生。现在看来，最初的真核生物基因都不稳定，它们在一个很小的种群内快速演化，挣扎求生。

　　还有另一个原因让我们相信事实正是如此：所有的真核生物都拥有众多完全相同的特征。仔细想想这有多奇怪！所有人类都有一样的特征，比如直立的姿势、无毛的身体、拇指对握、大容量的脑、发达的语言能力，因为人类都源自同一群互相交配的祖先。还有性。一群可以互相交配生殖的生物个体，就是对"物种"最简单的定义。种群内的生物如果无法互相交配产生可育后代（即生殖隔离），就会分道扬镳，各自演化出不同的特征，最终变成不同的新物种。然而在真核生物诞生之初，生殖隔离似乎并未发生，因为所有的真核生物都有一样的基本特征，很像是一个可以互相交配生殖的种群。有性生殖。

　　还有任何其他的生殖方式可以达成这样的结果吗？我认为没有。无性生殖（即"克隆"）会导致深远的发散演化，因为不同种群内的不同突变都会累积下来。这些突变在不同的环境中接受自然选择，面对的优势和劣势也迥然各异。克隆虽然可以制造出完全相同的个体，但反而会因此在不同种群中累积不同的突变，致使它们分化。有性生殖则形成鲜明的对比。有性生殖在种群内部形成基因池，不断地混合匹配各种特征，从而阻止分化。所有真核生物都具有一样的基本特征，这表明它们起源于一个互相交配、进行有性生殖的种群。这又意味着它们的种群不会太大，才能在严格意义上互相交配，形成单一基因池。种群中的任何细胞只要不能进行有性生殖，就无法留下后代。《圣经》又一次言中："引到永生，那门是窄的，路是小的，找着的人也少。"

　　那么，在细菌和古菌中十分普遍的基因分享方式——水平基因转移，可能造成这样的结果吗？与有性生殖一样，水平基因转移也涉及基因重组，也会变换不同的基因组合，造成"流动"的染色体。但是它与有性生殖的不同之处在于，水平基因转移并不是对等交换基因，也没有细胞融合或全基因组的系统性重组。水平基因转移是零敲碎打，而且是单向的，它无法对种群中的个体特征进行各种组合，反而会造成个体之间的分化。以大肠杆菌为例，单个细胞大约有 4 000 个基因，但大肠杆菌的宏基因组（所有菌株的基因总和。不同的大肠杆菌菌株以核糖体 RNA 的差异程度来划分）差不多有 18 000 个基因。水平基因转移盛行的结果，是同一种细菌的不同菌株之间可能有多达一半的基因都不一样，比所有脊椎动物之间的基因差异程度还要大。简而言之，原先细菌与古菌的主要遗传模式，无论是克隆还是水平基因转移，都无法解释真核生物神秘的一致性。

如果我在十年前撰写本书，那不会找到多少证据来支持有性生殖出现在真核生物演化早期的观点。那时候，不少真核物种都被认为是无性生殖的，包括多种阿米巴原虫和被误认为早期演化分支的源真核生物（例如梨形鞭毛虫）。甚至直到今天，还没有研究者能把梨形鞭毛虫捉奸在床，发现它们确实在进行微生物性交。不过，我们在对这些物种生活史了解不足的情况下，常常可以通过技术手段来弥补。我们已经测定了梨形鞭毛虫的基因组序列，其中有减数分裂（即形成配子的细胞分裂）所需的基因，而且这些基因完全处于可用状态。还有它们基因组的结构，也明显经历过规律的有性生殖基因重组。几乎每一种我们研究过的真核物种，或多或少都有类似的现象。也有例外，比如有些后来才演化出无性生殖的真核生物，但它们通常很快就灭绝了。所有已知的真核生物都进行有性生殖。因此我们可以认为，它们的共同祖先也进行有性生殖。总而言之，有性生殖出现在真核生物非常早期的演化阶段，而且只有假定有性生殖是在一个小且不稳定的始祖种群中演化而来，才能解释为什么所有的真核生物都有这么多共同特点。

至此，我们就要面对本章的中心问题：两个原核生物之间的内共生作用是否有某种特殊效应，推动了有性生殖的演化？当然是的。除此之外，还带来了许多重要的后果。

基因结构的秘密

真核生物有着"破碎的基因"。纵观 20 世纪的生物学研究，很少有比这更让人大吃一惊的发现。我们一度被早期的细菌基因研究误导，认为人类染色体上的基因也应该像漂亮的珠串一般，按照有意义的顺序排列。而实际发现的情况，就像遗传学家戴维·潘尼（David Penny）形容的那样："如果有一个委员会设计了大肠杆菌的基因组，我会很荣幸参与其中。然而如果有一个人类基因组设计委员会，我绝对不会承认跟我有关。即使是那些低能的大学委员会，都不至于把工作做得这么糟。"

到底是什么这样糟糕呢？真核生物的基因是一个烂摊子。它们由好几个较短的序列组成，每一段编码蛋白质的一部分；这些编码区域之间插入了长长的非编码 DNA 序列，我们称之为内含子（introns）。每个基因中通常都插入了好几段内含子（基因通常的定义是，编码一整个蛋白质的 DNA 序列）。内含子的长短差异非常大，但通常都比真正的编码序列长得多。内含子也会被转录到 RNA 上。RNA 是用来指定蛋白质氨基酸序列的模板，会被转运到核糖体；而核糖体是细胞质中的蛋白质制造工厂，会根据 RNA 模板（RNA transcript，又名 RNA 转录本）的序列把游离的氨基酸组装成蛋白质。不过在抵达核糖体之前，RNA 上的内含子就已经被全部剪切掉。这可不是一项容易的工作，要靠另一种精巧的纳米蛋白小机器——剪接体（spliceosome）来执行。我们稍后再来讨论剪接体的重要意义。现在你只需要注意，这一整套执行程序是多么奇怪迂回。如果在剪切内含子的过程中稍有失误，一连串毫无意义的 RNA 转录本就会送到核糖体，随即会制造出一大堆毫无意义的蛋白质。核糖体就像卡夫卡小说中的官僚[1]，一丝不差地执行着它们的官僚程

---

[1] 卡夫卡（Franz Kafka），捷克作家，表现主义文学的先驱。他的小说中（尤其是《审判》和《城堡》）经常描写死板僵化到荒谬程度的官僚制度。——译者注

序，从不多想。

为什么真核生物有如此破碎的基因？有几个已知的好处。同一个基因可以通过不同的剪接方式拼出不同的蛋白质。例如，免疫系统就可以通过这样的蛋白质重组机制，把不同的蛋白质片段拼接成数十亿种不同的抗体。对于任何细菌或病毒，这样丰富的抗体中总有一款能选择性地黏附上去，形成免疫标记，启动免疫系统中的杀手机器去消灭它们。然而，免疫系统是大型复杂动物后期才发展出来的产物。在演化早期，破碎的基因有什么好处吗？福特·杜利特尔（Ford Doolittle）是20世纪的演化生物学老前辈，他曾在70年代提出一个假说，认为内含子可能出现于生命起源之初。这就是所谓的"内含子早现理论"（introns early）。他认为，早期的基因因为缺少现代基因复杂的修复机制，在复制过程中一定会迅速累积许多错误，这让它们非常容易遭受突变熔毁（mutational meltdown）。因为突变概率很高，DNA的长度会决定DNA上累积的突变数量，所以只有很短的基因组才可能避开突变熔毁的命运。如果只能有很短的DNA，那又如何大量制造各种各样的蛋白质呢？内含子就是解决方案，只需要重新组合许多小片段即可。这个理论非常精彩，至今仍有少数拥趸，不过杜利特尔本人已经倒戈。像所有优质的假说一样，这个假说也提出了一些预测。不幸的是，这些假说都被验证是错的。

这个假说给出的最重要一项预测，就是"真核生物最先演化出现"，因为只有真核生物才有真正的内含子。如果内含子真的是原始特征，那么真核细胞必定是最早出现的细胞，早于细菌和古菌。原核生物则是后来在自然选择的压力下，为了精简基因组而丢弃了内含子。从种系发生学的证据来看，这毫无道理。当代的全基因组测序无可争辩地显示，真核生物起源于古菌宿主和细菌内共生体。生命树上最早的分支在细菌和古菌之间，真核生物在更晚期才出现。化石证据和上一章讨论的生物能量学分析也支持这些结论。

然而，如果内含子不是原始特征，那么它们从何而来，又为什么会出现呢？答案看来是内共生体。我刚才说，细菌没有"真正的内含子"，但内含子的前身必定来自细菌，更准确地说，来自细菌的基因寄生物（bacterial genetic parasites），正式名称是移动 II 型自剪接内含子（mobile group II self-splicing introns）。不要管这些艰涩的术语，它们其实就是一种自私 DNA，一种跳跃基因（jumping genes），在基因组中不断自我复制、跳进跳出。或许我把它们说得太简单了，它们其实是相当厉害、目的明确的小机器。它们也会由正常的转录机制转录成 RNA，但之后马上就会"活过来"（没法否认它们是"活物"），把自己组装成 RNA"剪刀"。这把剪刀会把基因寄生物从长长的 RNA 转录本中剪切出来，尽量减少对宿主细胞的伤害。剪下来的片段会形成活跃的复合体，编码一种逆转录酶（reverse transcriptase）。这种酶可以把 RNA 反向转录成 DNA，并将其插回宿主的基因组。所以，移动内含子是一种基因寄生物，在细菌的基因组中不断切进切出。

"大跳蚤背上咬着小跳蚤……"谁能想到生物的基因组原来就像蛇鼠之窝，精明的寄生虫在里面大行其道，随心所欲进进出出。但事实就是如此。这些移动内含子很可能非常古老，在三大域生物的基因组中都存在。而它们又与逆转录病毒不同，从不需要离开宿主基因组这个安乐窝。宿主细胞每复制一次，它们就跟着复制一次。各种生命都只能接受它们的存在。

细菌很擅长与它们共处，我们不知道这是如何办到的，很可能纯粹就是自然选择作用于大数量种群产生的效果。细菌的内含子如果插入了不当的位置，就会干扰它们的基因，在自然选择的竞争中输给其他内含子位置无害的细菌，最终被淘汰。也有可能是内含子本身的行为很有分寸，只会入侵对宿主细胞基因功能无关紧要的 DNA 边缘区段。内含子与病毒不同，病毒可以独立生存，所以并不在乎会不会杀死宿主；而移动内含子必须与宿主同生共死，所以在宿主体内捣乱对它们绝无好处。生物学中的这类现象，最适合借用经济学的语言来分析：比如成本收益计算、囚徒困境、博弈论，等等。总之，无论原因是什么，移动内含子没有在细菌和古菌的基因组中大肆扩张，也没有插在任何基因中间，所以严格地说，它算不上是真正的内含子。它们存在于基因之间的非编码区域，而且密度很低。典型的细菌基因组（大约含有 4 000 个基因）一般带有不超过 30 个移动内含子，真核生物的基因组则有几万个内含子。细菌基因组中内含子的稀少反映了一种长期的成本收益平衡，这是自然选择在无数代中同时作用于宿主与内含子两方，为它们造就的和局。

20 亿至 15 亿年前，就是这样一个细菌进入一个古菌宿主体内，二者发生了内共生作用。现代细菌中最接近它的菌种是某种 α-变形菌；而我们知道，现代的 α-变形菌基因组中只有很少的移动内含子。这些古老的基因寄生物与真核生物基因组结构之间有什么关联呢？我们只需了解"RNA 剪刀"的细节机制，再加上简单的逻辑推理，就能一见分晓。前面我提到过剪接体，一种纳米蛋白机器，功能是把内含子从我们的 RNA 转录本上剪切掉。剪接体并非完全由蛋白质组成，其核心是一把 RNA 剪刀，和移动内含子的剪刀完全一样。它们剪切真核生物内含子的方式暴露了其来源，即细菌的自剪接内含子（图 27）。

这就是足够的证明。内含子本身的 DNA 序列并不足以证明它们源于细菌。内含子不会编码逆转录酶等蛋白质，也不能把自己切入或切出宿主 DNA；它们不是活动的基因寄生物，而是 DNA 序列上的赘疣，无所事事地待在那里。[1] 但这些已经死亡的内含子，被累积的突变完全侵蚀，衰退得不成形状，却远比那些活着的寄生物更危险，因为它们再也无法剪切自己，宿主细胞必须主动移除它们。宿主的办法就是从它们还活着的亲戚那里征用 RNA 剪刀。剪接体就是一种用细菌基因寄生物改

---

[1] 准确地说，是"几乎"无所事事。有些内含子获得了某种功能，比如与转录因子结合，有时候又像 RNA 一样具有活性，可以影响蛋白质合成或其他基因的转录。遗传学界正处在关于非编码 DNA 功能的大争论之中，争论的结果可能会开启这个领域的新时代。有些非编码 DNA 显然具有一定功能，但我比较偏向怀疑论者。怀疑论者认为（人类）基因组中的大部分序列都不受限制，可以随意漂移变化，而 DNA 的功能却是由序列精确定义的，这些不受限制的 DNA 成分也就没有功能可言。如果一定要我做个估计，我会说人类基因组中大约 20% 的序列是有功能的，其他基本上是废物。但这并不是说它们一点用处也没有，也许它们有其他的目的，比如填满空间。毕竟，自然讨厌真空。

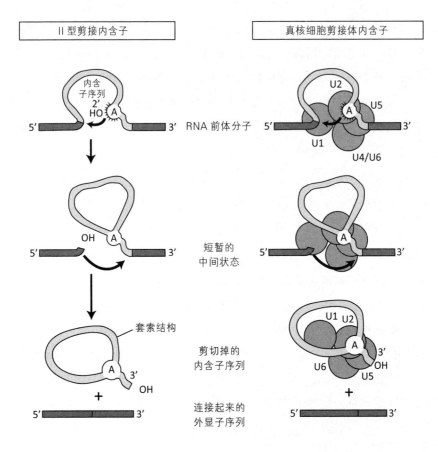

图 27 移动自剪接内含子和剪接体

　　真核生物的基因由外显子（编码蛋白质的序列）和内含子组成。内含子是长长的非编码序列，插在基因中间；合成蛋白质之前，必须从 RNA 转录本中把内含子剪切掉。内含子看起来是从细菌基因组中的 DNA 寄生物部分（左边）演变而来的，但因为突变而衰退，结果变成了真核生物基因组中的非编码插入序列。这些内含子序列必须由剪接体主动去除（右边）。以上的推理，根据的是图中所示的剪接方式。细菌的 DNA 寄生物（左边）会把自己剪切下来，形成一个游离的内含子序列，编码一个逆转录酶，能够把寄生的基因序列逆转录成 DNA，然后把多份拷贝插回细菌基因组。真核生物的剪接体（右边）是个很大的蛋白质复合体，但它的功能依赖于其核心的一段催化性 RNA（核酶）；而核酶剪接 RNA 的机制，与细菌的移动 II 型自剪接内含子相同。这意味着，剪接体以及真核生物的内含子，都是从移动 II 型自剪接内含子演变而来；这些移动内含子在真核生物演化早期由细菌内共生体释放。

造而成的真核生物机器。

2006 年，俄裔美国生物信息学家尤金·库宁（Eugene Koonin），和我们熟悉的马丁合作发表了一篇非常精彩的论文。他们提出了一个假说：在真核生物诞生之初，内共生体在毫无防备的宿主体内放出了一群基因寄生物。内含子的入侵扩散到整个宿主基因组，塑造了真核生物基因组的基本结构，同时也推动了真核生物某些基本特征的形成，比如细胞核。我再补充一点：性。我承认，这些理论听起来有很多空想成分，像一个勉勉强强的演化故事，而根据的仅仅是一把有故事的剪刀。然而，基因自身的很多构造细节也支持这种假设。内含子的庞大数量（好几万个），再加上它们在基因内部所处的位置，让它们像是沉默的证人，指向远古的遗迹。这个遗迹不只是关于内含子，还包括宿主与内共生体之间曲折而又亲密的关系。我认为，即使这些理论不是全部的真相，**这种答案才是我们应该寻求的**。

内含子与细胞核的起源

许多内含子在真核生物基因组中的位置都固定不变，这是另一个出人意料的谜团。例如一个所有真核生物都有的基因：柠檬酸合酶（citrate synthase）基因。它能转译柠檬酸合酶，参与所有真核生物的基础代谢作用。海藻、蘑菇、树木、阿米巴原虫和人类都有这个基因。我们和树木的这个基因，从共同祖先开始，各自经过无数代演化，在序列上已经出现了些许差异。但是自然选择的作用使它的功能一直保留下来，因此也限定了它的某些特定序列。这个例子完美地证明了共同祖先，也展示了自然选择的分子生物学基础。出人意料的是，不论是树木还是人类，这个基因总是含有 2～3 个内含子，而且插入位置几乎总是完全一样。为什么会这样呢？只有两个可能的解释。第一个解释是，这些内含子是各自独立插入这些位置的，出于某种原因，这些位置受到自然选择的青睐。第二个解释是，这些内含子在过去某个时刻插入了共祖的基因组，只发生了一次，并传给了所有后代。当然，其中某些后代可能又丢弃了内含子。

如果只有少数几个基因是这样，那么我们可能倾向于第一个解释。但发现的事实是，数以千计的内含子都插在数百个真核生物的共有基因中，而且在完全相同的序列位置。这样第一个解释就说不通了。内含子一起插入共祖基因组是更加直截了当的解释。如果的确如此，那么在真核生物诞生之初，很早期就必定有一波内含子入侵，从一开始就插入了这些位置。之后它们又经历了某种突变侵蚀，被剥夺了移动能力，从此就留在这些位置上，一直传给所有真核生物后代，如同尸体周围擦不掉的粉笔轮廓。

还有一个更有说服力的证据可以支持早期内含子入侵的假说。我们通常把两种不同的基因类型区分为直系同源基因（ortholog）和旁系同源基因（paralog）。直系同源基因基本是继承自共祖的共同基因，在不同物种的体内执行一模一样的功能。例子我们刚才举过：所有的真核生物都有柠檬酸合酶基因这个直系同源基因，都继承自共同祖先。第二类基因即旁系同源基因，同样来自一个共同的祖先，但那个祖先基因却在**同一个祖先细胞**中经历了多次复制，形成了一个基因家族。这样的基因家族可以包含多达 20 ~ 30 个成员基因，每个成员最终都发生了一些特化，负责稍微不同的工作。血红蛋白家族就是一个例子，大约有 10 个基因，每个基因都编码很相似的蛋白质，具体功能稍有差别。简单来说，直系同源基因就是不同生物中的相同基因，而旁系同源基因是同一个生物体中的基因家族成员。当然，在不同种的生物中也能找到整个家族的旁系同源基因，它们都遗传自某个共同祖先。例如，所有的哺乳动物都拥有旁系同源的血红蛋白基因家族。

我们可以再把这些旁系同源基因家族区分为"古老"和"近代"两类。库宁在他精巧的研究中就是这么分的。他把存在于所有真核生物中，但没有在任何原核生物中分化复制过的基因家族，定义为**古老**旁系同源基因。根据这一定义，我们可以把形成这些基因家族的复制过程，定位到真核生物的早期演化阶段，发生在最后的真核生物共祖出现之前。**近代旁系同源基因**，是指只有在某些特定的真核生物种类中才有的基因家族，比如动物或植物。这种基因家族内的复制发生得较晚，是在那个特定生物种类的演化中发生的。

库宁认为，如果真核生物演化早期确实发生了内含子入侵，这些移动内含子应该是随机插入不同的基因中间。在同一时期，古老旁系同源基因正在积极复制，从而形成家族。如果早期内含子入侵尚未停止，那么在旁系同源基因家族扩张的过程中，这些移动内含子就会插到每个新家族成员的不同位置上。相反，对于近代旁系同源基因家族来说，所有家族的扩张复制都发生在内含子入侵之后。因为没有新的插入发生，所以新的家族成员基因应该通过复制保留了原本的内含子位置。简而言之，库宁的预测是，与近代旁系同源基因相比，古老旁系同源基因中内含子的位置应该更不规则。基因组测序的分析结果表明，库宁的预测非常准确。近代旁系同源基因中所有内含子的位置，在家族内部都没有变化，而古老旁系同源基因的内含子位置则十分混乱。

这些证据全都表明，早期的真核生物确实遭受了内共生体带来的移动内含子入侵。但是这样，为什么这些内含子在细菌和古菌体内受到严格的控制，在真核生物细胞内却大肆扩散呢？有两种可能的解释，而且多半都对。第一个解释是，最早的真核细胞（其实那时基本上还是个原核细胞，底子是一个古菌）基因组遭到了细菌内含子的大轰炸，来源近在咫尺，是从自己的细胞质而来。这就像是棘轮[1]的运作方式。内共生作用是大自然的一个实验，有可能失败。如果宿主细胞死亡，实验也就结束了。反过来却不是这样。如果宿主体内有很多内共生体，其中一个死亡并无大碍，实验可以继续进行；宿主还活着，其他内共生体也活着。但是这个已经死亡的内共生体，会把自己的 DNA 释放到胞质溶胶中。这些跳船的 DNA 很可能通过标准的水平基因转移方式，与宿主细

1　棘轮是一种机械装置，只能往一个方向转动。——译者注

胞的基因组发生重组。

这个实验很难停下来，直到今天仍在继续。我们的核基因组中充斥着数千个线粒体 DNA 片段，即核内线粒体序列（nuclear mitochondrial sequences），它们就是通过上述机制到达细胞核的。偶尔会出现新近到达的核内线粒体序列，当它们破坏某个基因而导致遗传疾病时，就会引起我们的注意。真核生物诞生之初还没有细胞核，这类基因转移必定更为普遍。如果真的有某种选择机制，可以引导内含子插入基因组中的某些特定位置而避开其他位置，那么混乱的基因转移很可能导致更糟糕的后果。一般来说，细菌内含子已经适应了细菌宿主，而古菌的内含子也适应了古菌宿主。但在早期真核细胞中，细菌内含子入侵的是古菌的基因组，其序列与细菌基因组完全不同。现在没有任何适应性的制约，也就没有什么能阻止内含子失控扩散。结果很可能是种群灭绝。最好的结果，就是一小群基因不稳定的病态细胞。

第二种解释认为，没有什么自然选择压力来限制早期内含子扩散。部分原因在于，比起一大群健康细胞，一小群病弱细胞之间的竞争要和缓得多。这就要求最初的真核细胞对内含子入侵时具有前所未见的耐受力。毕竟这些内含子都来自内共生体，也就是未来的线粒体。内共生体虽然让基因付出了代价，却也提供了能量上的优势。对细菌来说内含子纯粹是麻烦，因为它们在能量和基因方面是双重负担。上一章我们讲过，DNA 含量较少的小细菌，比 DNA 含量超过需求的大细菌繁殖得快；因此，细菌都会把自己的基因组精简到刚够生存的最小限度。相反，真核生物的基因组表现出一种极端的不对称性：它们可以自由扩充核基因组，正是因为内共生体的基因组不断缩小。宿主细胞并不会有计划地扩充基因组；之所以会扩充，只是因为更大的基因组也不会受到自然选择对细菌那样的惩罚。既然惩罚有限，真核生物就能通过各种各样的基因复制与重组累积起数千个新的基因，同时也能忍受愈加繁重的基因寄生物负担。这两件事必然是一起发生的。真核生物基因组中的内含子泛滥，是因为从能量角度来看，的确容得下它们。

所以，最初的真核细胞是被自身内共生体放出的基因寄生物大肆轰炸。讽刺的是，这些基因寄生物"活着"的时候没有带来多少问题，反而是它们衰退、死亡之后，麻烦才来了。因为它们的残骸（也就是内含子）像垃圾一样乱扔在整个基因组中。这时宿主细胞就不得不把它们切掉，不然就会转译成毫无意义的蛋白质。如前所述，剪接体就是专门干这个累活的，它源于移动内含子的 RNA 剪刀。不过，剪接体尽管是精良的纳米机器，也只能解决一部分问题，因为它的速度很慢。直到今天，经过 20 亿年的演化改良，剪接体还是要花几分钟时间才能切掉一段内含子。偏偏核糖体的工作速度奇快，每秒钟可以组装 10 个氨基酸，制造一个标准的细菌蛋白质（长度约为 250 个氨基酸）只需不到半分钟。另外，剪接体要接触到 RNA 都不容易，因为一段 RNA 上常常嵌着好几个疯狂工作的核糖体。就算接触到了，它们慢吞吞的工作速度也来不及阻止核糖体生产大量无用的蛋白质，序列中夹杂着没有切出去的内含子。

细胞如何防止此类错误灾难发生？马丁和库宁认为，在处理过程中插入一道障碍就行了。细胞核膜就是这道障碍，可以把转录和转译两个过程分开。在细胞核中，基因被转录成 RNA 转录本；在细胞核外，核糖体会读取 RNA，再转译成蛋白质。最重要的是，缓慢的剪接过程在细胞核内进行，在核糖体有机会接触到 RNA 之前已经处理完毕。这就是细胞核真正的意义：把干劲冲天的核糖体挡在外面。这就解释了为什么真核生物需要细胞核，而原核生物不需要。原核生物根本没有内含子的麻烦。

现在你也许会抗议："等等！结构完美的核膜不会凭空出现，它一定需要经过很多代才会演化出来。在那之前，为什么早期真核生物没有灭绝呢？"好吧，毫无疑问，很多早期真核细胞在伟大演化实验的半道上牺牲了，但核膜的演化或许没那么难。这里的关键是另一件与细胞膜有关的怪事。基因分析表明，宿主细胞是一个货真价实的古菌，所以它的细胞膜必然含有古菌脂质。但是，今天的真核生物膜却含有细菌脂质。这个现象值得好好思索。在真核生物演化之初，一定有某种原因让宿主细胞的古菌型细胞膜换成了细菌型细胞膜。为什么？

这个问题有两个方面需要解答。首先是可行性问题：这有可能发生吗？答案是肯定的。各种细菌脂质和古菌脂质混合形成的嵌合膜，其实都是稳定的。这相当出人意料，但已经在实验室里得到证实。所以，古菌的细胞膜确实有可能发生脂质逐渐置换，慢慢过渡成细菌型细胞膜。没有什么原因不允许这发生，但现实中，这样的替换转变非常罕见。这让我们考虑问题的第二个方面：什么罕见的演化力量可能驱动这种改变呢？答案是内共生体。

从内共生体到宿主的混乱基因转移，一定包括了负责合成细菌脂质的基因。我们可以假设编码的这些酶都被合成出来且具有活性，它们马上开始制造细菌脂质，但合成脂质的过程一开始很可能不受任何控制。当脂质合成随机进行时，会发生什么事呢？如果是在水中合成的，它们会自行析出积聚，形成脂质囊泡。纽卡斯尔大学的杰夫·埃林顿（Jeff Errington）曾用实验证明，活细胞的行为也是这样的。如果诱发某种突变，导致细菌的脂质合成速度加快，多余的脂质就会积聚形成内膜。脂质在自己合成之处附近积聚，结果是围绕着基因组形成了一堆堆脂质"小袋子"。就像流浪汉会用塑料袋裹住自己来御寒（虽然也不怎么顶事），一堆堆脂质小袋子也可以在 DNA 和核糖体之间临时拼凑起一道不太完美的障碍，减轻一点内含子带来的麻烦。这道障碍其实**必须**有缺口。完全封闭的膜反而会让 RNA 无法接触核糖体。而有缺口的障碍只会减缓物质进出的速度，给剪接体多一些时间，在核糖体开始工作之前就切掉内含子。简而言之，一个随机出现（但是可预测）的起始事件，为自然选择提供了塑造解决方案的初始条件。它始于一堆围绕基因组的脂质小袋子，终点是核膜，上面布满了精巧的核孔。

核膜的形态非常符合这个假设。脂质小袋子就像塑料袋一样，可以被压扁。一个压扁的袋子，其横截面是两片紧贴且平行的膜，即双层膜结构。核膜恰恰就是这种结构。它由一堆压扁的囊泡融合在一起，有很多核孔复合体镶嵌在缝隙中。当细胞分裂时，核膜会散开，还原成分离的小囊泡；分裂完成后，这些小囊泡会生长并再次融合，重新形成两个子细胞的核膜。

负责编码细胞核结构的基因，其组合模式本来极难理解，在这个假设下也顿时显得合理。如果细胞核在获取线粒体之前就已演化出现，那么细胞核结构的每个部件，包括核孔、核纤层和核仁，都应该由宿主细胞的基因编码。但事实并非如此。所有这些部件都由嵌合来源的蛋白质组成，一些蛋白质由细菌基因编码，少数由古菌基因编码，剩下的编码基因只有真核生物才有。除非细胞核是在获取线粒体后才演化出现的，是那次基因大规模混乱迁移的后续事件，否则我们根本无法解释这种基因组合模式。常有人说，在真核细胞的演化过程中，内共生体被改造成线粒体，变化大得让人几乎认不出本来面目（好在我们还是认出来了）。但很少有人认识到，宿主细胞经历了更加翻天覆地的改变。起初它只是一个简单的古菌，得到了一些内共生体。内共生体用 DNA 和内含子轰炸毫无准备的宿主，驱动了细胞核的演化。还不仅仅是细胞核，有性生殖也携手而来。

有性生殖的起源

在真核生物的演化过程中，有性生殖出现得非常早。我已经在前文提及，性的起源或许与内含子入侵有关。为什么呢？让我先简单介绍一下当前的课题。

真核生物进行真正的有性生殖，其特征是两个配子（对人类来说是精子和卵子）的结合。每个配子带有的染色体只有体细胞的一半。人类和大多数多细胞真核生物都是二倍体，即每个基因都有两份，一份来自父亲，一份来自母亲。更准确地说，我们的每个染色体都有两份拷贝，即两条姐妹染色体。标志性的染色体双螺旋图案经常让人误以为染色体

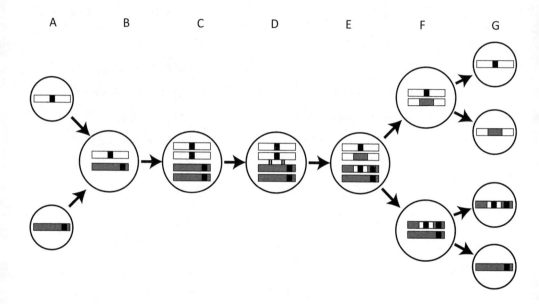

A   B   C   D   E   F   G

图 28   真核生物的有性生殖和基因重组

这是有性生殖周期的简图：两个配子结合后，通过两个阶段的减数分裂以及基因重组，形成拥有独特基因的新配子。**A**：两个配子细胞都有单倍的、对等（但是基因组成不同）的一套染色体，它们结合在一起形成一个合子，拥有两套染色体。**B**：注意染色体上的黑色条纹，它可能代表一个有害的突变基因，或者有益的基因变体。**C**：减数分裂的第一阶段，染色体排列好之后进行复制，形成四条对等的染色体。**D**：两条或多条染色体进行基因重组。**E**：DNA 片段会在染色体之间彼此交换，形成新的染色体；这些新染色体上的一些片段来自原先的父本染色体，另一些则来自原先的母本染色体。**F**：连续进行两轮减数分裂，四套染色体分离，形成 **G** 中的四个配子细胞。注意这四个配子细胞，其中有两个染色体与父本、母本的两个配子一模一样，另两个则不同。如果黑色条纹代表有害突变，有性生殖就制造了一个不含突变的配子，以及一个带有两个突变的配子；后者可能被自然选择淘汰。反之，如果黑色条纹代表有益的基因变体，有性生殖就把它们集中到同一个配子中，让自然选择能够同时选择它们。简而言之，有性生殖增加了配子之间的多态性，让它们更多暴露在自然选择之下，通过长期运行淘汰有害突变，选出有益的变体。

就是这副模样，结构不会改变。但实际情况完全不同。形成配子的过程中，姐妹染色体会进行**重组**：染色体的一部分会与另一条染色体的一部分结合，形成前所未有的崭新基因组合（图28）。如果你顺着一条刚刚重组完的染色体审视一个个基因，就会发现其中一些基因来自父亲，另一些来自母亲。接下来，染色体会通过细胞的减数分裂进行分离，形成单倍体的配子，每个配子只含一套染色体。来自父本和母本的两个配子，每一个都带有一套经过重组的染色体，最终会结合在一起形成受精卵。它会发育成新的个体，拥有独一无二的基因组合。

有性生殖的起源，问题不在于需要演化出很多全新的机制。基因重组时，两条姐妹染色体必须并排在一起：一条染色体的一小段在交叉点（cross-over point）断开，然后转移到另一条染色体上；对方也同样转移一段过来，与之交换。染色体这种排列整齐进行基因重组的现象，在细菌和古菌的水平基因转移过程中也有出现，但一般不是对等进行的。细菌只是用这种机制修复受损的染色体，或是重新纳入以前丢弃的基因。两类基因重组用到的分子机器基本相同。而有性生殖的特别之处在于重组的规模和对等基因交换。有性生殖在整个基因组中进行广泛的对等基因交换和重组，后续还会有生殖细胞之间的结合，以及整个基因组的物理转移。这些在原核生物中就算真的存在，也非常罕见。

有性生殖曾被认为是20世纪生物学难题中的"皇后"，不过现在我们深入理解了它的优势（至少相对于严格的无性生殖——比如克隆）。有性生殖可以打破原本固定的基因组合，让自然选择可以"看见"单独的基因，把我们的特质逐个分列出来。这有助于生物抵御寄生物的侵袭，适应变化的环境，以及维持种群中必要的多态性。中世纪的石匠在雕刻时，就算石像的背部会被教堂的神龛完全隐藏，他们也会在背面精雕细刻，因为上帝无所不见。有性生殖也是这样，它让自然选择的全能之眼能够一个基因一个基因地审视自己的作品。有性生殖让真核生物拥有"流动"的染色体，组合中的基因版本不断变动（同一个基因的不同版本用专业术语说就是等位基因 [1]），让自然选择以前所未有的精细程度作用于生物个体。

设想有 100 个基因排列在一条染色体上，从不进行重组。对这种固定组合，自然选择只能鉴别整条染色体的适应能力。假设这条染色体上有几个非常重要的基因，稍有突变就会导致个体死亡。然而，对其他不太重要的基因突变，自然选择几乎无动于衷。轻微却有害的突变会在这些基因上逐渐积累，因为它们导致的小麻烦，会被保留几个关键基因带来的重大利益抵消。长此以往，这条染色体以及生物个体的健康都会被逐渐破坏。男性的 Y 染色体就在经历类似的衰退。Y 染色体因为无法进行基因重组，上面的绝大多数基因都在慢慢衰朽退化，只有几个最关键的基因 [2] 承受自然选择的作用，因此保持着活力。最终，整条 Y 染色体都可能消失。土黄鼹形田鼠（*Ellobius lutescens*）就是一个例子，其 Y 染色体已经完全丢失。

但如果自然选择积极地作用于固定基因组合，结果可能更糟。假设某个关键基因发生了一个罕见且非常有益的突变，它带来的显著优势会让突变扩散至整个种群。继承了这个新突变的生物因为显著的优势，在种群中的占比越来越高；最终，这个突变基因会扩散到"固定"（fixation）的程度，即种群中所有的个体都携带它。然而，自然选择只能"看见"整条染色体。所以这条染色体上的其他 99 个基因也会搭上优秀基因的便车，在种群中固定下来。这是一种灾难。假设种群中的每个基因都有两三个版本（即两三种等位基因），这 100 个基因本来可以提

1　我们称同一个基因的不同版本为等位基因（alleles）。特定的基因在一条染色体上的位置是固定的（这个位置称为基因座，locus），但在不同的生物个体之间，这个特定基因的具体序列可能有差异。如果某些特定的基因版本在种群中很普遍，那么它们就被定义为等位基因。等位基因就是在不同生物个体的相同染色体、相同基因座上，具有多态性的各个变体。等位基因和突变基因的区别在于出现频率不同。一个种群中出现新突变的频率很低。如果这个突变带来一些优势，它就有可能在种群中扩散，直到这个优势被某种劣势平衡。稳定下来的新突变基因，就成了一个等位基因。
2　即所谓的男性基因，以 SRY 基因为代表。这些基因的功能是发出信号，促使整个个体发育出男性特征（人类胚胎在发育初期，在 SRY 基因没有启动之前，全都是女性构造）。所以这些基因是有表现型的，也就会接受自然选择。——译者注

供一万到一百万种不同的等位基因组合。但这条染色体固定之后，所有这些多态性都被一扫而空；从此，这一百个基因在种群中只会有一种组合：就是这条染色体上的组合，不过是碰巧与有益的突变基因共享一条染色体罢了。这种多态性的丢失是灾难性的。100 个基因的例子还只是过度简化。无性生殖的生物通常有数千个基因，它们的多态性会在某一次类似的选择性清除（selective sweep）过程中全部消失。"有效"种群的规模会严重萎缩，这使得无性生殖的生物种群相当容易灭绝[1]。对无性生殖的原核生物来说，这是常态。而几乎所有无性生殖的动物和植物，都会在数百万年内灭绝。

这两种过程：累积轻微但有害的突变，以及选择性清除造成种群的多态性丧失，合在一起被称为**选择干扰**（selective interference）。如果没有基因重组，对特定基因的自然选择就会干扰其他基因的选择情况。而有性生殖产生的染色体承载着等位基因千变万化的组合，即流动的染色体。这使得自然选择能够直接作用于每个基因。自然选择如同全知的神，逐个检视每个基因的优劣并加以裁决——这才是有性生殖最大的优点。

但有性生殖也有很多严重的缺点，所以长久以来，它一直被称为演化生物学难题中的皇后。有性生殖会打破在特定环境中已经获得成功的等位基因组合。这些基因组合让生物的亲代繁衍兴盛，但有性生殖又在子代把它们随机打乱。每一代的基因组合都会重新洗牌，所以永远没有可能复刻出莫扎特一样的天才。更糟糕的是，有性生殖要付出双倍的代价。无性生殖的细胞，每分裂一次会产生两个子代细胞，每个子代细胞又可以再产生两个自己的子代。如此循环，种群数量呈指数级扩张。而

---

1 有效种群的规模反映了一个种群中基因多态性的丰富程度。从抵抗寄生感染的角度来看，一个无性生殖的种群就相当于一个单一个体。只要有寄生物发生适应性变化，让它能够针对这个种群独特的基因组合，那么感染就可能摧毁整个种群。相反，有性生殖的大种群，虽然基因都是那些基因，但同一个基因一般都有很多版本的等位基因，所以基因多态性很丰富，基因组合非常多。那么，总有一些个体对某种特定的寄生感染具有抵抗力。上述两个种群即使个体数目相同，后者的有效种群规模也要大得多。

有性生殖的细胞制造出两个子代细胞之后，这两个细胞必须先融合成一个新的细胞，才能再产生两个配子。因此，无性生殖的种群每一代的数量都可以翻倍；而有性生殖的种群数量，还是和原来一样（从细胞的角度来计算）。而且无性生殖只需要你自己就可以复制，有性生殖却引入了新的麻烦：必须先找到一个配偶。对人类来说，这又增加了情感（以及经济）上的代价。还有所谓的雄性代价：如果是无性生殖，就完全不需要雄性的侵略性和显摆，不需要抵角争斗、开屏炫耀和霸道总裁。无性生殖还避免了艾滋病或梅毒之类可怕的性病，也能制止逆转录病毒和"跳跃基因"等基因寄生体在我们的基因组中到处散布垃圾。

真正令人费解的是，有性生殖存在于所有的真核生物中。你或许会认为，在某些情况下有性生殖的收益会超过代价，在其他情况下则相反。一定意义上，确实如此。比如有些微生物可以连续用无性生殖方式分裂三十几代，然后偶尔"纵欲"一下，开始交配。这通常发生在有生存压力的状态下。但是有性生殖在真核生物中的完全普及，远远超过了"合理"的程度。原因很可能在于，真核生物的最后共祖已经是有性生殖，所以它的所有后代都继承了这个特征。虽然现在很多微生物不再经常进行有性生殖，却几乎没有哪一种可以完全放弃有性生殖而不灭绝。**从不**进行有性生殖的生命体会有难以承受的代价。早期真核生物的生存状况也可以用同样的逻辑解释。从不进行有性生殖的早期真核细胞（也就是那些没有演化出有性生殖的细胞个体），恐怕很快就灭绝了。

到这里，我们又得重新考虑水平基因转移带来的问题，因为水平基因转移在某些方面与有性生殖很相似，都会导致基因重组，都产生"流动染色体"。直到最近，生物学界都认为细菌把无性生殖优化到了最高境界。它们的数量呈指数级增长。如果完全不受限制，从一个大肠杆菌开始分裂，每三十分钟数量就会倍增，三天之内就会成为一个质量相当于地球的超大菌团。大肠杆菌的本事还不止于此。它们会广泛地散布和获取基因，通过水平基因转移把新基因插入自己的染色体，同时抛弃不需要的基因。导致肠胃炎的细菌与住在你鼻子里的"同种"细菌，可能有 30% 的基因都不一样。所以，细菌不但保持着无性生殖快速简单的优点，同时也享受着某些有性生殖才有的好处（流动染色体）。但细菌不会把两个细胞融合在一起，也没有两种性别，所以避免了很多有性生殖带来的麻烦。它们似乎兼顾了两个世界的优点，那么，为什么最早的真核生物拥有水平基因转移之外，还要再发展有性生殖呢？

群体遗传学家萨莉·奥托（Sally Otto）和尼克·巴顿（Nick Barton）通过研究提出了一个三合一的解释，三个因素都明显符合真核生物起源时的状况：当基因突变率很高、自然选择压力很大，以及种群中充满基因多态性时，有性生殖的优势最大。

首先考虑突变率。对于无性生殖，高突变率意味着轻微有害的突变累积得更快，在发生选择性清除时损失也更大，合起来的效果是选择干扰的危害更大。考虑到早期内含子入侵，最早的真核生物必定有较高的突变率。究竟有多高难以确知，但可以用计算机模型估计。我正与波米杨科夫斯基和博士生耶斯·欧文（Jez Owen）一起研究这个问题。欧文原本的专业是物理学，但是他对生物学中的重大问题充满兴趣。他正在研发一个计算机模型，用来研究在什么情况下，有性生殖的优势会超过水平基因转移。这里还需要考虑一个因素，就是基因组的大小。即使突变率维持不变（假设突变率为每一百亿个 DNA 字母才出现一个致命突变），基因组的大小也不能无限扩张；大到一定程度，突变熔毁就不可避免。给定这种条件，基因组小于一百亿个 DNA 字母的细胞没什么问题，但是基因组比这个数字大得多的细胞会死亡，因为从概率上计算，它们至少会发生一次致命突变。在真核生物起源时，获得线粒体会让这两个问题都恶化：它们几乎必然会增加基因组的突变率，同时也会大幅增加基因组的大小，扩张几个数量级以上。

有性生殖很可能是针对这个问题的唯一解决之道。原则上，水平基因转移可以通过基因重组避免选择干扰效应，但根据欧文的计算，它的效果很有限。基因组越大，就越难通过水平基因转移获取"正确"的基因。这是个简单的数字游戏。要确保基因组拥有全部所需的基因，而且都能正常运作，唯一的办法就是把它们全部保留，并且定期进行全基因组的重组。这是水平基因转移力所不能及的。只有真正意义上的有性生殖，才能进行全基因组的重组。

选择压力有什么影响呢？在这方面，内含子可能再次扮演了重要角色。对现代生物来说，让有性生殖更具优势的标准选择压力，来自寄生感染与变化的环境。不过，要让这种优势压倒无性生殖，选择压力必须很大。比如说，寄生感染必须非常厉害，严重影响宿主健康，才会让有性生殖取得压倒优势。同样的机制也适用于早期真核生物，而且它们恰恰需要对付基因层面的寄生感染：内含子入侵。为什么移动内含子入侵能够推动有性生殖的演化？因为只有全基因组范围内的重组才能有效增加基因多态性。会有一些细胞的内含子插在糟糕的位置上，也会有一些细胞的内含子插在较为无害的位置。接下去，自然选择会淘汰那些最不幸的细胞。水平基因转移的影响方式是零碎的，无法产生全系统规模的多态性。有性生殖才能通过多态性的大撒网，来重新分布基因寄生物的危害：有些细胞获得的基因都是干净的，而有些细胞累积了超过平均剂量的突变。英国生物学家马克·里德利[1]（Mark Ridley）在他的名作《孟德尔妖》中，用《圣经·新约》中的原罪概念来比喻有性生殖：正如耶稣基督将全人类的原罪揽在自己身上而被钉上十字架，有性生殖则把种群中的所有突变累积在一只代罪羔羊身上，将它牺牲。

个体细胞之间的差异程度也可能与内含子有关。细菌和古菌通常都有单条环状染色体，而真核生物则有多条棒状染色体。为什么是这样？最简单的答案是，当内含子切进切出基因组时，它们可能导致染色体形状出错。它们切出染色体时如果没有把缺口的两端连接起来，那么染色体就断开了。环状的染色体断开一处，就会变成一条棒状染色体；如果断开好几处，就会变成好几条棒状染色体。所以，在真核生物演化早期，移动内含子重新连接染色体时发生的错误，可能导致真核细胞出

1　另外还有一位著名的英国生物科普作者马特·里德利（Matt Ridley），他著有《基因组：人种自传23章》《红皇后》等科普名著，也深入讨论了有性生殖的问题。此处不应混淆。——译者注

现了多条棒状染色体。

这一定让早期真核生物的分裂周期处在可怕的混乱中。不同的细胞可能会有不同数目的染色体，每个染色体又都累积了不同的突变或缺失。它们还可能从线粒体那里获得新的基因和 DNA，复制错误也一定会导致重复复制出多余的染色体。细菌式的水平基因转移对于这种混乱没什么帮助；标准的细菌基因重组方式（对齐染色体，然后互相比照，装配上缺少的基因）会让细胞倾向于单纯累积基因和特征；只有有性生殖才能一边累积有用的基因，一边剔除无用的基因。这种通过有性生殖和基因重组来累积新基因的倾向，能很好地解释早期真核生物的基因组为什么会膨胀。这种累积基因的方式，一定程度上解决了基因不稳定的问题；同时，线粒体带来的能量优势又让真核生物不会像细菌一样，在基因组的规模上受到能量的制约。当然，这些设想现在都只是推测，但我们可以通过数学建模来估计其可能性。

既然有了多条染色体，那么细胞分裂时是如何学会让染色体分离的呢？答案很可能与细菌分离大型质粒的机制有关。质粒是一种移动的基因"盒子"，其携带的基因会让细菌具有抗药性之类的特征。细菌分裂时，通常会用一种由微管组成的网架分离大型质粒，分给两个子细胞。这个微管构造，很像真核生物细胞分裂时使用的纺锤体。早期真核生物为了分开那些杂乱的染色体，很可能沿用了细菌的质粒分离机制。不仅质粒是这样分离的，有一些种类的细菌还会用一种较为动态的纺锤体来分离染色体，而不是像普通细菌那样用细胞膜附着染色体。如果对原核生物世界进行更深入的采样研究，我们对真核生物有丝分裂和减数分裂中染色体分离机制的起源，会有更多的探索。

研究人员没有在有细胞壁的细菌中发现细胞融合的例子，但某些古菌细胞确实会融合。失去细胞壁会对细胞融合的发生大有帮助。比如 L 型细菌因为没有细胞壁就很容易融合。现代真核生物会对细胞融合有很多精确的控制，这意味着它们的早期真核祖先很可能会积极主动地进行细胞融合。演化生物学家尼尔·布莱克斯通（Neil Blackstone）认为，早期的细胞融合可能由线粒体推动。考虑一下线粒体面临的困境：作为内共生体，它们无法自由地离开宿主细胞去和其他细胞搭伙。所以，它们自身的演化成功依赖于宿主的茁壮生长。如果宿主被基因突变削弱，生长停滞，线粒体也会陷入无法繁殖的困境。但如果它们有办法引导宿主与另一个细胞融合呢？这会促成双赢的局面：宿主细胞可以获得另一套补充基因组，以此进行基因重组，或是直接用新基因组中的"干净"基因去掩盖原先突变损坏的等位基因——这就是远缘交配（outbreeding）的好处。因为细胞融合可以让受损的宿主细胞重新开始生长，线粒体也就可以继续复制自身，所以早期的线粒体很可能会积极"煽动"有性生殖！[1] 这也许解决了细胞和线粒体迫在眉睫的问题，但也带来了另一个更普遍的问题：不同来源的线粒体之间的竞争。而这个争端的解决，很可能导致了有性生殖的另一个谜之特征：两性。

两种性别

"如果生物有三种或更多性别，会有什么具体后果？研究有性生殖的生物学家，只要现实一点，就都不会去碰这个无底洞般的问题。但如果不去研究，又如何才能理解为什么生物的性别总是两种呢？"演化遗传学的奠基人之罗纳德·费希尔爵士（Sir Ronald Fisher）曾经如此慨叹。这个问题至今仍然没有完全解决。

从理论上看，两性似乎是所有选择中最糟糕的状况了。试想象，如果所有人都是同一种性别，那我们可以与任何人交配。我们选择伴侣的机会一下子增加了一倍，皆大欢喜！如果真有什么理由让我们需要

1　布莱克斯通甚至根据线粒体的生物物理特性，提出了一个可能的机制。宿主细胞因为基因突变而生长受阻，对 ATP 的需求也会很低，细胞内很少有 ATP 被分解为 ADP。而因为呼吸作用中的电子流是由 ADP 浓度决定的，ADP 浓度降低就会导致呼吸链开始堆积电子，反应性升高，形成氧自由基（下一章会详细讨论自由基的问题）。今天的某些藻类，自由基从线粒体中泄漏时会刺激形成配子和进行有性生殖；这种反应还可以被抗氧化剂阻断。那么自由基有没有可能直接刺激细胞、触发膜融合呢？有这种可能性。我们已知细胞受到辐射伤害时，自由基会以某种机制导致膜融合。如果是这样，这种天然的生物物理过程就可以作为后续自然选择的基础。

一种以上的性别，那么三种、四种都比两种更好。就算限定只能与不同性别的个体交配，那我们可以和种群中 2/3 或 3/4 的人交配，而不仅仅是一半。当然，交配仍然需要两个性伴，但没有什么明显的理由性伴侣不能是同性、多种性别，甚至雌雄同体的。现实中雌雄同体的生物在交配中遇到的麻烦，把这个问题的实质澄清了一点：双方都不愿意承担充任"雌性"的代价。雌雄同体的生物，比如扁形动物，交配时会竭尽全力防止自己受精。扁形动物交配时会进行一场激烈的阴茎攻防战，胜者的精液在败者身上蚀出开裂的伤口。这部活色生香的自然志，在逻辑上却是一种循环论证，因为这是在说，作为雌性理所当然会付出更高的生物代价。为什么会这样呢？雄性和雌性最本质的区别是什么呢？两性的区别非常深刻，但与拥有 X 还是 Y 染色体，甚至产生卵子还是精子都没有什么关系。比如某些藻类、真菌等单细胞真核生物，也有两种性别（至少是两种交配型）。它们的配子非常小，从外观上也无法分辨两性，但实际上两性的差异就像人类一样大。

最深刻的差异之一，在于线粒体的遗传。只有一种性别会把线粒体传给下一代，另一种则不会。无论是人类还是衣藻（*Chlamydomonas*）这样的单细胞藻类，都是如此。我们所有的线粒体都遗传自母亲，人类卵子中塞了大约十万个线粒体。而单细胞藻类尽管会产生完全相同的配子（即同形配子，isogametes），结合时也只有一个配子可以把线粒体传下去；另一个配子的线粒体会从内部被消化掉。准确地说，只有线粒体 DNA 会被消化掉，看来问题在于容不下这些线粒体的基因，而不是它的形态结构。这种情况真是非常古怪。我们前面刚刚讨论过，线粒体很可能会"煽动"有性生殖。其后果却不是使自己在细胞之间扩散，而是一半的线粒体会被消灭。这是怎么回事？

最直截了当的解释是线粒体之间的自私冲突。基因完全相同的细胞之间没有真正的竞争。我们体内的所有细胞就是这样摒弃了竞争，所以可以紧密合作，构成我们的身体。一个人所有的细胞，基因组成几乎一模一样，可以看作一团巨大的克隆体。基因不同的细胞就会竞争，所以有些突变的细胞（基因发生了改变）会变成癌细胞。基因不同的线粒体如果混在同一个细胞内，也会发生类似的情况。在这种恶性竞争中，无论是细胞还是线粒体，繁殖最快的会占优势，即便危害宿主、导致某种"线粒体癌症"，也在所不惜。原因在于，细胞本质上都是自我复制的个体，随时都准备生长和分裂，只等条件许可。法国诺贝尔奖得主弗朗索瓦·雅各（François Jacob）说得很精辟：每个细胞的梦想都是变成两个细胞。令人惊讶的不是细胞经常分裂，而是它们竟然能被限制这么久不分裂，这样才能形成人体。所以，两群不同的线粒体混在同一个细胞中，就是自找麻烦。

这个观点始于几十年前，支持者中不乏一些最杰出的演化生物学家，包括比尔·汉密尔顿（Bill Hamilton）在内。然而，也不是没有反对的声音。首先，有一些已知的例外：不同基因的线粒体混在同一细胞中，并非总会导致灾难性的结果。其次是一个实际的问题。假设有一个线粒体基因发生突变，取得了复制优势，突变体就会长得比其他线粒体都快。要么这个突变是致命的，线粒体就会和宿主细胞一起死亡；要么是良性的，突变就会散布到整个种群。任何能够限制突变线粒体传播的基因机制（比如某个核基因发生改变，能阻止线粒体混合）都必须快速出现，才能在突变线粒体散布至整个种群前将其阻止。如果所需的基因没能及时出现，等到突变体在种群中散布到固定下来的程度，那无论做什么都来不及了。但是，演化是盲目且没有先见之明的，它无法预见下一次线粒体突变。此外还有第三点：线粒体只保留了极少的基因。这让我怀疑，也许快速复制线粒体并不是什么坏事。可能有很多相关解释，但其中之一肯定是快速生长的线粒体占选择优势。这意味着，演化史上曾经出现过很多次加快线粒体复制速度的突变。它们并没有在有性生殖的演化过程中被剔除。

鉴于以上这些原因，我在以前的著作中提出了一个新观点：也许真正的原因在于，线粒体基因必须适应细胞核基因。在下一章中我会详细讨论这个观点。这里我们只需要理解关键一点：要让呼吸作用顺利进行，线粒体基因和细胞核基因必须密切合作。两个基因组中任何一个发生突变，都会影响个体的健康。所以我认为，线粒体的单亲遗传（即只有一种性别的线粒体会被合子继承），原因很可能在于改善两个基因组之间的相互适应。我自己觉得这个假设非常合理，如果没有泽娜·哈吉瓦西露（Zena Hadjivasiliou）的参与，可能我会一直这样以为。哈吉瓦西露是我和波米杨科夫斯基共同指导的博士生，她是一名很有能力的数学家，对生物学也萌发了兴趣。

哈吉瓦西露的研究显示，单亲遗传确实可以让线粒体基因组和核基因组互相适应得更好。原理很简单，与取样效应有关——后面我们还会用到这个效应。假设一个细胞有一百个线粒体，每个线粒体的基因都各不相同。如果抽出其中一个线粒体，把它单独放进另一个细胞，让它自我复制，直到新细胞中也有 100 个线粒体。除了极少数可能的新突变，这些线粒体都应该完全一样，是原版的克隆。现在回到原来的细胞，重复这些步骤，直到把 100 个线粒体都分别送进 100 个新细胞为止。现在的 100 个新细胞中都有不同的线粒体种群，有些很优秀，有些较差。这样操作的效果，是增加了细胞之间的**多态性**（variance）。如果只是把原来的细胞复制 100 次，结果是每个子细胞都有与母细胞差不多的混合线粒体群。自然选择无法鉴别后面这一群细胞，因为它们彼此太相似了。但是前一种做法通过抽样和克隆，制造出了一群不同的细胞，其中有些比母细胞更好，有些更差。

这是个极端的例子，但很能说明单亲遗传的意义。单亲遗传只从双亲之一抽样线粒体，所以能够增加不同受精卵之间线粒体的多态性。对自然选择而言，细胞的差异变得更容易辨识，因而也更容易剔除最差的细胞，留下更好的细胞。如此一来，整个种群的品质才能逐代改进。这种机制的原理和好处，与有性生殖有异曲同工之妙。只不过有性生殖增加的是核基因的多态性，而两种性别增加的是不同细胞之间线粒体的多态性，就这么简单。或者说，至少我们当时就是这么想的。

我们的研究方法，是直接对比有无单亲遗传时细胞的品质差异。截至目前，我们还没有考虑在一个双亲遗传（两个配子的线粒体都会遗传给后代）的种群中出现一个强制单亲遗传的基因后会发生什么状况。它会在种群中传播至固定状态吗？如果会的话，两种性别就成功演化出现了：一种性别的线粒体将传承下去，另一种性别的线粒体会被消灭。我们设计了一个数学模型来验证它的可能性。为了更好地对照，我们把自己的相互适应假说、前面提到的自私线粒体冲突假说，还有简单突变累积这三种模式都用数学模型实现，并进行对比。[1] 结果让我们惊讶，至少一开始相当令人失望。单亲遗传的基因在种群中很难扩散，更不可能达到固定状态。

问题在于，维持品质的代价取决于突变线粒体的数量。突变线粒体越多，代价就越高。单亲遗传的好处也与突变线粒体的数量有关，但是趋势正好相反。突变线粒体越少，好处就越小。换言之，单亲遗传的代价和好处并不是固定不变的，而是随着种群中突变线粒体的数量而改变；而这个数量本身，经过几代单亲遗传就会下降（图 29）。我们发现，这三种模型中，单亲遗传确实都会提高种群的品质；但是单亲遗传的基因一旦在种群中传播，它的好处就开始减少，直到被缺点抵消为止。最主要的缺点就是单亲遗传的细胞只能与种群中的一部分细胞交配。当单亲遗传细胞在种群中占到约 20% 的比例时，优缺点就会达到平衡。如果提高线粒体的突变率，平衡点的单亲遗传细胞占比可以上推到 50% 左右。但是与此同时，种群中的另一半细胞仍在内部互相交配；如果说有什么结果，就是会演化出三种性别。总之，线粒体遗传无法驱使生物演化出两种性别。单亲遗传可以增加配子之间的多态性，改善种群品质；但是，光凭这种优势并不足以左右生物交配型的演化。

1　从数学角度看，这三种假说只不过是彼此的不同版本，每个版本都取决于线粒体的突变率。在简单突变累积模式中，突变线粒体的累积速率当然取决于突变率。同样，当自私的突变线粒体出现时，它的复制会比一般种类快一些，所以新的突变线粒体会在种群中扩散。数学上这等同于更快的突变率，即在相同的时间内会出现更多的突变线粒体。相互适应（coadaptation）模式则完全相反。有效突变率降低的原因是核基因会适应线粒体的突变，让这个线粒体不再有害；根据我们的定义，它就相当于没有突变。

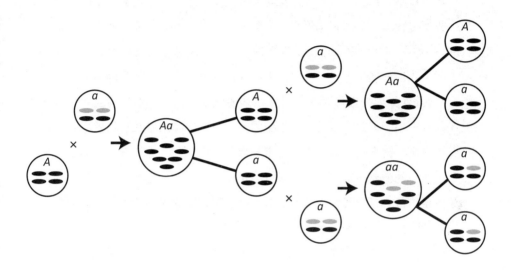

图 29 　线粒体遗传中品质优势的"泄漏"

　　图中的配子，它们的某个核基因有不同的等位基因，我们用 *A* 和 *a* 来表示。带有 *a* 基因的配子与另一个 *a* 基因配子结合时，二者都会把线粒体遗传给后代，这是双亲遗传。带有 *A* 基因的配子是单亲遗传突变体：当 *A* 配子与 *a* 配子结合时，只有 *A* 配子的线粒体会遗传下去。图中 × 记号代表配子的交配结合。第一次 *A* 配子与 *a* 配子结合形成了一个带有两种等位基因的合子，但是所有的线粒体都来自 *A* 配子。如果 *a* 配子中存在带有某些缺陷的线粒体（图中淡灰色的代表带有缺陷的线粒体，黑色的为正常的线粒体），那么它们在单亲遗传的过程中就会被清除。这个合子又产生了两个配子，一个带有等位基因 *A*，另一个带有等位基因 *a*。这两个配子又分别再与另两个带有缺陷线粒体的 *a* 配子结合。在图右上半部，*A* 配子与 *a* 配子结合又会产生一个 *Aa* 合子。因为所有线粒体都来自 *A* 配子，所以缺陷线粒体再次被清除。但在图右的下半部，当两个 *a* 配子结合时，缺陷线粒体就会进入 *aa* 合子。这两个合子（*Aa* 和 *aa*）又分别形成配子。经过几轮单亲遗传，原先 *a* 配子带有的缺陷线粒体被渐渐清除出种群，双亲遗传配子的品质得到提升。单亲遗传的品质优势就这样"泄漏"到种群中，最终反而阻止了自己的传播。

这个结果直接否定了我自己提出的假说，一时让人很难接受。我们继续尝试了各种能想到的调整，希望能得出更符合假说的结果。但我最终不得不承认，在各种可能的现实环境下，单亲遗传的突变基因都无法驱使生物演化出两种交配型。交配型一定是因为别的原因而演化出现的。[1] 即便如此，单亲遗传是现实的存在。如果我们无法解释它，那只可能是我们的模型出错了。实际上，我们的研究显示，如果两种交配型（出于其他原因）已经存在，那么在某些条件下，单亲遗传突变基因会在种群中趋于固定。条件就是细胞内有大量线粒体，且线粒体基因的突变率很高。这个结论似乎无懈可击，而且我们的解释更符合自然界中非单亲遗传的例外生物。还有，所有多细胞生物（包括人类）的线粒体都是单亲遗传。这让我们的理论面对多细胞生物更显得正确，因为多细胞生物的细胞普遍拥有大量线粒体，而且突变率更高。

这是一个很好的例子，证明了群体遗传学采用数学工具的重要性：任何科学假设，必须用尽可能规范的方法进行检验。在上面的实例中，规范的模型计算清楚显示，除非已经先有两种交配型存在，否则单亲遗传无法在种群中传播至固定状态。这是我们所能得到的最严谨的证明。不过，这个结果也算不上全盘否定。交配型和"真正的性别"（即雌性与雄性个体有非常明显的不同），二者之间的差别相当模糊。许多植物和藻类既有交配型也有性别。也许我们对性别的定义还不够精准，我们真正应该考虑的，是"真正的性别"的演化，而不是两种个体外形完全相同的交配型的演化。会不会是单亲遗传促成了动物与植物不同性别之间的明显差异？如果是这样，交配型的出现可能是基于其他原因，但真正的性别的演化，仍然可能由线粒体遗传推动。坦白说，这个逻辑听起

1　还有很多其他的可能原因，比如确保远缘交配、生物信号和外激素。既然有性生殖需要两个细胞结合，首先它们必须找到对方，还要确定对方是正确的细胞（属于同一物种）才行。细胞通常靠趋化性（chemotaxis）来寻找对方，也就是说它们会释放外激素（就像一种气味），然后其他细胞会沿着外激素的浓度梯度向上移动，寻找释放的源头。如果两个配子都释放同样的外激素，彼此就有可能搞混，然后追着自己释放的外激素转圈。最好只有一个配子释放外激素，而另一个游过去。所以，两种交配型的区别或许与求偶问题有关。

来很薄弱，不过仍然值得一试。这项研究的结论否定了我们自己从前的理论，但恰恰是因为我们没有从通常的预设条件出发，即认为单亲遗传是普遍存在的现象。这种严格的推论方式最后得出的结论不是我们所期待的，但另有启发意义。

不朽的种系，无常的肉体

动物有非常多的线粒体，我们使用它们提供能量，来支持我们高能的生活方式，这导致我们的线粒体有很高的突变率。对吗？既对也不对。我们的每一个细胞中都有数百到数千个线粒体。我们并不确知它们的突变率（直接测量很困难），但确实知道在很多代的时间跨度上，线粒体基因的演化速度比核基因快 10 ~ 50 倍。这意味着，单亲遗传在动物身上很容易达到固定。根据我们的模型，单亲遗传在多细胞生物中确实更容易固定。这些都在意料之中。

但若是把我们自己作为典型的动物考虑，则很容易被误导。最早出现的动物和我们大不一样：它们的形态类似于海绵或者珊瑚，是固着型的滤食动物，不会四处移动（至少在成年阶段不会）。它们的细胞没有很多线粒体也在意料之中，线粒体基因的突变率也很低，可能比核基因的突变率更低。这些材料就是博士生阿鲁纳斯·拉齐维拉维修（Arunas Radzvilavicius）的研究起点，他是又一位被生物学中的重大问题吸引的物理学家。身边有这么多跨界的优秀人才，我不禁会想：物理学中最有趣的问题，是否现在都出现在生物学领域？

阿鲁纳斯认识到，多细胞生物普通细胞的分裂效果与单亲遗传相似，它们都会增加细胞之间的多态性。为什么呢？因为细胞每分裂一轮，就会把线粒体群随机分配给两个子细胞。如果这些线粒体中出现少数突变，那么完全平均分配突变线粒体的概率会非常低。实际情况应该是，其中一个子细胞分到的突变线粒体比另一个多。这个机制重复作用，经过很多轮细胞分裂之后，最终增加了细胞之间的多态性。某些曾曾曾孙细胞，会比其他细胞累积更多的突变线粒体。这是好是坏，取决于具体是哪些细胞累积了损坏的线粒体，以及累积的数量。

以海绵为例。它们全身每个细胞都很相似，没有大脑或肠这类特化的组织。如果把一只活海绵切成若干小块（请勿在家中尝试），这些碎片都可以自行再生。海绵有这样的能力，是因为它几乎全身到处都有干细胞。干细胞既可以发育成新的生殖细胞，也可以发育成新的体细胞。从这个角度看，海绵就像是植物：它们都不会在发育之初先把特化的生殖细胞隔离储藏起来。相反，它们会使用散布在很多组织中的干细胞来产生配子。这两种发育方式的差异非常关键。人类在胚胎发育之初就已经把专门的生殖细胞藏好，哺乳动物通常绝不会用肝脏中的干细胞来制造生殖细胞。但是，海绵、珊瑚和植物却可以从很多不同的身体部位长出新的性器官，制造新的配子细胞。过去有不少针对这种差异的科学解释，大都基于细胞之间的竞争，都不太令人信服。[1] 阿鲁纳斯则发现，这些生物都有一个共同点：它们细胞中的线粒体数量都很少，突变率也很低，少数发生的突变也能通过分离（segregation）剔除。具体运作方式如下。

我刚刚说过，多轮分裂会增加细胞之间的多态性。生殖细胞同样如此。如果生殖细胞在胚胎发育之初就被藏匿起来，那么它们之间不会有多大的差异，因为只经历了少数几次细胞分裂，多态性不会很高。但是如果从成体组织中随机选择干细胞发育成生殖细胞，它们之间的差异就会大得多（图30）。多次细胞分裂让某些生殖细胞比其他细胞累积了更多突变，有些细胞会接近完美，另一些糟糕得可怕。这正是自然选择所需要的：可以淘汰糟糕的细胞，只让好的细胞存活下去。经过很多代后，生殖细胞的质量会越来越好。所以从成体组织中随机选择生殖细胞，比在发育早期就把它们"雪藏"起来效果更好。

1　例如，发育生物学家利奥·巴斯（Leo Buss）认为，会移动的动物细胞有可能出于自私的目的侵入生殖细胞，企图延续自身。而植物细胞则因为有细胞壁而无法移动，所以不需要形成带有差异的配子。但是，海绵和珊瑚也由可以移动的动物细胞组成，然而它们和植物一样，没有特化的生殖细胞。所以我很怀疑这种说法。

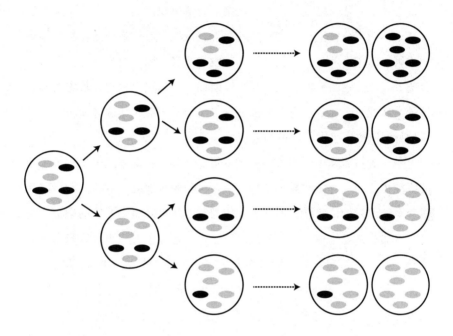

图 30　随机分离会增加细胞之间线粒体的多态性

　　如果一个细胞开始有不同类型的线粒体混合群体，这些线粒体先倍增，后在细胞分裂时大致平均分配给两个子细胞，那么每一轮细胞分裂中，子细胞分到的线粒体类型比例会略有不同。差异会随着一代代的延续而持续放大，因为每个子代分到的线粒体种群彼此之间的差异越来越大。如果图中右侧那些最终形成的子细胞成为配子，那么多次细胞分裂就会增加配子间的多态性。其中有些配子非常优秀，另一些则非常糟糕，这样会增加它们在自然选择下的能见度，达成和单亲遗传一模一样的效果，是一件好事。反之，如果图中右侧的子细胞将来成为新组织或新器官的祖细胞（progenitor），那么多态性的增加就是灾难性的。因为这样有些组织会运作良好，但另一些组织会存在缺陷，损害生物个体作为一个整体的品质。降低组织祖细胞之间多态性的方法之一，是增加合子细胞中的线粒体数量，这样一开始线粒体分配的基数会大得多，减少子代的随机差异。这可以通过增大卵子的尺寸和容量来实现，最终形成异配生殖（anisogamy，即很大的卵子，很小的精子）。

因此，增加多态性对种系的品质来说是有利的，但是对成体的健康，很可能是毁灭性的打击。坏的生殖细胞会被自然选择剔除，留下好的去播种下一代。但是坏的干细胞会发育成有缺陷的组织，很可能无法支持个体的生命。生物作为整体的品质，取决于品质最差的器官。如果我心脏病发作，那么肾功能的好坏就没有意义，因为全身的健康器官都会随着其他关键部分的死亡而死亡。所以，增加一个生物线粒体的多态性既有好处也有坏处。对种系的好处，可能会被对个体的坏处抵消，抵消的程度取决于组织的数量和突变率。

一个成体有越多的组织，就越有可能在某个关键组织中累积最糟糕的线粒体。相反，如果某个生物只有一种组织，那就不成为问题，因为不存在组织间的依赖性，不会有关键器官损坏危及整个个体的生存。所以，对那些只有一种组织的简单生物来说，增加多态性毫无疑问会带来优势。它对种系有好处，同时对身体又没有多少坏处。因此我们可以预测，最早出现的动物因为线粒体突变率低，组织分化也很少，所以线粒体应该是双亲遗传，生殖细胞也没有进行隔离。然而，当早期动物变得更加复杂，分化出多种组织，体细胞的多态性增加，成体的品质就会受到灾难性的影响，因为这样会不可避免地产生好组织和坏组织，就像刚才举到的心脏病的例子。为了增进成体的品质，线粒体的多态性必须减少，这样所有的新生组织才能接收到相似的、大致运作良好的线粒体。

要降低成体组织的多态性，最简单的办法是从一开始就让卵子具有更多的线粒体。根据统计学原理，如果把规模很大的线粒体初始种群分给好几个接受者，那么接受者之间的差异会比较小；如果初始种群很小，靠不断倍增复制再分给同样数目的接受者，接受者之间的差异会比较大。结论就是，增加卵子的体积、塞进更多的线粒体，会大有好处。根据我们的计算，一个导致卵子变大的基因会在简单的多细胞生物种群中迅速散播，因为它可以**降低**成体组织间的多态性，抹平灾难性的组织功能差异。另一方面，多态性的降低对配子没有好处，因为这样它们会变得彼此更加相似，对自然选择作用的"能见度"就会降低。这两种截然相反的倾向，如何才能调和？很简单！只需要两个配子中的卵子增大体积，另一个缩小体积成为精子，两个问题就都解决了。巨大的卵子降低了组织之间的多态性，增进成体的品质；而精子的线粒体被排除在受精卵之外，形成单亲遗传，结果是双亲中只有一方能把线粒体传下去。之前我们讨论过，线粒体的单亲遗传可以增加配子之间的多态性，可以增进它们的品质。对有多种组织的生物而言，从最简单的起点出发，就会倾向于演化出异配生殖（即外形差异很大的配子结合生殖，例如精子与卵子），同时伴随着线粒体的单亲遗传。

　　我要再强调一次，前面的种种推论，前提都是线粒体的突变率很低。对于海绵、珊瑚和植物来说，这是实际情况；但对于更"高等"的动物来说并非如此。如果线粒体突变率增高，又会发生什么呢？推迟制造生殖细胞的好处现在就没有了。我们的模型显示，这种情况下线粒体突变会快速累积，后期形成的生殖细胞中会充满线粒体突变。正如遗传学家詹姆斯·克罗（James Crow）的调侃："人类种群中最大的突变风险，来自生育能力尚存的老男人。"幸好，单亲遗传让男人的线粒体根本不会传给下一代。在高突变率的条件下，我们发现造成生殖细胞早期隔离的基因会在种群中广泛传播：在发育早期就把生殖细胞储存起来，让雌性配子处于雪藏状态，限制线粒体突变的累积。其他可以降低生殖细胞突变的适应性变化，也会受到自然选择的青睐。我的同事约翰·艾伦就发现，事实上雌性生殖细胞的线粒体像是被关掉了。早在胚胎发育时期，线粒体就被深藏在卵巢中的初级卵母细胞内，连同细胞一起被隔离。艾伦一直认为卵子中的线粒体是作为遗传"模板"存在，处于不活动状态，突变率较低。对于生活节奏快、线粒体多且突变率高的现代动物而言，我们的模型支持艾伦的观点。但是对于生活节奏缓慢的动物祖先，或者植物、藻类和原生生物这些更广的类群，这就不再成立。

　　所有这些有什么意义呢？其意义相当惊人：仅凭线粒体的变异问题，就足以解释多细胞生物中异配生殖（精子和卵子）、单亲遗传和种系的演化，以及雌性生殖细胞在发育早期被隔离的原因。这几点共同形成了雌雄两性各种差异的基础。简而言之，线粒体的遗传问题造成了两性之间绝大多数的真正差异。不同细胞线粒体之间的自私冲突可能也有一些影响，但并不是必要条件。种系-体细胞之间的差异演化，并不需要考虑线粒体的自私冲突就可以解释。重要的是，我们的模型推演出来的演化事件顺序，并不像我一开始预测的那样。我原先认为，线粒体单亲遗传应该是最古老的的状态，然后才演化出种系；而精子和卵子的演化是与两性分化联系在一起的。但我们的模型显示，最早的状态是线粒体双亲遗传，接下来出现的是异配生殖（出现了精子与卵子），然后才是单亲遗传，最后才是种系。这个修正后的演化顺序正确吗？不管哪一个版本，我们能够用来验证的信息都非常少。但这是一个明确的、可以验证的预测，我们很想付诸实验。首选的实验生物就是海绵和珊瑚。二者都有精子与卵子，但都没有隔离的种系。如果我们不断选择线粒体突变率高的个体，它们会发展出隔离的种系吗？

本章结束前，请再考虑几点深远的影响。为什么线粒体的突变率会变高呢？当生物活动增加，细胞和蛋白质的物质周转量随之增加，就会影响突变率。发生在寒武纪大爆发前夕的海洋充氧事件，催生了活跃的两侧对称动物（Bilateria）。它们有更强的活动能力，会造成线粒体突变率的升高（这可以通过种系发生学的测量来比较）。这会迫使这些动物隔离出专门的种系。这就是"不朽"的种系与寿命有限的体细胞在演化上的分歧点，同时也是死亡的起源。死亡是身体预先计划好的、命中注定的终点。种系的不朽在于它们可以不断分裂下去，既不会衰老，也不会死去。每一代生物都会在发育早期隔离存储一部分生殖细胞，作为下一代的种子。个体的配子细胞有可能受损，但每一代婴儿出生时都是崭新稚嫩的，这意味着只有生殖细胞具备永生不朽的潜力，就像海绵之类的生物从一小片组织重新发育成个体的能力。一旦这些特化的生殖细胞被藏匿起来，身体的其他部分就可以为了其他的专门用途而各自特化，不再因为需要在组织中保存永生的干细胞而受到限制。结果就是首次出现了不能自我再生的组织，比如大脑。这就是可丢弃的肉体。这些组织寿命有限，可以使用多久取决于这个生物需要多少时间才能繁殖下一代。这又取决于生物多快能长到性成熟、发育速度和预期寿命。性与死亡之间的权衡折中开始运行，而这正是衰老的根源。我们会在下一章详细讨论衰老问题。

在本章中，我们探讨了线粒体对真核生物的影响，其中一些影响至为深远。我们提出的中心问题是，为什么所有真核生物演化出的一系列共同特征，从未在细菌和古菌身上出现过？在上一章中，我们介绍了原核生物如何受制于它们的细胞结构，特别是需要基因在现场控制呼吸作用造成的限制。获得线粒体后，真核生物的选择场景就彻底改变了，它们的体积和基因组大小都可以扩张 4～5 个数量级。触发这种剧变的关键是两个原核生物之间的内共生作用，一个极其罕见的孤立事件。它的后果非常严峻，但又可以预测。严峻之处在于，缺少细胞核的细胞，会受到内共生体释放的 DNA 和基因寄生物的猛烈攻击；可预测性在于，宿主细胞每一阶段的反应，包括细胞核、有性生殖、两种性别和种系的演化，都可以在常规的演化遗传学框架内理解，尽管起点并不常规。本章中提出的某些观点或许会被证明是错误的，比如我提出的两性演化假说。但从中收获的更深入的理解，其意义之丰富远超我当初的想象：涵盖了种系和体细胞的分化，以及性和死亡的起源。我们通过严谨的数学模型挖掘出的生命逻辑，既美妙迷人，又有可预测性。宇宙中其他地方的生命向复杂性演化时，也应遵循相似的轨迹。

以这个视角看待整整 40 亿年的生命史，线粒体就处在真核生物演化的中心。近年来的医学研究也逐渐采纳了类似的观点：线粒体在控制细胞死亡、癌症、退行性病变[1]、生育力，以及其他许多方面发挥着重要作用。我主张把线粒体放在生理学研究的中心地位，可能会让一些医学研究者不满，认为我视野狭隘：在显微镜下观察任何一个人类细胞，你

---

1 随着年龄增长，人体细胞、组织、器官所发生的变性、坏死等病理变化。——编者注

都可以看到一群奇妙的细胞组件，线粒体虽然重要，也只是其中之一。然而，演化的视角和人类不一样。对演化而言，线粒体和宿主细胞在复杂生命的起源中是对等的伙伴。所有真核生物的特征，所有的细胞生理，都源于这一对伙伴之间绵延不断的角力与合作，至今仍在继续。在本书的终章，我们将探讨它们之间的互动如何影响我们的健康、生育力和寿命。

第四部

预　言

7
力量与荣耀

〇

　　基督，全能的主（Christ Pantocrator），他是普世的君王。[1] 即使在东正教圣像画的范畴之外，也很少有比描绘基督的神人二性更难的艺术挑战。基督既是神也是人，全人类严厉又慈爱的审判者。有时他的左手持着《约翰福音》："我是世界的光，跟从我的，就不在黑暗里走，必要得着生命的光。"肩负如此重大的使命，难怪全能的主在圣像画中总是显得神情忧郁。对优秀的艺术家来说，光是在人类脸上表现出神性还不够，他们还用马赛克镶嵌作画，将圣像高悬于壮丽大教堂祭坛上方的穹顶。我无法想象，需要怎样高超的技巧，才能设计出这么精确的透视效果，才能捕捉到脸庞上生动的光影，才能赋予每一粒彩石神圣的意义？每一小块镶嵌着的贴片，都浑然不知在宏大的构图中自己会身在何处，但对于整体的意义同样至关重要。我知道艺术家的一点小失误都有可能让造物主的脸上出现滑稽的表情，糟蹋掉整幅作品。然而当它制作得无上完美，比如西西里岛切法卢大教堂（Cefalù Cathedral）的圣像，即使是最不信宗教的人，都能在其中看见神的面目。这是永恒的艺术丰碑，

1　"基督，全能的主"是东正教圣像艺术中最常见的主题之一。人物的姿势和表情、绘画的方式和场所、相关的宗教符号学内容等都有非常规范的要求。——译者注

让后世见证无名工匠的天才巧艺。[1]

我并不是要把本书带往奇怪的方向，只是震撼于马赛克艺术对人类的感染力，以及生物学中"马赛克艺术"类似的重要性。我们的蛋白质和细胞都由模块拼合而成，这与我们的审美观念是否存在下意识的关联呢？我们的视网膜由数百万个感光细胞——视杆细胞和视锥细胞组成，每个感光细胞都随着光信号的变化关闭或激活，形成马赛克般的拼贴画。这些神经信号整合为图像的各种琐碎特征，比如亮度、颜色、对比、边缘和运动等，然后在大脑的视觉皮层重建出神经嵌合图像。马赛克拼贴画能触动我们的情绪，一部分原因正是它以碎片化的形式反映了现实，其运作方式类似于我们的意识。细胞能这样工作，原因在于它们本身就是模块单元，是有生命的贴片，每一块都有自己的位置和任务。40万亿块小贴片组成了奇妙的三维立体拼贴画，一个活生生的人类。

类似于马赛克的嵌合现象，在生物化学中更是根深蒂固。以线粒体为例，大型呼吸蛋白把电子从食物传递给氧气，同时把质子泵过线粒体内膜，而它们都是由很多蛋白亚基拼合而成。比如最大的呼吸蛋白复合体 I，由 45 个不同的蛋白质组成，其中每一个蛋白质又是数百个氨基酸连成的长链。这些呼吸蛋白复合体还会组成更大的超复合体（supercomplex），形成传递电子的隧道。数千个超复合体，每一个都像奇妙的拼贴画，装点着线粒体这座庄严的圣堂。对生物来说，这些拼图的品质生死攸关。把圣像错画成滑稽画可不是开玩笑的，但呼吸蛋白中的一些部件如果稍微放错位置，给生物带来的灾难性后果，可能和《旧约》式的惩罚一样可怕。一个氨基酸的位置错误，只是生物拼贴画中最小的贴片而已，就已经可能导致肌肉或大脑严重退化，甚至

1　切法卢大教堂始建于 1131 年，此时距离诺曼人于 1091 年征服西西里，已经过去了 40 年。征服西西里的战役始于 1061 年，稍早于更为著名的英格兰诺曼征服，持续了 30 多年时间。这座大教堂是西西里国王罗杰二世为感谢上帝让自己在海难中逃生而兴建。诺曼人治下的西西里建造了许多美丽的教堂和宫殿，大都结合了诺曼式建筑原型、拜占庭式马赛克装饰和阿拉伯式圆顶。切法卢大教堂的基督圣像出自拜占庭工匠之手，有人认为它比著名的圣索菲亚大教堂基督圣像更精妙。无论如何，切法卢大教堂都非常值得一游。

早夭。这就是线粒体疾病。线粒体疾病是遗传病，严重程度和发病年龄很难预测，取决于具体出错的拼图和错误频率。但所有的线粒体疾病都反映了线粒体对于我们生存的核心重要性。

正如圣像的神人二性，呼吸蛋白具有独特的线粒体基因与核基因双重性质，互相完美镶嵌，犹如天作之合。图31展示的是把电子从食物传递给氧气的呼吸链，它的蛋白质排列方式非常奇怪。图中的深色部分表示线粒体内膜上的核心蛋白，大部分都由线粒体自己的基因编码。浅色部分表示其他的蛋白质，由核基因编码。在20世纪70年代早期，我们就已经知道这种奇怪的配置。那时刚刚发现，线粒体的基因组太小，所以不可能编码线粒体中的大部分蛋白质。从前有理论认为线粒体仍然独立于宿主细胞生活，这个发现也将其推翻。线粒体表面上有自主性，好像随时想分裂就分裂，但这只是假象。事实上，它们功能的正常运转依赖于两个不同的基因组。只有在两个基因组都正常供应全套蛋白质的前提下，它们才能生长和运作。

让我解释一下这到底有多古怪。细胞的呼吸作用依赖于嵌合式的呼吸链，组成它的蛋白质由两个差异很大的基因组编码。电子需要沿着呼吸链从一个氧化还原中心跳到下一个，才能抵达氧气。我们在第二章中详细讨论过氧化还原中心：它们就像过河的踏脚石，通常一次只能接受或给出一个电子。这些氧化还原中心深埋在呼吸蛋白内部，它们的精确位置取决于蛋白质的结构，而蛋白质结构又取决于编码的基因序列；所以它们与线粒体基因组和核基因组都有关。我之前还提到，电子通过量子隧道效应运动，在呼吸中心之间瞬间出现和消失，其分布概率与几个因素有关：氧气的吸引力（也就是下一个氧化还原中心的还原电位）、相邻氧化还原中心之间的距离，以及占位性（occupancy，下一个氧化还原中心是否已被电子占据）。氧化还原中心之间的精确距离特别重要，因为量子隧道效应只能在极短的距离内发生——必须小于14埃（回顾一下：1埃大约是原子的直径大小）。中心之间的距离如果大于这个数字，就跟无限远没有区别；因为超过这个距离以外电子跳跃的概率趋近

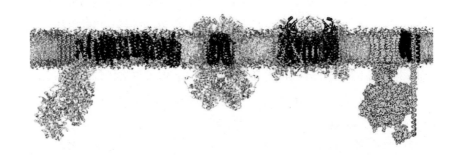

图 31　嵌合式的呼吸链

　　图中是复合体 I（左边）、复合体 III（中左）、复合体 IV（中右），以及 ATP 合酶（右边）的蛋白质结构图，它们全都镶嵌在线粒体内膜上。深色的亚基由线粒体内的基因编码，几乎完全埋在内膜里面。浅色的亚基由核基因编码，大部分裸露在膜的边缘或外面。这两套基因组的演化方式迥然不同：线粒体基因通过无性生殖母系遗传；核基因则通过有性生殖遗传，每一代都会进行基因重组。而且，动物的线粒体基因积累突变的速度比核基因快了近 50 倍。尽管有这些加强分化的倾向，自然选择通常还是能淘汰有功能缺陷的线粒体，在长达数十亿年的漫长演化史中，近乎完美地维持线粒体的功能。

于零。在这个临界距离以内，跳跃的概率与距离有关，而两个中心之间的距离又取决于两个基因组之间如何互动。

两个中心之间的距离每增加 1 埃，电子的传递速率就会降低为原来的 1/10。我再强调一次：电子传递速率与氧化还原中心之间的距离关系，是 10 倍 /1 埃的指数负相关！ 1 埃的距离大约就是两个相邻原子之间电子作用的距离，比如蛋白质中带正电和带负电的氨基酸之间形成的氢键，作用距离差不多就是这么远。如果一个基因突变改变了某个蛋白质中的某个氨基酸，原先的氢键就有可能打破，或者形成一个原先没有的氢键。整个氢键网络的构型会改变一点，而氧化还原中心的位置是被氢键网络的一部分束缚而定的，也就有可能稍微移动。这种位移距离可能只有 1 埃，但通过量子隧道效应会被指数级放大。1 埃的位移距离，足以让电子传递速度变慢或者变快整整一个数量级。这就是为什么线粒体的突变会导致如此严重的后果。

线粒体基因组和核基因组不断分歧，会让这种脆弱的平衡更加岌岌可危。在上一章中我们讨论过，有性生殖和两性的演化，很可能都与细胞获得线粒体有关。有性生殖对维持大型基因组中个体基因的正常运作是必需的，而两性有助于维持线粒体的质量。这导致的意外后果就是，两个基因组的演化方式完全不同。核基因每一代都会在有性生殖过程中发生基因重组，而线粒体基因是母系单亲遗传，几乎不会发生基因重组。更糟的是，以代际间序列变化来衡量，线粒体基因的演化速度比核基因快了 10 ~ 50 倍（至少在动物中都是这样）。这意味着，由线粒体基因编码的蛋白质不但变化得更快，变化的模式也与核基因编码的蛋白质大不一样。尽管如此，二者还必须在几埃的尺度上紧密配合，保持电子在呼吸链中有效传递。呼吸作用，生命力的来源，所有生物的核心代谢过程，居然是这样拼凑出来的！还有比这更荒唐的配置吗？

那么，生命是怎么走到这个地步的？这大概是演化的短视最好的例子，这个疯狂的解决方案几乎无可避免。回想这一切的出发点：从一个细菌住进另一个细菌体内开始。如果没有这种内共生关系，就不可能出现复杂的生物，因为只有自主的细胞才能主动丢弃多余的基因，最后只留下局部控制呼吸作用的必要基因。这大致还算合理，但丢弃基因数量的唯一限制就是自然选择，而自然选择会同时作用于宿主与线粒体。什么会导致细胞丢弃基因呢？最简单的原因就是繁殖速度，基因组越小的细菌繁殖得越快，长此以往就会成为主流。但繁殖速度只能解释为什么线粒体要丢弃基因，无法解释为什么这些基因会进入核基因组。上一章中我们解释过后者：因为一些线粒体死亡后，其 DNA 释放到宿主胞质溶胶中，然后被细胞核纳入。这个过程会持续进行。一些迁移到细胞核的 DNA 后来获得了一段导向序列，就像一个地址代码，让基因编码的蛋白质定向回到线粒体内工作。

这听起来像是偶然事件，但事实上，现在已知 1 500 个定向到线粒体的蛋白质，全是这种情况。显然，这没有多难。演化中必定有一个过渡阶段，在细胞核和幸存的线粒体中同时存在同一个基因的拷贝。最终，其中一方总会被丢弃。除了我们线粒体中保留的 13 个蛋白质编码基因（只占原先基因组的不到 1%），都是核基因组的拷贝被保留，线粒体的拷贝被丢弃。这种明确的趋势看起来不像是随机作用。为什么总是偏向核基因组的拷贝呢？很多解释都言之成理，但理论上还无法确定哪一个解释才是正确的。一个可能的影响因素是雄性的品质。因为线粒体是母系遗传，从母亲传给女儿，所以不可能对有利于男性的线粒体基因变体进行选择。男性线粒体中即使突变出有利于男性的基因，也不会传下去。而把绝大部分基因转移到细胞核，它们就可以同时传给男性和女性后代，也就可以同时改进男性和女性的品质。因为核基因每一代还会通过有性生殖进行重组，改进效果可能会更进一层。另一个可能的原因是，线粒体的基因很占空间，腾出来就可以放置进行呼吸作用或其他过程的结构，增进线粒体的效率。最后，从呼吸作用中逃逸的自由基会导致附近的线粒体 DNA 突变，所以基因最好不要放在附近。关于自由基对细胞生理的影响，后面我们还会谈到。总之，基因从线粒体转移到细胞核，有各种很好的理由；为什么还会有任何基因留在线粒体，倒是比较奇怪。

为什么呢？第五章中我们讨论过，原因是必须要有基因留下来现场控制呼吸作用，最终达成了去与留的平衡。回想一下，线粒体内膜两侧有 150~200 毫伏的电位差，相当于每米三千万伏特的电场，强如一道闪电。为了控制如此强大的膜电位，必须有基因在现场，迅速应对电子流、氧气供应、ADP/ATP 比例、呼吸蛋白数量等变化。如果某个控制呼吸作用所必需的基因转移到了细胞核内，它制造的蛋白质就有可能来不及运回线粒体，无法制止一场灾难，自然的伟大"实验"也就立即结束。所以，没有把这个基因转移到细胞核的动物（和植物）存活了下来，而送错基因的生物却死掉了。错误的基因配置也就跟着它们一起消亡。

自然选择是盲目而无情的。基因持续从线粒体向细胞核迁移，如果新的配置运行较好，基因就会留在新家；如果不好，惩罚就会降临，多半以死亡的形式。最终，几乎所有的线粒体基因不是彻底丢失，就是搬到了细胞核内，只剩下一小队不可或缺的基因留在老家。这种盲目的选择正是嵌合式呼吸链的成因。盲目，但行之有效。任何一个有智慧的工程师都不会这样设计；但是，以两个细菌之间的内共生作用为起点，自然选择要创造出一个复杂的细胞，这是唯一的方式。我们将在本章中探讨嵌合式线粒体带来的种种后果：从这种基因配置出发，可以对复杂细胞的特征做出多少预测？我的观点是，对嵌合式线粒体的自然选择，确实可以解释真核生物某些最令人费解的共同特征。这些选择的后果包括我们的健康、品质、生育力和寿命，甚至还远远关系到人类的物种演化史。

论物种起源

我们知道自然选择的作用。但自然选择的作用究竟如何发挥，又具体作用在哪里？很多基因序列留下了痕迹，见证了线粒体基因与核基因在自然选择压力下相互适应的历史。我们可以比较一段时间内线粒体基因和核基因的改变速度，比如黑猩猩与人类或大猩猩分离之后的数百万年时光。我们立即就能发现，直接互相关联的基因改变速度大致相同，比如编码呼吸链蛋白的各个基因；而其他核基因的改变（演化）速度则慢得多。很明显，线粒体基因的变化会导致与它们互动的核基因发生代偿性改变（compensatory change），反之亦然。所以我们知道发生了某种形式的自然选择。问题在于，这样的相互适应是通过什么样的过程进行的？

答案就藏在呼吸链的生物物理结构中。考虑一下，如果线粒体基因组与核基因组配合不佳，会发生什么？电子会照常进入呼吸链，但是配合不良的基因组会制造出配合不良的蛋白质。某些氨基酸之间的电荷互动（氢键）会被打断，一两个氧化还原中心之间可能会比正常距离远了1埃，结果是电子在呼吸链中流向氧气的速度只有正常速度的零头。由于下游的氧化还原中心腾空缓慢，电子无法向前移动，只能在上游的中心堆积。呼吸链变成了高还原态，各个氧化还原中心塞满了电子（图32）。前几个氧化还原中心都是铁硫簇，其中的铁在高还原态下会从 Fe^{3+} 变成 Fe^{2+}（被还原）。Fe^{2+} 可以直接与氧气反应，生成带负电的超氧自由基 $O_2^{\cdot-}$（superoxide radical）。该符号中的黑点代表一个未成对电子，也就是自由基的定义特征。一旦产生了自由基，麻烦就大了。

细胞中有很多机制都能迅速清除累积的超氧自由基，尤其是超氧化物歧化酶（superoxide dismutase），但是这类酶的合成数量会受到严格的调控。太多的话，反而会有关闭局部报警信号的风险。自由基就像火灾放出的烟雾；光是除掉烟雾并不能解决问题。现在的根本问题在于两个基因组的运作配合不良，电子流动受阻，因此产生超氧自由基，就像冒出的烟雾警示着火灾的发生。[1]自由基数量超过一定的阈值，

1　大部分自由基泄漏都来自复合体 I。复合体 I 中氧化还原中心之间的距离表明，这是故意的。之前我们讲过量子隧道效应的原则：电子会从一个中心"跳"到下一个中心，概率取决于距离、占据状态和氧气的"拉力"（还原电位）。电子流在复合体 I 中一开始就有岔路，在主通道中，大部分中心的间距在 11 埃以内，因此电子可以很快地从一个中心跳到下一个中心。辅路是一条死胡同，电子能进去，却很不容易离开。在分岔点上，电子会面临"选择"：距离主通道的下一个中心 8 埃；距离辅路的下一个中心 12 埃（见图 8）。正常情况下，电子当然会流向主通道。但如果这条通道的电子拥堵，还原态很高，辅路上的中心就会积聚电子。辅路的氧化还原中心处在边缘位置，很容易与氧气反应产生超氧自由基。测量结果显示，这里的铁硫簇是呼吸链中主要的自由基泄漏来源。我认为，这是一种在电子流太慢、无法满足需求时促进自由基泄漏、放出"烟雾信号"的机制。

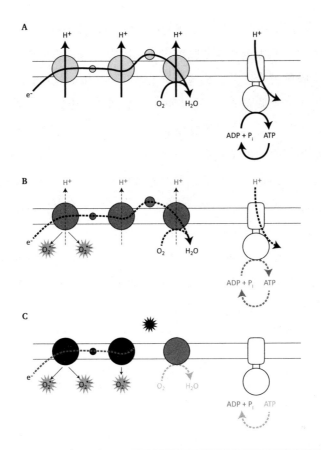

图 32　线粒体在细胞死亡中的角色

　　小图 **A** 显示正常电子流沿着呼吸链流向氧气（波浪箭头），提供泵出质子的动力，质子从 ATP 合酶的回流（右边）驱动 ATP 合成。三个嵌在膜上的呼吸蛋白呈浅灰色，代表这些复合体的还原态不高，电子没有累积在复合体中，而是快速通过，传递给氧气。小图 **B** 显示在线粒体基因组与核基因组不兼容的情况下，电子流变慢所导致的各种结果。更慢的电子流会降低氧气消耗量，限制质子泵出数量，降低膜电位，妨碍 ATP 合成。深灰色的蛋白复合体代表电子在呼吸链中迟滞堆积的状态。复合体 I 呈高还原态，因而很容易与氧气直接反应，形成超氧自由基等自由基分子。小图 **C** 中，如果这种状态不能在几分钟内得到缓解，自由基分子就会与膜脂质发生反应，特别是心磷脂，使细胞色素 c 从膜上脱离（小图 **A** 和 **B** 中松散连在膜上的小蛋白质，在小图 **C** 中脱离了）。细胞色素 c 的流失会完全中断电子流，让呼吸蛋白的还原态更高（现在用黑色表示），进一步增加自由基泄漏，使膜电位和 ATP 合成崩解。这些因素会共同启动细胞的程序性死亡，导致细胞凋亡。

就会氧化附近的内膜脂质，尤其是心磷脂（cardiolipin），这会造成一种呼吸蛋白——细胞色素 c 脱离内膜，因为细胞色素 c 通常都松散地系留在内膜的心磷脂上。细胞色素 c 是呼吸链中电子通往氧气的必经之路；失去了细胞色素 c，电子再也无法到达呼吸链的终点，电子流也就完全中断。没有电子流就没有质子泵，膜电位也会很快崩解。所以，呼吸作用中的电子流有三个变化阶段：首先是电子流减缓，ATP 合成速度随之降低；然后是高还原态的铁硫簇与氧气直接反应，产生大量自由基，导致细胞色素 c 脱离内膜；最后，没有什么措施来补救这些变化，线粒体膜电位就会崩解（图 32）。

我刚才描述的，是细胞内部的一系列奇特过程，首次发现于 20 世纪 90 年代中期，在当时的生物学界引起了"一片目瞪口呆"。这就是细胞程序性死亡（或称细胞凋亡，apoptosis）的触发机制。细胞进入凋亡程序后，如同以精心编排的芭蕾舞动作自杀，上演着细胞版的"天鹅之死"[1]。它不会简单地分解成碎片，而是会从内部释放出一大群蛋白质刽子手：半胱天冬酶（caspase enzyme）。它们会把细胞中的 DNA、RNA、碳水化合物和蛋白质等大分子切成碎片。这些碎片会用小块的细胞膜包起来，形成一个个囊泡，再喂给周围的细胞。几个小时之内，这个细胞的一切存在都会消失，连一丁点历史痕迹都不会留下。整个过程干净利索，就像克格勃在莫斯科大剧院抹去某个人的存在。[2]

对多细胞生物来说，细胞凋亡完全合理。胚胎发育时期需要这样的过程来塑造组织，也需要它来清除和替换受损的细胞。真正令人惊讶的是线粒体在这个过程中的中心地位，尤其是最标准的呼吸蛋白——细胞色素 c 的关键作用。为什么细胞色素 c 从线粒体泄漏，会成为细胞的死

---

1 "天鹅之死"是著名古典芭蕾独舞，由传奇的俄国芭蕾舞女演员安娜·巴甫洛娃（Anna Pavlova）于 1905 年首演。原版的编舞表现了一只天鹅临死前的美丽从容和平静接受。——译者注
2 1979 年，在苏联莫斯科大剧院芭蕾舞团访美途中，苏联著名芭蕾舞演员亚历山大·戈杜诺夫（Alexander Godunov）在纽约叛逃，向美国申请政治避难，酿成了轰动的政治事件。当时美苏领袖都亲自过问。此事大伤苏联的脸面，事后克格勃整肃了莫斯科大剧院，尤其致力于抹杀戈杜诺夫的一切名誉和记忆。作者这个比喻显然是顺着前面的"芭蕾舞自杀"比喻产生的联想，并影射这个事件。——译者注

亡信号呢？这个机制自从发现以来，变得越来越神秘。现在我们发现，这一整套事件，包括 ATP 水平下降、自由基泄漏、细胞色素 c 泄漏和膜电位崩解，是所有真核生物共有的信号。从植物细胞到酵母菌，面对这套信号的共同反应都是自杀。这出乎所有研究人员的意料。然而，从基本原理出发，考虑自然选择作用于两个基因组的话，这是不可避免的结果，而且可以预料它是所有复杂生物共有的特征。

如果线粒体基因和核基因不能协调工作，电子在配合不良的呼吸链上拥塞，生物物理过程的自然结果就是细胞凋亡。这个例子完美展现了自然选择如何雕琢一个必然发生的过程的：这是一种经由自然选择精雕细琢的天然趋势，最终演变成了复杂的基因机制；而在机制的深处，仍然埋藏着它的起源线索。大型复杂细胞若要生存，必须由两个基因组协调工作，否则呼吸作用就会出问题。如果它们配合不佳，细胞就会以凋亡的方式被消灭。这可以看作是一种功能性选择，剔除那些两个基因组不匹配的细胞。正如俄裔演化生物学家狄奥多西·杜布赞斯基（Theodosius Dobzhansky）的名言："如果不从演化的角度来看，任何生物学现象都没有道理。"

这样我们有了一个机制，可以淘汰基因组搭配不良的细胞；搭配良好的细胞则会留存下来。很多代之后，结果正如我们所见：线粒体基因组和核基因组互相适应，一个基因组的序列变化会造成另一个基因组的补偿性序列变化。我们在上一章中讨论过，两种性别可以增加雌性生殖细胞之间的多态性。子代的卵子含有亲代线粒体种群的克隆，而不同的卵子放大了不同克隆的差异。有些线粒体克隆种群恰好可以与受精卵的细胞核良好配合，其他的则差一些。协调不够好的细胞都会通过细胞凋亡淘汰，配合运作良好的会存活下来。

在什么过程中存活呢？对多细胞生物来说，答案显然是发育。从一个受精卵（合子）开始，细胞会不断分裂，形成新的个体。这个过程会受到精密的调控。在发育过程中，意外凋亡的细胞会危及整个发育程序，可能导致胚胎发育失败，造成流产。这不一定是坏事。从自然选择的无情立场来看，与其投入过多的资源、让不够完美的发育完成，不如早点终止。如果任其发育到出生，新个体的核基因和线粒体基因无法兼容，可能导致线粒体疾病；病从胎来，结果就是早夭。另一方面，如果核基因和线粒体基因一出现不兼容的迹象就早早终止发育，生殖力当然会降低。如果不能发育到成熟的胚胎占的比例太高，后果就是生物的不育。子代的品质 vs. 亲代的生殖力，二者之间的利弊权衡是自然选择最核心的意义。何种程度的不兼容会启动细胞凋亡，而哪些情况可以容忍，二者之间的界定必须有精确的控制。

这些听起来都是干巴巴的理论。而且，兼容与否真的很重要吗？非常重要！至少某些实例显示了它的重要性，而这只是整个生物界的冰山一角。美国斯克里普斯海洋研究院（Scripps Marine Research Institute）的生物学家罗恩·伯顿（Ron Burton）提供了一个最好的例子。伯顿研究加利福尼亚虎斑猛水蚤（*Tigriopus californicus*，一种海洋桡足类动物）线粒体与核基因的不兼容性，已经超过十年。桡足类是小型甲壳动物，身长 1～2 毫米，几乎分布在所有的潮湿环境中。伯顿研究的这种水蚤，生活在南加州圣克鲁斯岛（Santa Cruz）的潮间水洼中。他让分布在岛两侧的两群水蚤进行杂交。这两群水蚤的栖息地尽管相隔只有几公里，数千年间却各自独立繁殖。伯顿和同事记录了水蚤杂交中的杂种衰退（hybrid breakdown）现象。有趣的是，两个种群杂交产生的第一代子代并没有受到太大影响；但是，用第一代的杂种雌性与原来的亲本种群雄性回交，产生的后代却出现了严重的病态——用伯顿论文的标题来形容，就是处于"悲惨状态"。这种回交会产生各式各样的后果，但是平均而言，回交杂种后代都很不健康：它们的 ATP 合成降低了大约 40%，反映在存活率、生殖力和发育时间上都显著（这里的发育时间指的是从出生到变态发育阶段所需的时间，取决于身体大小，因此也与生长速度有关）。

这一切的后代品质问题，都可以归咎于线粒体基因与核基因的不兼容性，用一个简单的办法可以解决：杂种雄性后代与母本的纯种雌性回交，产生的后代品质完全回到了正常状态。反向的实验，即用杂种雌性后代与父本雄性回交，就没有任何好效果，后代不但仍然出现病态，还越来越严重。这些实验结果很容易理解：子代的线粒体永远来自母亲，若要良好运作，与它配合的核基因需要与母亲的核基因尽量相似。但杂交的雄性来自基因差异很大的另一个种群，会让母系的线粒体基因与一套不太兼容的核基因搭配运作。杂交的第一代子代问题还不太严重，因为核基因中还有一半来自母亲，与线粒体配合良好。但是，杂种雌性回交产生的第二代子代身上有 75% 的核基因来自不匹配的种群，就出现了严重的品质衰退。而将雄性杂种与母本的纯种雌性回交，可以让核基因中来自母本的成分增加到 62.5%，与线粒体基因的匹配程度得到提升，个体恢复健康。但是反向的杂交操作结果正好相反，母系的线粒体基因有 87.5% 与核基因不匹配，难怪它们会呈现悲惨的病态。

这就是杂种衰退。我们大多数人熟悉的概念是杂种优势（hybrid vigour）：远系杂交产生基因优势，因为亲缘关系较远的个体更不容易在相同基因上出现相同突变，所以，继承自母亲和父亲的等位基因很可能是互补的，可以增进个体的品质。但是，杂种优势也仅止于此。如果真让不同种的生物交配，后代很可能无法存活或无法生育，这就属于杂种衰退。事实上，亲缘关系相近的不同物种之间的生殖隔离，远不如教科书中的理论描述得那样滴水不漏。野生状态下的相近物种通常会因为行为模式的差异而忽略彼此；但在圈养状态下经常可以成功交配。传统的物种定义是，如果两个种群交配后产生的后代不可育，则二者划分为不同物种。对于很多相近的物种来说，这其实并不正确。不过，随着时间推移，不同的物种继续分化，确实会逐渐形成生殖隔离，最终，杂交产生的后代确实不可育。同一物种的不同种群必须各自独立繁殖很久（就像伯顿研究的水蚤那样），杂交时才会开始出现生殖隔离。在伯顿的例子中，杂种衰退完全可以归咎于线粒体基因组与核基因组的不兼容。而这种不兼容，是否造成了物种起源中更普遍的杂种衰退现象？

我认为有可能。这当然只是众多机制之一，但是在很多物种之中，包括苍蝇、黄蜂、小麦、酵母甚至小鼠，都有这种"线粒体-核"（mitonuclear）衰退的现象。真核生物的两套基因组**必须**协调运作，这意味着物种分化（speciation）是真核生物不可避免的发展趋势。而且它的影响有时比其他机制更明显，原因就在于线粒体基因的演化速度。在桡足类动物的例子中，线粒体基因的演化速度比核基因快了 50 倍。而果蝇（*Drosophila*）的线粒体基因演化速度慢得多，只有核基因的两倍。因此，线粒体-核衰退的现象在桡足类动物中比果蝇严重得多。一定时间内，更快的变化速度会导致基因序列出现更多差异；所以当不同的种群杂交时，更有可能出现基因组不兼容的现象。

为什么动物的线粒体基因演化速度比核基因快得多，原因还不清楚。线粒体遗传学先驱道格·华莱士（Doug Wallace）认为，线粒体处于生物适应的最前线。线粒体基因的快速演变，让动物能够迅速适应食物和气候变化。这是适应的第一步，之后才是更缓慢的形态适应。我喜欢这个理论，虽然至今没有多少证据来支持或反对它。但如果华莱士是正确的，那么适应是通过不断推出新的线粒体基因序列供自然选择而实现的。这些变化除了帮助生物适应新环境，同时也揭开了物种分化的大幕。这符合生物学中一条奇特的老法则，由演化生物学的奠基人之一霍尔丹（J. B. S. Haldane）首先提出。对这条法则的最新诠释，揭示了线粒体-核的相互适应对于物种起源、对于我们自身的健康都有重大意义。

性别决定与霍尔丹法则

霍尔丹有很多独具慧眼、令人难忘的观点。1922 年，他提出了下面这条著名的法则：

> 异种动物相互交配产生的杂种一代中，如果有一种性别缺失、稀少或者不育，那么这一性别就是杂合（heterozygous，也可称为

异配 heterogametic）性别。

如果他用的不是"杂合性别"这个艰涩的术语，而是直接说"雄性"，别人会更容易理解，但普适性会差一些。哺乳动物中的雄性是杂合的（或称异形配子），即它们有两种不同的性染色体：一条 X 和一条 Y 染色体。雌性有两条 X 染色体，所以它们的性染色体是纯合的（homozygous），或称同形配子（homogametic）。鸟类和某些昆虫的情况正好相反。它们的雌性反而是异形配子，有 W 和 Z 两种染色体；雄性则是同形配子，有两条 Z 染色体。假设有两个亲缘关系很近的物种，雄性与雌性杂交，生下了可以存活的后代。但仔细考察这些杂种后代会发现，要么所有的后代只有雄性或雌性一种性别；要么虽然两种性别都有，但是其中一种不育或残废。霍尔丹法则指出，这个缺少或者有缺陷的性别，在哺乳类中是雄性，在鸟类中是雌性。自 1922 年以来，科学家搜集到了多达数百个符合霍尔丹法则的物种，广泛分布在很多动物门中。例外情况非常少，在生物学这个充满例外的领域中格外引人注目。

霍尔丹法则有很多言之成理的解释，但没有一种可以解释所有情况，所以没有一种能够令人完全信服。比如，一种解释认为，性选择对雄性的影响更大，因为雄性必须彼此竞争以吸引雌性的注意力（准确地说，与雌性相比，雄性之间的生殖成功率存在更大的方差，使雄性性征更加突出，性选择的作用更强）；因此不同动物杂交时，雄性更容易受到杂种衰退的影响。这个解释的问题在于，它无法解释为什么雄鸟反而比雌鸟更不容易受到杂种衰退的影响。

另一个困难在于，霍尔丹法则广泛适用，似乎超出了性染色体能够解释的范围，在更宽广的演化视野中，只通过性染色体解释演化现象显得有些狭隘。许多爬行动物与两栖动物根本不含性染色体，而是通过环境温度来决定性别。在比较温暖的环境中孵化的卵会发育成雄性；在比较寒冷的环境中孵化的卵会发育成雌性——偶尔也会倒过来。性别显然是动物基础而重要的特征，但不同的物种决定性别的机制五花八门，令人困惑。寄生虫、染色体数量、荷尔蒙、环境因素、压力、种群密度，甚至线粒体，都可能决定动物的性别。即使在性别完全不由性染色体决定的情况下，两种性别之一还是会因为杂交而衰退。这意味着，还有更深刻的机制在发挥作用。决定性别的具体机制如此多样，而两种性别的发育又如此一致，这也意味着性别决定（即雄性发育或雌性发育的过程）应该有一个非常根本的共同基础，不同基因的作用只是表层的细节点缀而已。

一个可能的共同基础是代谢率。其实早在古希腊，人们就认识到男性比女性更"热"，即所谓的"暖男假说"（hot male hypothesis）。人类或小鼠等哺乳动物两性之间最早出现的差异是生长速度，雄性胚胎比雌性胚胎长得快一点。在受孕后几小时内，这种差异就可以用尺测量出来（千万不要在家中操作这个实验）。人类 Y 染色体上的 SRY 基因控制着男性发育，它会启动一些生长因子，加快男性胚胎的生长速度。这些生长因子本身并不属于特定的性别，通常在男女体内都有活性，只不过在男性体内的活性较高。能够提高这些生长因子活性的突变，就能诱发性别转换，让本来没有 Y 染色体（或 SRY 基因）的雌性胚胎发育成雄性。相反，降低生长因子活性的突变会有反向的效果，会让 Y 染色体功能正常的雄性胚胎发育成雌性。这些现象表明，至少在哺乳动物中，生长速度才是性别发育背后真正的推动力。基因只是控制速度的缰绳，在演化中可以被轻易替换。某个控制生长速度的基因可以换成另一个，功能完全不变。

雄性生长速度较快的概念，很符合两栖和爬行动物性别由环境温度决定的事实。二者之间的联系在于，生物的代谢率部分取决于温度。在一定范围内，爬行动物的体温每增加 10℃（比如通过它们最喜欢的"活动"：晒太阳），代谢率会增加大约两倍，因此会长得比较快。这些动物的卵在较高温度下孵化时发育成雄性，虽然并不总是这样（其中有各种微妙的原因），但是性别与生长速度之间的关系（无论是由基因还是温度控制）比其他任何机制更加根深蒂固。在不同阶段，不同的基因似乎是靠偶然机遇掌握了发育控制权，通过调整生长速度来控制性别发育。这就是为什么男人并不需要害怕 Y 染色体灭绝，因为它的功能会被其他因素取代，可能是其他染色体上的某个基因，它仍然会通过设定雄性发育所需的更高代谢率来实现控制。或许这也可以解释，为什么哺乳动物的睾丸会长在体外这么脆弱的位置：调整合适的温度是我们非常基础的生理需要，比阴囊的位置优先得多。

这些观念对我启发很大。实际上，生物学家厄休拉·密特沃克（Ursula Mittwoch）提出性别由代谢率决定的假说已经有几十年了。密特沃克是我在伦敦大学学院的同事，虽然已是 90 岁高龄，但仍然十分活跃，不断发表重要的论文。她的论文没有得到应有的重视，可能是因为在分子生物学和基因测序的时代，测量那些"不够精密"的参数，比如生长速度、胚胎尺寸、生殖腺 DNA 和蛋白质含量，显得有些过时。现在，我们已经进入了表观遗传学（epigenetics，研究是什么因素在调控基因的表达）的新时代，她的理论会引起更大反响，我也希望她的理论能在生物学发展史中获得应有的地位。[1]

但这一切与霍尔丹法则有什么关系呢？不育和无法存活都代表着某种功能缺陷。缺陷严重到一定程度，器官和生物个体就失灵了。功能的限制取决于两个简单的衡量标准：完成任务（比如制造精子）所需的代谢量，以及能够获取的代谢供应。如果能量供给低于能量需求，器官和个体都会死亡。在基因网络的精密世界里，这些标准显得直白粗暴；但正因为这样，它们非常重要。如果你把一个塑料袋套在自己头上，那就切断了代谢能量供应，低于你的需求。一分多钟后，你的身体功能就会从大脑开始停止。大脑和心脏的能量需求很高，所以它们会最先死亡；皮肤和小肠细胞的能量需求较低，所以可能会挺很久。你体内残存的氧

---

1 密特沃克指出，真性阴阳人身上有类似的问题。这些人生下来就同时带有两种性器官，比如右边有一颗睾丸，左边有一个卵巢。大部分阴阳人的性器官都如此分布，只有不到 1/3 真性阴阳人的睾丸长在左边，而卵巢长在右边。这种差异不可能是基因造成的。密特沃克认为，原因是在发育的关键时期，右边会长得比左边稍微快一点，所以更有可能发育成男性。有趣的是，小鼠的情况正好完全相反：它们的左边长得更快一些，更倾向于长出睾丸。

气足以支撑它们的代谢需求，长达几小时甚至几天。如果考虑组成我们身体的全部细胞，死亡并不是非黑即白，而是一个连续的过程。我们是一大团细胞，它们不会同时死亡。通常，能量需求最高的细胞会最先发生能量短缺而死亡。

这正是线粒体疾病的问题所在。大部分线粒体疾病都会导致神经肌肉退化，影响大脑和骨骼肌，因为它们的代谢率高。其中，视力往往最容易受影响，因为视网膜和视神经细胞的代谢率是全身所有细胞中最高的。莱伯氏（Leber's）遗传性视神经萎缩症（线粒体疾病的一种）就会直接影响视神经，导致失明。线粒体疾病的症状表现很难概括，因为它们的严重程度与很多因素有关，比如突变的种类、数量，以及在不同组织中的分布情况。但无论这些因素具体如何，线粒体疾病总是会影响代谢需求最高的组织。

假设两个细胞有相同的线粒体，数量也一样，生产ATP的能力相仿。但如果两个细胞的代谢需求不同，那么结果也会不同（图33）。假设第一个细胞的代谢需求较低，那么它完全能满足需求，制造的ATP还供过于求，可以充分完成任务。再假设第二个细胞的代谢需求高得多，甚至超过线粒体生产ATP的最大能力。细胞开足马力满足需求，它的所有生理活动都用来配合这种高能状态。电子涌入呼吸链，但呼吸链的通量太低，电子进入比离开更快。于是氧化还原中心变成高还原态，与氧气反应产生自由基。自由基氧化附近的膜脂质，造成细胞色素c释放。接下去膜电位崩解，细胞凋亡。这仍是一种功能性自然选择，虽然是在组织层面发挥作用。无法满足代谢需求的细胞被淘汰，留下满足需求的细胞。

当然，移除功能不足的细胞，只有在能够通过干细胞分化来替换它们的情况下，才能改善组织的整体功能。对神经和肌肉细胞来说，一个很大的问题是它们不可替换。神经元怎么可能被替换呢？我们所有的人生经验都记录在大脑的神经突触网络之中，每个神经细胞可以形成多达一万个不同的突触。如果这个神经元死于凋亡，它的突触连接就永远消失了，与这些突触连接有关的所有经验与人格也将不复存在。所以，神经元是无可替代的。实际上，所有终末分化（terminally differentiated）[1]的组织都无法替换，虽然原因不像神经组织那么明显。正是因为生殖细胞和体细胞存在根本差异，这些组织才有可能存在。自然选择的全部意义就在于留下后代。与大脑很小但可以替换的情况相比，生物的大脑很大但不可替换能留下更多的健康后代，那当然它们就会繁衍兴盛。只有当生殖细胞与体细胞存在根本差异时，自然选择才能这样运作。但这也意味着肉体成了用完即弃的载体，寿命有限。最终，那些无法满足自身代谢需求的细胞会终结我们的生命。

这就是为什么代谢率至关重要。给定线粒体的能量输出不变，代谢率较快的细胞更容易出现供给不足。不只是线粒体疾病，正常的衰老或者老年病都更倾向于影响代谢需求最高的组织，以及代谢需求更高的性别。雄性的代谢率较快（至少哺乳动物是如此），如果线粒体有遗传缺陷，通常都会在代谢需求更高的性别——也就是雄性身上暴露出来。很多线粒体疾病确实在男性身上更常见：以莱伯氏遗传性视神经萎缩症为例，男性的发病率比女性高5倍；帕金森病很大程度上也与线粒体有关，男性的发病率比女性高2倍。当受到线粒体-核不兼容的影响时，雄性受到的影响比雌性更严重。原先独立繁殖的两个动物种群如果进行远系杂交并产生了这种不兼容（即杂种衰退），那么杂种衰退在代谢率较高的性别中最明显；在这个性别身上，又以代谢率最高的组织受到的影响最为严重。又一次，从所有复杂生物都需要两个基因组的基础事实出发，通过推论预测了这些后果。

以上的探讨，为霍尔丹法则提供了一个简单明快的解释：代谢率最快的性别，最容易发生不育或者无法成活。不过，这种解释正确吗？抓住本质了吗？一种观念可能本身是正确的，但对于解决问题却无足轻重，这个解释与霍尔丹法则的其他原因也没有任何冲突。这绝不是说

1　任何特定细胞谱系中的最后状态。——编者注

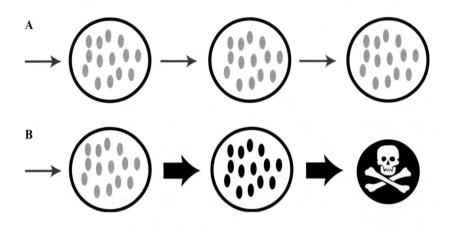

图 33 细胞的命运取决于满足能量需求的能力

　　图中的两个细胞拥有同等能力的线粒体群，但面对的需求不同。小图 A 中的细胞能量需求适中（需求用箭头粗细表示）；线粒体无须紧绷到高度还原的状态（用浅灰色表示低还原态）就能轻松满足需求。小图 B 中的细胞起初的能量需求也不大，但后来需求大增。进入线粒体的电子也相应增加，但线粒体的工作能力不堪负荷，呼吸蛋白复合体变成了高还原态（用深色表示）。除非线粒体能很快提升能力，要不然后果将是通过凋亡程序死亡（如图 32 所示）。

代谢率是唯一的原因，不过，它是不是重要因素呢？我认为是的。温度升高确实会加剧杂种衰退，这一点为很多研究者熟知。例如，谷物害虫赤拟谷盗（*Tribolium castaneum*）与近亲物种弗氏拟谷盗（*Tribolium freemani*）杂交，在正常的培养温度 29℃ 下，杂种后代都很健康。但如果把温度提高到 34℃，杂种后代中雌虫（在这个例子中，雌虫是高代谢率性别）的腿和触角都会发生畸形。这种对温度敏感的发育缺陷很普遍，经常还会导致特定性别不育，从代谢率的角度出发非常容易理解。对能量的需求超过了一定阈值，某些特定的组织就会开始衰竭。

这些特定组织往往也包括性器官，特别是终生都在制造精子的雄性性器官。植物中有一个很有意思的例子：细胞质雄性不育。大部分开花植物都是雌雄同株，但是很大一部分植株都表现出雄性不育的症状，造成了实际上的两种"性别"：一种是真正的雌雄同株，另一种是（雄性不育的）雌株。这是由线粒体造成的，通常都以自私冲突的理论解释。[1]但是，分子生物学的研究数据表明，雄性不育很可能只是反映了代谢率的问题。牛津大学的植物学家克里斯·利弗（Chris Leaver）指出，向日葵发生细胞质雄性不育的原因，在于线粒体中 ATP 合酶一个亚基的编码基因出现突变。基因出现了一个重组错误，影响了 ATP 合酶的一小部分（不是整个酶，这一点很重要），结果是降低了 ATP 合成的最高速率。对于绝大多数组织这个突变的影响可以忽略不计；但是植物的雄性生殖器官花药却会退化，因为构成花药的细胞线粒体释放细胞色素 c，随后死于凋亡，过程与人类的细胞凋亡一模一样。这样看来，向日葵的所有组织中，花药是唯一代谢率高到能够触发退化的组织。只有在花药组织

1　线粒体是母系遗传，经由的是卵子，而非精子。雌雄同体的生物，理论上特别容易发生线粒体引起的性畸形。从线粒体的角度看，发育成雄性是死路一条，线粒体最"不想"待的地方就是花药。所以让雄性器官不育对它们有好处，可以确保它们进入雌株。很多昆虫身上的寄生细菌，特别是布克纳氏体（*Buchnera*）和沃尔巴克氏体（*Wolbachia*），也会玩类似的把戏。它们选择性杀死雄性昆虫，完全扭曲了昆虫种群的性别比例。线粒体对于宿主个体的重要性，使得它们不至于像寄生细菌那样杀死雄性，不会制造激烈的自私冲突；但是它们仍会造成雄性不育或者雄性特有的缺陷。然而，我认为自私冲突在霍尔丹法则的解释中只占次要地位，因为它不能解释为什么鸟类（还有拟谷盗）中的雌性反而会受到比较严重的影响。

中，带有那个突变的线粒体才会跟不上代谢需求。结果就是雄性不育。

类似的现象也存在于果蝇身上。我们可以用技术把细胞核从一个细胞转移到另一个细胞，构建胞质杂合细胞（cybrid）。这种细胞的核基因组大致相同，但是线粒体基因各不一样。[1] 以卵子为实验对象，可以制造出核基因完全相同，但线粒体基因来自近亲种的果蝇胚胎。因为线粒体基因不同，这些胚胎的发育结果会有很大的差异。最好的情况是，新生果蝇没有任何不正常；最糟糕的组合则会出现雄性不育（果蝇的雄性是异形配子）。有趣的是那些中间型，表面上看起来没什么问题，但是，仔细考察不同器官的基因表达，就可以发现这些中间型的睾丸不正常。雄性果蝇的睾丸以及其他附属性器官中，超过 1 000 个基因都增加了表达。具体发生了什么，我们还没有完全理解；但我认为最简单的解释是，这些器官无法应对代谢需求。它们的线粒体基因与核基因并不完全匹配。睾丸中的细胞有很高的代谢需求，所以承受着生理压力；这种压力导致基因组的很大一部分都做出了反应，加强基因表达。与植物的细胞质雄性不育类似，只有代谢需求无法满足的性器官受到了影响，而且只出现在雄性身上。[2]

如果是这样，那为什么鸟类中受到影响的是雌鸟呢？原理大致相同，但有一些微妙的差异。在猛禽等少数鸟类中，雌鸟的体形比雄鸟大，所以应该生长得更快。但并非所有鸟类都是这样。密特沃克的早期研究显示，鸡的卵巢在刚开始发育的一星期内长得比较慢，但之后会长得比睾丸快。这种情况下，理论预测雌鸟应该会出现不育而非死亡，因

1　这种胞质杂合细胞被广泛应用在细胞培养实验中，因为通过这项技术可以准确测量细胞的功能，尤其是呼吸作用。线粒体与核基因组之间的不匹配，会降低细胞呼吸作用的速度，而且如前所述，会增加自由基泄漏。这种呼吸功能不足的严重程度取决于基因上的差距。用黑猩猩的线粒体与人类核基因组成的胞质杂合细胞（是的，这种伦理可疑的实验已经有人做过了，不过仅限于细胞培养），ATP 合成的速度只有正常细胞一半左右。小鼠和大鼠的胞质杂合细胞则根本没有正常运作的呼吸作用。

2　这个推测显得有些奇怪：睾丸的代谢率真的那么高，甚至比心脏、大脑或飞行肌肉等组织还高？其实不一定。但这里的关键是线粒体能力是否能满足代谢需求。可能是因为睾丸的高峰代谢需求确实更大，也可能是应对需求的线粒体数量较少，所以每个线粒体平均承担的需求较高。这是个很容易检验的假设，不过据我所知，还没有进行实验验证过。

为只有性器官长得较快。但是事实并不符合预测。适用于霍尔丹法则的鸟类一般都会死亡，而非不育。我对此一直迷惑不解，直到 2014 年看到一篇研究霍尔丹法则作用于鸟类的论文，才豁然开朗。这篇论文是研究鸟类性选择的专家杰夫·希尔（Geoff Hill）发给我的。希尔指出，有几个编码鸟类呼吸蛋白的核基因位于 Z 染色体（鸟类中的情况是，雄鸟有一对 Z 染色体；雌鸟有一条 Z 染色体和一条 W 染色体，所以鸟类中的雌性才是异配性别）。为什么这很重要呢？因为雌鸟只有一条 Z 染色体，这些重要的呼吸蛋白基因只从父亲的配子那里继承了一份拷贝。如果母亲的交配对象不合适，那么雌性后代的线粒体基因很可能与父亲的核基因不匹配——而这些基因只有一个版本。杂种衰退可能立即发生，而且后果严重。

希尔提出，这种基因配置要求雌鸟必须精心挑选交配对象，否则会付出惨痛的代价（雌性后代死亡）。这反过来又可以解释雄鸟醒目的羽毛花纹和鲜艳的颜色。希尔认为，雄鸟羽毛的具体花纹模式展示了不同的线粒体类型，花纹清晰的界线表明了线粒体 DNA 的明确界限。雌鸟本能地利用这些花纹作为判断兼容性的参考。然而，类型合适的雄鸟，仍然有可能品质不佳。希尔还认为，羽毛颜色的鲜艳程度反映了线粒体的功能，因为大部分色素都由线粒体合成。羽色鲜艳的雄鸟一定有最好的线粒体基因。目前，希尔的假说没有获得多少证据支持，但它能让我们感受到：对线粒体-核基因相互适应的需求在生命界可能很普遍，影响各种生理现象。复杂生命需要两个基因组协同工作，从这一点出发可以解释很多看似没有关联的演化难题，比如物种的起源、性别的发育，甚至雄鸟鲜艳的羽色。真是令人充满期待。

可能还有更深刻的意义。线粒体-核不兼容会让生物受到惩罚，但即使配合良好，也一样要付出代价。不同物种的收益和代价平衡点也应该不同，这取决于它们对有氧呼吸的需求。我们接下去会发现，这实质上是健康与生殖力之间的取舍权衡。

死亡的门槛

想象你能飞翔。以单位体重比较，你的输出功率两倍于全力奔跑的猎豹；你是力量、轻巧和有氧代谢能力的最佳组合。如果你的线粒体不是接近完美状态，就根本飞不起来。考虑一下，你用于飞行的肌肉是如何分配空间的。你当然需要很多肌原纤维，它们由粗肌丝与细肌丝构成，可以实现肌肉收缩。肌肉的力量取决于截面积，就像缆绳的粗细；所以，肌肉中肌原纤维越多，你就越强壮。但与缆绳不同，肌肉收缩消耗 ATP。要能持续收缩肌肉超过一分钟以上，你就需要运动肌肉自身合成 ATP，也就是说肌肉细胞中必须要有线粒体。线粒体会占用一些本来可以用来堆放肌原纤维的空间。线粒体还会消耗氧气，所以需要大量的毛细血管来运送氧气和移除废物。在用于有氧运动的肌肉中，最优化的空间分配大概是肌原纤维、线粒体和毛细血管各占 1/3。人类、猎豹和蜂鸟（在所有脊椎动物中，蜂鸟的代谢率最高）都是这样配置的。关键在于：光靠堆积线粒体无法提升功率。

基于上面的分析，鸟类若要产生足够的功率维持长时间的飞行，唯一的办法就是拥有某种"超能线粒体"，它的单位表面积能在单位时间内产生比"普通"线粒体更多的 ATP。从食物到氧气的电子流一定要够快，才能快速泵出质子，快速合成 ATP，才能维持超高的代谢率。演化的每个环节都必须经过严格的自然选择，每个呼吸蛋白的最高反应速率都会加快。这些速率可以测量出来，我们发现鸟类线粒体中酶的反应速率确实比哺乳动物更快。然而我们知道，呼吸蛋白都是嵌合体，组成它们的蛋白质亚基由两个不同的基因组编码。要支持快速的电子流，自然选择就必须非常严格，才能形成线粒体-核相互适应得臻于完美的两个基因组。肌肉对有氧呼吸的要求越高，对相互适应的选择就必须越严格。基因组配合不佳的细胞必须通过凋亡淘汰。我们已经知道，最合适执行这种选择的时机就是胚胎发育期。理论上，如果鸟类胚胎的基因组配合不佳、不足以支持飞行，那么尽早终止胚胎发育才是正确的选择。

但是到底要不匹配到什么程度，才算不匹配？到底多坏才叫坏？应该有某个临界点，一旦越过，细胞凋亡程序就会启动。匹配不良超过了临界点，嵌合式呼吸链中的电子流就不够快，无法支持飞行。这些细胞乃至整个胚胎，都会凋亡。反之，匹配程度若在临界点之下，电子流就够快，那么两个基因组一定配合良好，细胞以及胚胎也就不会自杀，发育可以持续进行，一只健康的雏鸟就会诞生。它的线粒体已经通过出厂测试，盖上了质检合格章。[1] 关键在于，"合格"的标准必须随用途的不同而有所差异。如果用于飞行，那么基因组之间的匹配必须接近完美。拥有强大有氧代谢能力的代价，就是低生殖力。假如用途的要求没有飞行那么高，就会有更多的胚胎存活，但为了适应飞行功能，它们就必须牺牲。我们甚至能从线粒体的基因序列中看到这种机制的运作后果。鸟类线粒体基因序列的改变速度，比绝大多数哺乳动物更慢（但蝙蝠除外，因为和鸟类一样，它也要面对飞行的要求）。不会飞的鸟类没有这样的限制，基因序列的改变速度就比较快。原因在于，大部分鸟类的线粒体基因序列早已是适应飞行的完美状态。这种理想状态中的基因如果发生突变，很难被苛刻的标准容许，所以通常都被自然选择淘汰。如果大部分改变都被淘汰，剩下的当然是相对不怎么改变的序列。

如果我们把目标放低一点呢？假设我是一只大鼠，没有飞翔的野心。对我来说，让自己的大部分后代为追求完美的标准而牺牲，毫无道理可言。我们已经知道泄漏的自由基会启动细胞凋亡，在功能性选择中，这就等于被红牌罚出场外。呼吸作用中迟滞的电子流，代表着线粒体-核基因组之间配合不佳。呼吸链会成为高还原态，自由基泄漏，细胞色素c随之释放，膜电位崩解。如果我是一只鸟，这一连串组合会启动细胞凋亡，我的后代会一次又一次胎死卵中。但现在我是一只大鼠，并

1　我的猜想是，自由基信号可能在胚胎发育的某个阶段被故意强化。比如，一氧化氮（NO）可以与细胞色素氧化酶（呼吸链的最后一个蛋白复合体）结合，增加自由基泄漏，让细胞更容易发生凋亡。如果在胚胎发育的某个阶段释放大量一氧化氮，效果就是放大自由基信号；如果超过某个临界值，基因组不匹配的胚胎就会被终结。这就像是一个苛刻的检查站。

不希望面对这样的命运。那么，有没有什么生物化学小伎俩，能让我"忽略"那些带来死亡的自由基信号？我把死亡的门槛提高，也就是说，我可以承受更多的自由基泄漏，而不至于启动凋亡。这样我能获得一项不可估量的好处：大部分后代都可以成功发育、出生，我的生殖力得到提升。问题是，我需要为此付出什么代价？

当然，我永远不会飞了。不仅如此，我的有氧代谢能力也会变得很有限。我的后代只有很小的概率能拥有完美匹配的线粒体与核基因，这会直接导致另一种利弊平衡：适应性与疾病。还记得道格·华莱士的假说吗？他认为，动物线粒体基因的快速演化，有利于它们迅速适应不同的饮食和气候。我们不知道这具体如何实现，也不确定是否正确，但很难说没有一丝道理。生物适应环境时，首先要面对的条件是食物和体温（这些基本权利得不到满足，我们就活不下去），线粒体在这两方面都处于绝对中心地位。线粒体的表现怎样，很大程度上取决于它们的基因。不同的序列能够支持不同水平的表现。有些基因序列可能在较冷的环境中表现较好，有些比较适合潮湿的环境，还有些更适合燃烧多油脂的食物，等等。

生活在不同地理区域的人群，线粒体 DNA 的类型也不同，而且并非随机分布。这暗示着环境对线粒体的选择确实存在，但也仅仅是暗示，机制尚不明确。前面提过，鸟类线粒体 DNA 的变化更少，因为鸟类线粒体 DNA 序列已经为适应飞行进行了严格的优化，绝大部分后来出现的突变都会被自然选择淘汰。存活的线粒体 DNA 变化很小，自然选择的作用对象不够多样，难以选出更适应寒冷气候或者高脂饮食的线粒体变种。从这个角度看，很多鸟类经常迁徙，而不是停在一处忍受季节的变化，非常耐人寻味。是否因为，它们的线粒体更适应承受迁徙的劳顿，而不适应留在一处被迫应对严酷的环境呢？与之相反，大鼠的线粒体差异性要大得多。从基本原理考虑，这为它们提供了增进适应能力的基因原材料。坦率地说，我不能肯定这个推测是否正确。但大鼠毫无疑问是适应力极强的。

线粒体的差异性当然也有相应的代价：疾病。某种程度上，这可以通过对生殖细胞的选择来避免，带有线粒体突变的卵子在成熟之前就会被剔除。有证据表明这样的选择机制确实存在。以大鼠和小鼠为例，严重的线粒体突变经过几代繁殖就会被清除，不太严重的突变基本上会永远延续下去。但是想一想，需要好几代！这里的选择机制显得非常无力。如果你生来就患有严重的线粒体疾病，想到你的孙女（如果你侥幸有后）"可能不会"得同样的疾病时，你会不会很开心？即使选择机制确实作用于种系，能剔除发生突变的线粒体，也不能保证后代不会患上线粒体疾病。尚未成熟的卵子还没有正常的核基因组。这不只是因为它们停留在减数分裂的中途，虚悬了很多年，还因为父系的基因尚未加入战局。只有等成熟的卵子受精，形成一个全新的、拥有独特核基因组的受精卵后，对线粒体-核相互适应的筛选才正式开始。杂种衰退并不是线粒体突变造成的，而是缘于线粒体基因组与核基因组的不兼容；这两个基因组如果各自处于另外的细胞环境中，很可能完全正常工作。我们前面介绍过，对线粒体-核兼容性的严格选择，必然会增加不育的概率。如果我们不想失去生殖力，那就必须付出某种代价——更容易生病。我们又一次从两个基因组的基本条件出发进行推论，预测到生殖力与疾病的取舍平衡关系。

所以，有一道假设的死亡门槛（图34）横亘在生物最核心的机制中。在这道门槛之上，细胞以及生物个体都会死于凋亡；在此之下，细胞和个体就可以存活。不同物种的门槛当然不一样高。对蝙蝠、鸟类和其他有氧需求很高的生物来说，门槛必定很低。线粒体与核基因组稍有不合，线粒体运作稍有差错，形成不多的自由基泄漏，就会放出细胞凋亡的信号，终止胚胎发育。对大鼠、树懒以及沉迷电视的人类来说，有氧需求较低，门槛也就比较高。轻微的自由基泄漏可以容忍，线粒体运作略有磕绊也可以接受，稍有不兼容的胚胎可以发育。这两种模式各有利弊。死亡门槛低，生物的有氧代谢能力高，患病风险低，代价是不育风险更高以及适应力低下。死亡门槛高，则有氧代谢能力有限，患病风险高，生育力和适应力强。生育力、适应力、有氧代谢能力和疾病，这

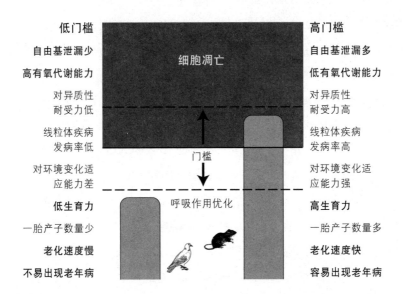

低门槛 — 高门槛
自由基泄漏少 — 自由基泄漏多
高有氧代谢能力 — 低有氧代谢能力
对异质性耐受力低 — 对异质性耐受力高
线粒体疾病发病率低 — 线粒体疾病发病率高
对环境变化适应能力差 — 对环境变化适应能力强
低生育力 — 高生育力
一胎产子数量少 — 一胎产子数量多
老化速度慢 — 老化速度快
不易出现老年病 — 容易出现老年病

细胞凋亡

门槛

呼吸作用优化

图 34 死亡的门槛

　　自由基泄漏触发细胞死亡（凋亡）的临界点，不同物种之间应该不同，这取决于它们的有氧代谢能力。有氧需求很高的生物，需要线粒体基因组与核基因组完美匹配。如果自由基以较高的速率从运作不良的呼吸链中泄漏，就说明兼容性不够好（见图32）。如果对基因组兼容性要求很高，细胞就会对自由基泄漏很敏感，即使较低的泄漏也会成为匹配不佳的警报，触发细胞凋亡（低门槛）。相反，如果有氧需求不高，细胞敏感自杀就没有什么好处。这样的生物可以忍受更多的自由基泄漏，不会触发细胞凋亡程序（高门槛）。对于高／低死亡门槛的特征预测，列在图的两侧。理论上，鸽子有典型的低门槛，而大鼠有典型的高门槛。这两种动物的体型和基础代谢率都相仿，但是鸽子的自由基泄漏率低得多。这些预测的正确性还有待验证，然而有一个不争的事实：大鼠只能活三四年，鸽子却可以活三十年。

些关键词就是权衡取舍的要素。作为自然选择作用的对象，没有什么比这些因素更直抵本质了。我再强调一次，所有这些利弊的权衡，都是针对两个基因组的需求所产生的、不可抗拒的后果。

我刚才称之为"假设的死亡门槛"，因为它目前还只是假设。死亡门槛真实存在吗？如果存在，它确实很重要吗？我们先考虑人类自身的问题。人类大约有 40% 的怀孕最终会以早期隐性流产（early occult miscarriage）收场。这里的"早期"是指非常早的阶段，怀孕的最初几周内：通常在出现任何明显的怀孕征兆之前，直到结束你根本不知道自己怀孕了。"隐性"是指流产也是隐蔽的，没有临床症状。通常我们都不知道发生了这种流产，原因也不清楚。它不是缘于那些常见的原因，比如染色体分离失败造成的三体（trisomy）缺陷[1]。那有可能是生物能量方面的问题吗？是或不是都很难证明。不过，在这个可以进行快速全基因组测序的新时代，我们有望找到答案。不孕不育对患者造成的巨大精神痛苦，让一些有损健康的实验获准进行，用以研究促进胚胎发育的方法。例如，一种笨拙得吓人的招数——把 ATP 直接注入虚弱的胚胎，居然可以延长胚胎的生存时间。很明显，生物能量在这个问题上发挥了影响。同理，也许这些流产的确是自然选择的权宜之计，也许这些胚胎存在线粒体-核不兼容的问题，引发了细胞凋亡。最好不要用道德评判的眼光去看待演化。我只能说，我不会忘记自己也曾为此熬过痛苦的岁月（幸好现在都过去了）。和大多数人一样，我也想知道背后的原因。我怀疑，导致早期隐性流产中很大一部分是缘于线粒体-核不兼容。

还有另外一个理由让人们相信死亡门槛的存在，以及它的重要性。高死亡门槛会带来一个间接的，然而也是终极的代价：更快地衰老，以及

---

1 卵子形成过程中，如果减数分裂的最后一步，即染色体分离失败，产生的一个卵子会带有某条染色体的两个副本。这个卵子如果与正常精子结合受孕，受精卵中就有这条染色体的三个副本，出现三体缺陷。由于超过了正常体细胞的两个副本，这条染色体上所有的基因都会出现表达剂量问题，而基因网络的协作对剂量是非常敏感的。所以绝大部分三体缺陷都是致命的遗传病，等不到发育完成就会杀死胚胎，造成早期流产。人类 21 号染色体长度很短，上面的基因很少，基因表达剂量变化的敏感性也较低。所以，21 号染色体三体的胎儿一般可以存活，但遗传病仍然不可避免，即唐氏综合征（Down's Syndrome）。——译者注

更容易罹患各种老年病。这个观点可能会引起某些抵触情绪。高死亡门槛意味着可以忍受较多的自由基泄漏，而不至于触发凋亡。也就是说，像大鼠这种有氧代谢能力较低的动物，会有较多的自由基泄漏；相反，像鸽子这种有氧代谢能力很高的动物，自由基泄漏较少。我选这两种动物来比较是经过特别考虑的：它们的体重和基础代谢率几乎一模一样。如果只以这两点为参考，大部分生物学家会预测，它们的寿命应该差不多。但是，马德里大学生理学家古斯塔沃·巴尔哈（Gustavo Barja）的详细研究显示，鸽子线粒体的自由基泄漏比大鼠少得多。[1]根据自由基老化理论，衰老是自由基泄漏造成的。自由基泄漏越厉害，我们老得越快。这个理论过去的名声不太好，但巴尔哈的例子能给出明确的预测：鸽子的寿命应该比大鼠长很多。事实的确如此。大鼠可以活三到四年，鸽子可以活将近三十年。鸽子确实不能简单看成是"会飞的大鼠"。那么，自由基老化理论正确吗？该理论原先那种武断推导的观点当然不正确。但是我仍然认为，一种经过改进的、更精细的自由基老化理论很可能是对的。

自由基老化理论

自由基老化理论，源于20世纪50年代的辐射生物学（radiation biology）研究。电离辐射可以分解水分子，生成各种高反应性的"碎片"，带有一个不成对的电子，这就是氧自由基。其中有一些反应性极强，比如恶名昭彰的氢氧自由基（hydroxyl radical，·OH）；其他的相对比较温和，比如超氧自由基。自由基生物学的先驱，包括蕾韦卡·格施曼（Rebeca Gerschman）、丹汉姆·哈曼（Danham Harman）等研究者都认识到：在线粒体中，同样的自由基可以直接从氧气产生，不需要电

---

1 巴尔哈发现，以自由基泄漏和消耗的氧气之比来衡量，鸽子和虎皮鹦鹉这样的鸟类，自由基泄露速率是大鼠和小鼠的1/10；实际速率随所在组织的不同而不同。巴尔哈还发现，鸟类细胞的脂质膜对氧化损害的抵抗力比不会飞的哺乳动物更强，使它们的 DNA 和蛋白质更少受到氧化伤害。综合来看，很难用其他理由来解释这些发现。

离辐射。他们认为，自由基的本质具有破坏性，能够损坏蛋白质，造成DNA突变。这些看法都正确。更糟糕的是，自由基分子会引起连锁反应，让附近的分子（通常是膜脂质）一个接一个地抢夺下一个分子的电子，毁坏细胞中的脆弱结构。这些理论认为，自由基最终会在细胞中引起溃堤式的大破坏。想象一下：自由基在线粒体中泄漏，与周围各式各样的分子发生反应，其中当然包括邻近的线粒体DNA。被损坏的线粒体DNA开始累积突变，有些突变会扰乱DNA的功能，结果制造出错误的呼吸蛋白，自由基泄漏变得更严重。如此恶性循环，越来越多的蛋白质和DNA遭到破坏，不久衰退就会蔓延到细胞核，爆发成一场"错误灾变"（error catastrophe）。参考60～100岁各年龄段疾病与死亡人口统计图，其中的发生概率随年龄的增加呈指数级上升，这与"错误灾变"的概念（损害会导致更多的损害，指数级累积增长）似乎有相同的模式。因此，自由基老化理论认为，整个衰老过程都受氧气驱动，但它同时又是我们赖以为生的气体。这个观念就像一位迷人的杀手，让人既感到恐惧，又被它魅惑。

既然自由基这么坏，那么抗氧化剂就是好的。抗氧化剂会干扰自由基的毒性，阻止连锁反应，因此可以防止损害扩散。如果自由基会导致衰老，那么抗氧化剂就应该能减缓衰老、推迟老年病的发病年龄，或许还能延年益寿。一些著名的科学家，尤其是诺贝尔奖得主莱纳斯·鲍林（Linus Pauling），都相信抗氧化剂的神话；他们采取超量维生素C疗法，每天吃好几匙的剂量。鲍林确实高寿92岁，但这年纪仍在正常范围内，许多人一辈子抽烟喝酒也能活到这个岁数。显然，事情没那么简单。

对自由基与抗氧化剂这种非黑即白的观念，至今仍在很多时尚杂志和保健食品产业流行，而这个领域的绝大多数科学研究者早就认识到这是错的。我最喜欢的一句评价来自《自由基生物学和医学》（*Free Radicals in Biology and Medicine*），这是哈利维尔（Barry Halliwell）和古特利基（John Gutteridge）编写的经典教科书："到90年代已经很清楚，抗氧化剂绝不是抗衰老和疾病的万灵药。只有边缘保健产业还在推销这种观念。"

自由基老化理论是被残酷事实击倒的漂亮理论之一，而且这个例子中的事实相当残酷。该理论的所有原始立论中，没有一条在严谨的实验测试中站得住脚。研究人类的衰老过程时，我们没有测量到线粒体的自由基泄漏出现任何系统性的增加。线粒体的突变数量会有少许增加，但除了极少数组织区域，整体的突变比例低得惊人，远低于可能引发线粒体疾病的程度。有些组织确实有损伤累积的迹象，但也完全不像所谓的"错误灾变"。况且，这个假说的因果逻辑也颇有问题。抗氧化剂肯定没有延年益寿或者预防疾病的效果，甚至可能有副作用。由于认为抗氧化剂是灵丹妙药的观念曾经流行一时，过去数十年间有几十万人参加了各类临床实验。实验结论很明确：服用高剂量的抗氧化补充剂会有不太严重但确定的健康风险。如果你服用抗氧化补充剂，更可能缩短寿命。很多长寿的动物组织中的抗氧化酶浓度都很低；而寿命较短的动物，组织中的浓度却高得多。更奇怪的是，**促氧化剂**（pro-oxidants）反而能够延长动物的寿命。鉴于这些事实，老年病学研究领域大多放弃了自由基老化理论。我曾在 2002 年的早期著作《氧气》中详尽探讨了以上问题。我很希望那时候的先见就已经破除了"抗氧化剂可以抗衰老"的神话，但是显然没有。这出闹剧，甚至在那时就已注定发生。某些人的一厢情愿、另一些人的贪婪，以及科学界缺乏替代理论，纠缠在一起导致愈演愈烈的局面。

那么，你可能觉得奇怪，为什么我仍然认为一种"经过改进的、更精细的"自由基老化理论是正确的？有几个原因。早期的理论中没有考虑到两个关键因素：自由基信号和细胞凋亡。如前所述，自由基是细胞生理（包括细胞凋亡）信号系统的中心。马德里大学的生物学家安东尼奥·恩里格斯（Antonio Enriques）与同事通过细胞培养实验表明，使用抗氧化剂阻断自由基信号相当危险，可能会**抑制** ATP 合成。看来，自由基信号可以通过增加呼吸蛋白复合体的数量来加强线粒体的呼吸能力，从而分别优化每个线粒体中的呼吸作用。线粒体很多时候都在互相融合，然后再分开，制造更多的蛋白质复合体和更多的线粒体 DNA，最终产生更多的线粒体。这个过程就是线粒体生物合成（mitochondrial biogenesis）[1]。泄漏的自由基可以刺激线粒体进行这种生物合成，增加线粒体数量，生产更多的ATP。用抗氧化剂阻断自由基信号，也会同时阻断线粒体生物合成，所以在恩里格斯的实验中，ATP合成反而受到了抑制（图35）。因此，抗氧化剂实际上可能**削弱**细胞的能量供应。

但是我们也知道，当自由基的泄漏速度超过门槛时，细胞凋亡就会启动。那么，自由基到底是在帮助优化呼吸作用，还是通过启动凋亡杀死细胞呢？其实，这两方面并不像表面上那么互相矛盾。自由基信号的根本意义在于：线粒体现在有问题，呼吸能力低于任务需求。如果这个问题可以通过制造更多的呼吸蛋白复合体、提升呼吸能力来解决，那么细胞就会这样做，一切恢复正常。但如果这么做还是无法解决问题，细胞就会自杀，消灭自身有缺陷的DNA。如果这个损坏的细胞可以用一个崭新完好的细胞（来自干细胞分化）代替，那么问题也解决了（更准确地说，问题是被消灭了）。

自由基信号在呼吸作用的优化过程中作用如此重要，所以服用抗氧化剂也无法延年益寿。在细胞培养实验中，它们会抑制呼吸作用，因为细胞培养皿中没有人体正常的安全措施。如果人体大剂量摄入维生素C之类的抗氧化剂，其实绝大部分都不会吸收，倒是很容易拉肚子。就算有多余的抗氧化剂进入血液循环，也会很快经尿液排出，血液中的抗氧化剂浓度会保持稳定。这并不是在提倡避免富含抗氧化剂的食物，你也需要它们，尤其是蔬菜与水果。如果饮食不健康或者身体缺乏维生素，服用一些抗氧化补充剂还能带来好处。但如果在均衡饮食（已经同时含

---

1 我叫它"反应性生物合成作用"（reactive biogenesis）：线粒体局部的自由基信号发出警告——呼吸能力太低不足以满足需求，个体线粒体做出反应。具体机制是，呼吸链呈高还原态（电子拥塞），电子就会逃逸出来，与氧气直接反应，产生超氧自由基。这些自由基与线粒体中控制基因复制的蛋白质（转录因子）互动。有些转录因子具有氧化还原敏感性，它们包含某些特殊的氨基酸（如半胱氨酸，cysteine），可以获取或失去电子，即容易被还原或氧化。一个很好的例子是线粒体拓扑异构酶I（topoisomerase-I），它控制线粒体DNA与蛋白质的接触。如果它的某个关键半胱氨酸被氧化，线粒体生物合成就会加强。因此，局部的自由基信号（它们从不离开线粒体）会增加线粒体的能力，根据需求提高ATP的生产。这种对突然变化做出反应的局部信号，能够解释为什么线粒体保留了一个小小的基因组（见第五章）。

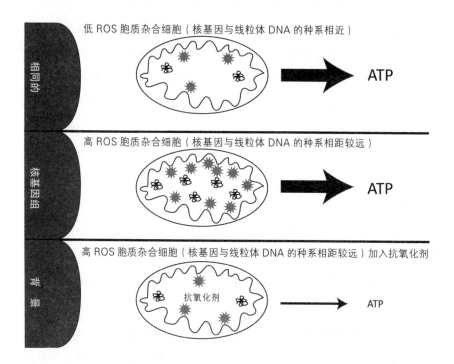

图 35　抗氧化剂可能有危害

　　这是胞质杂合细胞实验结果的示意图。每张图中的核基因组都几乎相同，主要差别在于线粒体 DNA。线粒体 DNA 分两种来源：一种来自与核基因同一种系的小鼠（上图，"低 ROS"）；另一种是来自不同种系的小鼠，线粒体 DNA 有一些差异（中图，"高 ROS"）。ROS 是活性氧（reactive oxygen species）的缩写，此处等同于线粒体自由基的泄漏速率。图中 ATP 的合成速率用箭头粗细表示，低 ROS 和高 ROS 胞质杂合细胞的 ATP 合成速率差不多。然而低 ROS 胞质杂合细胞制造这些 ATP 很轻松，自由基泄漏得慢（图中用线粒体中的小爆炸图案表示），也只需要较少的线粒体 DNA（图中的缠绕线团）。而高 ROS 杂合细胞的自由基泄漏速率比前者高出两倍多，线粒体 DNA 的数量也翻倍。所以，自由基泄漏似乎有助于提升呼吸作用。下图的实验从另一个方向支持这个结论：抗氧化剂降低了自由基泄漏，但同时也减少了线粒体 DNA 的数量，关键是降低了 ATP 的合成速率。所以，抗氧化剂实际上是扰乱了优化呼吸作用的自由基信号系统。

有抗氧化剂和促氧化剂）的前提下还要大量灌下抗氧化剂，那只能起到反作用。如果身体让大剂量的抗氧化剂进入细胞，就会惹出大麻烦，甚至有可能因为缺乏能量而使人送命。因此，身体不会允许它们进入。抗氧化剂的浓度，无论是在细胞内还是细胞外，都受到非常精确的调控。

而细胞凋亡通过消灭受损的细胞，也消灭了损坏的证据。自由基信号和细胞凋亡推翻了自由基老化理论早期版本做出的绝大部分预测。这也难怪，在提出这个理论的年代，研究人员都还没有发现这两个机制。我们没有观察到自由基泄漏的不断恶化，或是大量的线粒体突变，抑或是氧化损坏在组织中的不断累积；我们也看不到抗氧化剂能带来任何实际好处，也没有所谓的错误灾变。自由基的信号功能和细胞凋亡就是背后的原因，它们也很好地解释了：为什么自由基老化理论的预测几乎全部错了。既然如此，为什么我仍然认为有正确版本的自由基老化理论呢？如果自由基经由精妙的调控可以带来诸多好处，它与衰老之间又存在怎样的关系呢？

事实上，它确实可以解释不同物种之间的寿命差异。从 20 世纪 20 年代开始，研究人员就发现：生物的寿命长短与代谢率有关。性情古怪的生物测量学家雷蒙德·珀尔（Raymond Pearl）曾经就这个问题发表了一篇论文，题为"为什么懒人活得比较长"。实际上懒人并不长寿，反而比较短命。这只是珀尔故作惊人之语，目的在于引出他著名的"生命率理论"（rate-of-living theory）。这个理论本身倒是有些事实根据。代谢率较低的动物（通常是大象等大型物种），一般比代谢率较高的动物（比如大鼠和小鼠）寿命长。[1] 这一规律应用在爬行类、哺乳类和鸟类等同一大类生物内部相当准确，但在各大类之间比较时完全不成立。所以，该理论受到过不少质疑，或者说被无视了。然而，这个理论有一

---

1 这听起来有些矛盾：大型动物通常有比较低的代谢率（以单位体重计算）；但是我也说过，雄性哺乳动物通常体型较大，代谢率也较高。不同物种之间的体重差异可以高达好几个数量级，相比起来，同一物种内部的体重差异微不足道。在这样的尺度下考虑，同一种成年生物的代谢率实际上都是一样的（幼体的代谢率比成体要高一些）。前面我谈到的两性之间代谢率差异，是指发育过程中某个阶段绝对生长速率的差异。如果密特沃克的理论正确，这种差异足以造成身体左右两边的发育差异。详见第 247 页的脚注。

个简单的解释，我们已经很熟悉了：自由基泄漏。

自由基老化理论原始的假设认为，自由基是呼吸作用不可避免的副产物，参与呼吸作用的氧气中大约有 1%～5% 一定会转化为自由基。这个假设有两个错误。首先，所有传统实验测量的都是细胞或组织暴露在大气氧浓度下的情况，这个浓度远高于体内细胞接触到的实际氧气浓度。因此，实际的自由基泄漏速率可能比测量值低好几个数量级。这会造成无法估量的误差，因而得不出一个有意义的实验结果。其次，自由基泄漏**不是**呼吸作用中不可避免的副产物，而是故意释放的信号；而自由基的泄漏率，在不同物种、不同组织、每天的不同时间、不同的荷尔蒙状态、不同的热量摄取、不同的运动水平之间都存在天壤之别。人在锻炼时会消耗更多氧气，所以自由基泄漏会增高，这么想没错吧？错！它的泄漏水平其实一般都保持不变，甚至会降低，自由基泄漏相对于氧气消耗量的比值会下降很多。原因在于呼吸链中的电子流速度加快，整条路径更加"畅通"，呼吸蛋白复合体的还原态降低，就更不容易与氧气直接发生反应（图 36）。具体细节不重要，这里的关键在于："生命率"与自由基泄漏之间并没有简单清晰的关系。我们介绍过：鸟类的寿命比根据代谢率预测的"应有寿命"长得多；它们的代谢率很快，但自由基泄漏相对很少，活得很长。真正的相关性，其实是在自由基泄漏与寿命长短之间。当然，用相关性来推断因果性是众所周知地不靠谱。但这里的相关性非常显著，它会是因果关系吗？

考虑自由基信号在线粒体中造成的影响：优化呼吸作用，消灭有缺陷的线粒体。自由基泄露得最多的线粒体，也会复制出最多份拷贝，原因在于自由基信号导致增加复制来加强呼吸能力，解决呼吸作用不足的问题。但是，如果呼吸作用不足不是因为能量供求关系的改变，而是因为线粒体和核基因不兼容呢？衰老过程中，一些线粒体确实会发生突变，让细胞中的线粒体种群成为不同类型的混杂，有些与核基因配合较好，有些较差。想想这会带来什么问题。最**不兼容**的线粒体通常会泄漏最多的自由基，因此自我复制的拷贝会多于其他线粒体。这又会导致两

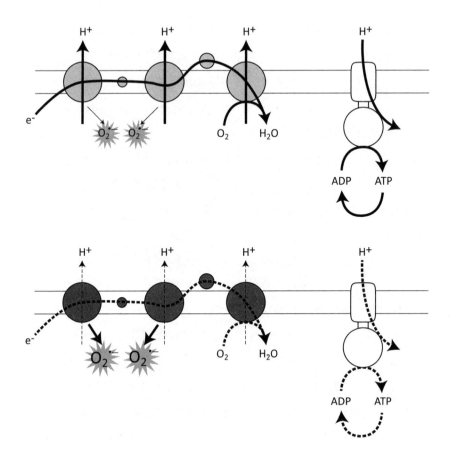

图 36　为什么不运动不利于健康

　　传统的自由基老化理论认为，呼吸链中总有一小部分电子会"泄漏"出来，直接与氧气反应，形成超氧自由基等自由基分子。因为运动时，我们会消耗更多氧气，电子流的流速也更快，所以传统假设认为：即使电子泄漏的比例不变，运动时的自由基泄漏也会增加。但事实并非如此。上图显示运动时的实际情况：因为 ATP 消耗很快，所以呼吸链中电子流也更快。这让质子从 ATP 合酶流入，降低膜电位，并让呼吸链可以泵出更多质子补偿，电子流更快地通过呼吸链流向氧气，让呼吸蛋白复合体中很难积聚电子，降低了它们的还原态（浅灰色代表低还原态）。这意味着，运动时人体内自由基泄漏得较少；不运动时的情况恰好相反（下图），自由基的泄漏速率更高。ATP 消耗少，膜电位就更高，质子更难泵出，呼吸蛋白复合体中便会逐渐积累电子（深灰色代表高还原态），所以泄漏出更多的自由基。赶紧跑步去吧。

种可能的结果：细胞要么死于凋亡，抹去所有的线粒体突变；要么继续活下去。先看第一种结果。死亡的细胞可能被替换，也可能不被替换。如果发生替换，那么一切正常。但如果死掉的细胞没有接班人，比如脑细胞或心肌细胞的情况呢？这个组织会逐渐流失，留下的细胞数量更少，但需要承担的工作负荷不变，压力就会变大。当细胞处于这种生理压力之下时，数千个基因的活性都会发生变化，如同前面提到的果蝇睾丸线粒体-核兼容性实验。在这个过程的每一个阶段，自由基泄露都没有损坏蛋白质或 DNA，也没有造成"错误灾变"。所有变化都由线粒体内部精微的自由基信号传递系统驱动，但最终却导致了组织流失、生理压力加剧，以及基因调控的改变。这些变化都是衰老的表现。

第二种结果，细胞没有死于凋亡，又会怎样？能量需求不高时，有缺陷的线粒体或者发酵作用（发酵作用产生乳酸，经常被错误地称为无氧呼吸）还可以应付。这种情况下，我们就能在"年迈"的细胞中发现线粒体突变的累积。这些细胞不再正常生长，却可能成为组织中的"刺头"。它们自身承受着生理压力，经常引起慢性发炎和生长因子失调。这会刺激附近本来就有生长倾向的细胞，比如干细胞和血管细胞等，导致它们在不该生长的时候开始生长。如果运气欠佳，它们就会发展成癌症。癌症在绝大多数情况下都与年龄有关。

值得再次强调的是，整个过程发生都被能量不足驱动，而能量不足又是线粒体中的自由基信号系统所致。不兼容性随着年龄的增长而逐渐累积，会破坏线粒体的正常功能。这与常规的自由基理论完全不同，因为它与线粒体或细胞其他部位的氧化损伤没有关系（当然，这个新理论也不排除氧化损伤的存在，只是没有必要在理论上引入）。如前所述，因为自由基信号的功能是增加 ATP 合成的信号，据此可以**预测**，用来阻断自由基的抗氧化剂不会带来什么好处：既无法延年益寿，也无法预防老年病——因为就算它真能到达线粒体，也只会降低细胞的能量供给。这个观点也能解释为什么随着年龄上升，发病率和死亡率都指数级增长。组织的功能会在几十年间缓慢衰退，最终会低于执行正常功能的最低需求。我们会越来越难以应付费力的活动，到最后甚至连静态的生存都无法维持。在人生的最后几十年间，这个过程会在每个人身上重现，让殡葬师的统计图成为指数曲线。

那么我们能做什么来防止衰老呢？我说过珀尔错了，懒人并不会长寿，运动才有好处。所以，只有一定程度的卡路里限制和低碳水化合物饮食，才能有效延缓衰老。它们都会促进生理压力反应（就像促氧化剂的作用），能够清除一些有缺陷的细胞和线粒体，短期内有利于生存，不过，代价通常是降低生育力。[1] 这里我们再次注意到有氧代谢能力、生育力与长寿三者之间的关联。但是，靠自我调整生理赢得的天年毕竟有限。我们自身的演化历史已经设定好了寿命的最长极限，这个极限最终受制于大脑中神经突触网络的复杂度，以及其他组织中干细胞的数量。据说，亨利·福特（Henry Ford）会去废车场检查报废的福特汽车，看看哪些零件还能继续使用，然后要求在福特的新车型中，用较为便宜的版本替换这些过分坚固耐用的零件，从而节省成本。同理，因为我们的大脑最先老化，那么，如果胃黏膜组织中保留大量干细胞却从来没有机会使用，这在演化上是没有意义的。我们现在的预期寿命，几乎已经是经过演化长期优化的结果。所以我认为，仅靠微调自身的生理状况，我们不太可能找到什么办法活过120岁。

不过演化完全是另一回事。死亡门槛随物种而变动。有氧需求较高的物种，如蝙蝠和鸟类，有非常低的死亡门槛；即使胚胎发育过程中发生有限的自由基泄露，也会启动细胞凋亡；只有泄漏极少的胚胎才能发育成熟。自由基泄漏低对应着个体的长寿，原因我们已经讨论过。相反，有氧需求较低的动物，如大鼠和小鼠，死亡门槛较高，能承受较高

1　还可能有更糟的代价。清除受损线粒体的最好办法，就是强迫身体使用它们，加快它们的替换。比如，高脂肪饮食能强迫我们更多使用线粒体，而高碳水化合物饮食则会让我们更多使用发酵作用提供能量，线粒体反而用得不多。但是，如果你患有线粒体疾病（我们上年纪后都会累积有缺陷的线粒体），可能无法承受这样的饮食转换。有些线粒体疾病患者采用生酮饮食（ketogenic diet，即高脂肪、蛋白质充分、低碳水化合物的饮食）后会陷入昏迷，因为没有发酵作用的帮助，他们受损的线粒体无法提供正常生活需要的能量。

的自由基泄漏，代价是寿命较短。所以我们能得出一个很简单的预测：持续选择有氧代谢能力较强的后代，经过很多代之后就能延长物种的寿命。这个预测得到了部分验证。比如大鼠实验中用跑步机运动来选择它们的有氧代谢能力。如果让每一代表现最好的大鼠互相交配，表现最差的也互相交配，那么有氧代谢能力高的一组，其后代寿命会延长；有氧代谢能力低的一组，其后代寿命会变短。经过十代，前一组的有氧代谢能力增加到了后一组的350%，平均寿命长了将近一年（大鼠通常只能活三年，所以这个差异非常可观）。我认为，蝙蝠和鸟类在演化过程中也经历了类似的选择，或许可以外推到所有的温血动物。这种选择，最终可以让寿命延长一个数量级。[1]

人类可能并不愿意接受这样的选择，这太像历史上备受争议的人种改良式优生学。哪怕确实有效果，这种社会改造工程所带来的麻烦，恐怕会远多于它能解决的问题。不过，我们可能已经在这样做了。人类的有氧代谢能力确实比近亲的大猿（Great Apes）更高，寿命也比它们长得多。人的代谢率与黑猩猩和大猩猩相仿，但寿命几乎是它们的两倍。也许，这是人类物种形成之初，在非洲草原上追逐瞪羚的生活方式留给我们的遗产。你可能不喜欢耐力长跑的滋味，但这种活动塑造了我们作为人类的特征。没有痛苦，就没有收获。真核生物需要两个基因组协同工作，从这个简单的事实出发，我们能推出一系列预测：我们的祖先增加了有氧代谢能力、降低了自由基泄漏、降低了生育力，但同时延长了寿命。这些预测中有多少是对的呢？它们都是可验证的假说，可以被证伪。但是因为生命需要嵌合式的线粒体，这些变化的出现是不可避免的。而嵌合式的线粒体又由真核细胞的起源决定；这个发生在20亿年前的单一事件，让细胞突破了亘古以来束缚细菌的能量限制。难怪，非洲大草原上壮丽的日落，仍然能让我们心潮澎湃。它述说着一系列奇妙又曲折的前因后果，让我们的存在可以追溯到地球上最初的生命源头。

---

[1]　我在过去的著作《线粒体：能量、性、死亡》和《生命的跃升》中详细讨论过有氧代谢能力与内温性演化之间的相互影响。如果你有兴趣多了解一些，我只能鼓起勇气毛遂自荐。

后 记
来自深海

在日本伊豆小笠原群岛海域某处超过 1 200 米深的海底，有一座名为明神海丘（Myojin Knoll）的火山。十多年来，一组日本生物学家在这片水域拖网打捞，搜寻有趣的生命形态。据他们报告，一开始并没有找到什么让人意外的东西，直到 2010 年 5 月，他们捞起了一些附着在深海热液喷口附近的多毛纲蠕虫。有趣的并不是这些蠕虫本身，而是蠕虫身上的微生物——其实只是其中一个细胞。它乍看起来很像真核生物（图 37），但是仔细观察之后，就成了最耐人寻味的谜团。

真核生物的字面意思就是"真正有细胞核"的生物。捞自明神海丘的细胞，其中有个结构粗看起来很像是一个正常的细胞核。它还有层层叠叠的内膜系统，也有一些内共生体（可能是氢酶体，一种从线粒体演化而来的构造）。它与真菌和藻类等真核生物一样也有细胞壁，但是没有叶绿体。这并不让人意外，毕竟它来自漆黑的深海。细胞的尺寸较大，长约 10 微米，直径约为 3 微米，体积大约为大肠杆菌等典型细菌的 100 倍。它的细胞核也很大，占了细胞差不多一半的体积。表面上看，这个细胞不属于任何已知的分类，但它显然是真核生物。你或许会想，只需要花点时间进行基因测序，就能在生命树上找到它合适的位置。

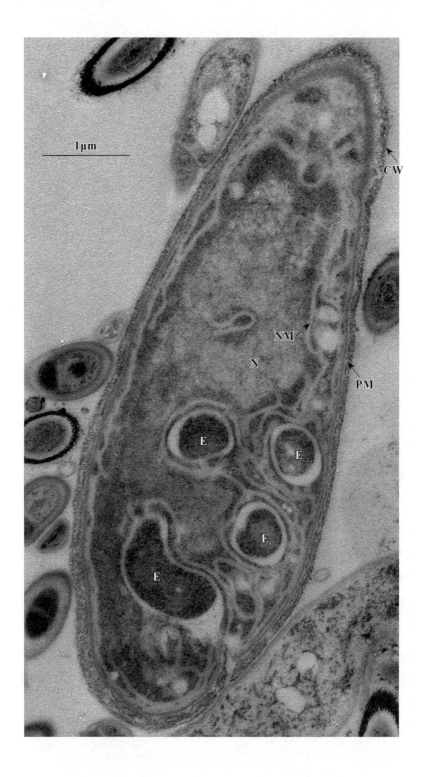

图 37　来自深海的独特微生物

　　这是原核生物还是真核生物？它有细胞壁（CW）、细胞膜（PM），还有被核膜（NM）环绕的细胞核（N）。它还有几个内共生体（E），看起来有点像氢酶体。这个细胞非常大，长约 10 微米；细胞核也很大，占了细胞体积的 40%。它显然是一个真核细胞吧？错。它的核膜是单层膜而非双层，也没有核孔复合体，只有一些不规则的间隙。细胞核中有核糖体（斑驳的灰色区域），外面也有。核膜和其他的内膜连续，甚至和细胞膜也连续。DNA 的形状与细菌一样，是直径 2 纳米的细纤维，而不是像真核生物那样的染色体。所以，它显然不是真核生物。我的猜测：这个神秘的细胞是一个获取了细菌内共生体的原核生物，正在重演真核生物的演化之路；它正在变得更大，基因组正在膨胀，正在累积高复杂度需要的原材料。但这是唯一的样本。由于没有进行基因组测序，我们可能永远无法知道答案。

　　但是再仔细看看！确实，所有的真核生物都有细胞核，但是所有的例子中，细胞核的结构都基本相似。细胞核都有双层膜，和其他细胞内膜连续；都有核仁，核糖体 RNA 在此合成；核膜上都有精细的核孔复合体，以及弹性核纤层；DNA 都被小心翼翼地包裹在蛋白质中，形成染色体；染色体是较粗的染色质纤维，直径有 30 纳米。在第六章我们介绍过，真核生物的蛋白质由核糖体合成，而核糖体一定在细胞核之外，这是细胞核与细胞质最基本的区别。而明神海丘细胞呢？它只有单层核膜，上面有一些缺口，没有核孔。它的 DNA 是细菌式的极细纤维，不是真核生物式的粗大染色体，直径只有 2 纳米。它的细胞核中有核糖体。我再强调一遍：细胞核中有核糖体！当然，细胞核外也有。它的核膜在好几处与细胞膜连续。那些内共生体可能是氢酶体，但是其中一些的三维重建模型呈细菌式的螺旋状；它们看起来像是新近才被宿主获取的细菌。细胞虽然有内膜，但没有任何类似于内质网、高尔基体和细胞骨架的结构，而这些都是典型的真核生物特征。也就是说，这个细胞实际上与现代的真核生物差异很大，只是表面相似而已。

　　那它到底是什么呢？发现者也不清楚。他们把它命名为明神海丘准核细胞（*Parakaryon myojinensis*）。"准核细胞"（Parakaryon）这个新造的术语，表明了它实际的中间形态。他们发表在《电子显微学报》（*Journal of Electron Microscopy*）上的论文，标题是我见过的最吊人胃口的：原核生物还是真核生物？来自深海的独特微生物。他们立论的问题真是漂亮，但论文本身并没有很好地提供答案。如果他们进行了全基因组测序，甚至只需要测定核糖体RNA的特征，就能更深刻地揭示这个细胞的真实身份，也能让这篇被人忽视的科学文献，变成《自然》级别的高影响力论文。但是他们把唯一的样本做成了电子显微镜切片。作者唯一能确定的，就是在15年的研究和10 000份电子显微镜切片中，他们从未见过类似的生物，在此之后也再没见过。其他任何人也都没见过。

那它到底是什么呢？这些不寻常的特征，有可能是研究者制备样本时人为造成的。考虑到电子显微学过去不太光彩的记录，我们不能忽略这个可能。但是反过来问，如果这些特征是人为造成的，那为什么只有这样一份奇特的孤品？又为什么细胞的各种结构虽然古怪，看起来又自洽而合理？我认为，它不是人为错误的产物。这样只剩下三种可能。第一种可能，它是一个经过高度演变的真核细胞，为了适应不寻常的生活方式改变了正常的构造，才能寄生在深海热液喷口的蠕虫身上。但这种可能性不高。因为很多其他的细胞都在类似的环境中生存，但它们没有这样做。通常，高度演变的真核生物会失去许多原型特征，但残存下来的仍然是很容易辨识的真核生物特征。比如源真核生物一度被认为是中间型的活化石，但后来发现它们是由标准的真核生物演变的。如果"明神海丘准核细胞"是高度演变的真核生物，那么鉴于它的细胞基本布局都发生了剧变、完全不同于我们见过的任何例子了。我不认为是这种情况。

另一种可能，它真的是一个中间型活化石，"真正的源真核生物"，不知如何能幸存至今。在稳定的深海环境中，它无法演化出现代真核生物的特征。原论文的作者倾向于这种看法，但我还是无法赞同。它们并不是生活在从不改变的环境中，而是依附在多毛纲蠕虫的背上。这种蠕虫是复杂的多细胞真核生物，在真核生物演化初期显然尚不存在于世。还有，这个样本的种群密度极低：搜寻了这么多年，只发现了一个细胞。这也让我不太相信，它们真能毫无变化地存活 20 亿年之久。小种群的生物极易灭绝。如果种群能够扩张，一切都好说；但如果不能扩张，随机出现的运气问题迟早会将寥寥无几的个体消灭殆尽。20 亿年是非常漫长的时间，比深海中的腔棘鱼（公认的活化石）的存活时间长了30 倍。如果真有从真核生物演化早期幸存下来的物种，至少应该和现称的源真核生物一样兴盛且常见。

这样就只剩下最后一种可能。如同福尔摩斯的名言："一旦你排除了所有不可能的情况，那么剩下的，无论多么不可思议，一定是事实的真相。"前面两个选项并非完全不可能，第三种可能却是最有趣的：这是一个原核细胞，获取了一些内共生体，正在变成一个类似于真核生物的细胞，重演演化之路。我认为，这么解释合理得多，马上就能解释为什么种群密度如此之低。就像前文讨论过的，原核生物之间的内共生作用非常罕见，而且具体运作中充满困难。[1] 在原核生物初步探索内共生作用的阶段，自然选择对宿主和内共生体双方的压力都很严峻，绝不容易承受。这种细胞最有可能的命运就是灭绝。此外，原核生物内共生作用的假设也可以解释，为什么这个细胞的各种特征粗看貌似真核生物，实际上又不是。比如这个细胞很大，基因组看起来也比其他任何原核生物大得多，而且包裹在类似细胞核的结构中，核膜与其他内膜连续，诸如此类。这些特征都是我们之前根据基本原理做出的预测，理应在原核细胞内共生演化过程中出现。

我敢打赌，这些内共生体已经丢弃了基因组中的很大一部分。正如

1　明神海丘准核细胞的内共生体，发现于论文作者描述的"吞噬体"中（细胞中的一些液泡），尽管它仍有完整无缺的细胞壁。他们认为宿主细胞从前是一个吞噬细胞，但后来失去了这种能力。这不一定正确。再看一下图 25：图中的细胞内细菌也被包裹在非常类似的"液泡"中，但这张图的宿主细胞明显是蓝细菌，所以肯定不会有吞噬作用。丹·武耶克（Dan Wujek）认为，这些包裹着内共生体的液泡是制备电子显微切片时缩水造成的。我猜测，明神海丘准核细胞内部的那些"吞噬体"，应该也是类似的人为缩水现象，与吞噬作用没有关系。如果是这样，就没有理由认为宿主细胞的祖先是更复杂的吞噬细胞。

我之前论证的，只有内共生体丢弃基因，才能支持宿主的基因组扩充到真核生物的水平。只有内共生体和宿主两个基因组极度不对称，才能支持复杂形态的独立起源。看起来，这正是这个细胞中发生的情况。宿主的基因组显然很大，占了细胞超过 1/3 的体积，而本来体积就已经是大肠杆菌的 100 倍。基因组被包在一个表面上很像细胞核的结构之中。奇怪的是，只有一部分核糖体被隔在这个结构之外。这是否意味着内含子假说不正确呢？很难说，因为这个宿主细胞可能本来也是细菌，而非古菌，所以能较好地兼容细菌性的移动内含子。鉴于细胞核区室已经独立演化出现，我认为类似的演化力量已经在此发挥作用，而且同样会发生在其他有内共生体的大型细胞中。那么它有没有别的真核生物特征，比如有性生殖和不同的交配型呢？因为没有测得基因组序列，我们也无从得知。这真是最耐人寻味的谜团。我们只能静待新的发现，这正是科学中不可避免也永无止境的不确定性。

本书是一个大胆的尝试，试图预测生命为什么会是这样。大致看来，明神海丘准核细胞正在重走一条平行的演化之路，从细菌祖先通往复杂的生命形态。在宇宙中的其他地方，生命是否也会沿着同样的演化之路发展呢？这取决于出发点，也就是生命的起源。我认为，同样的起源也很可能一再重演。

地球上所有的生命都使用化学渗透，都依靠跨膜质子梯度驱动碳代谢和能量代谢。我们已经探讨了这个奇特机制可能的起源与后果。维持生命需要持续的动力，需要永不停止的化学反应制造出各种活性中间体，包括副产物 ATP。这些分子才能驱动形成细胞所需的耗能反应。生命诞生之初，碳流和能量流必定更加充裕，因为那时还没有演化出生物催化剂，无法把代谢反应限制在狭窄的路径中。极少有自然环境能满足生命起源的诸多条件：连续、大量的碳和能量流入；流经矿物催化剂；反应集中在一个微区室化的系统中发生，既能浓缩产物，又能排出废物。也许还有其他环境能满足这些条件，但碱性热液喷口一定可以，而且类似的环境应该普遍存在于宇宙中有水的岩石行星上。碱性热液喷口环境支持生命起源的几个要素：仅仅是岩石（橄榄石）、水和二氧化碳，三种宇宙中最普遍的物质。光是在银河系的 400 亿颗行星之中，或许现在就有不少适合生命起源的环境。[1]

碱性热液喷口既带来了麻烦，也提供了解决之道。它们富含氢气，但氢气并不容易与二氧化碳直接反应。我们讨论了半导性矿物薄壁两侧形成的天然质子梯度，理论上能够驱动有机分子合成，最终在热液喷口的微孔结构中形成细胞。如果是这样，那么生命从一开始就必须依靠质子梯度（以及铁硫矿物质），才能突破氢气和二氧化碳反应的活化能障壁。要依靠天然质子梯度生长，这些早期细胞就需要有渗漏的膜，才能截留住生命所需的各种分子，而不至于切断提供能量的质子流。这些条件又让细胞无法离开碱性热液喷口，除非经历一连串按照严格顺序发生的演化事件（比如必需反向转运蛋白），才能让主动离子泵与现代型的磷脂细胞膜一起协同演化。通过了这道狭窄的关口，细胞才能离开热液喷口，扩散到早期地球的海洋和岩石环境中。我们分析了这一系列具有严格顺序的演化事件，才能解释"露卡"（所有生命最后的共同祖先）那些矛盾的特征，才能解释细菌和古菌之间的深刻差异。也只有这些严格的条件才能解释为什么所有的地球生命都使用化学渗透，以及为什么这种奇特的机制在生物中与遗传密码一样普遍。

适合生命起源的环境普遍存在于宇宙中，但又有一系列严格的条件控制着最终的走向。在这样的生命起源场景中，宇宙中其他地方的生命很可能也依赖化学渗透，所以也会面临相似的机遇和限制。化学渗透偶联赋予生命无限的代谢多样性，让细胞几乎可以利用任何物质"进食"和"呼吸"。细菌之所以能利用水平基因转移共享基因，是因为遗传密码为万物共有。同理，因为所有生物都使用化学渗透偶联的操作系统，那些适应各种不同环境的代谢套装，就可以在生物之间互相传递、即插即用。如果说，在宇宙其他地方（包括我们的太阳系）找到的细菌不是

1　根据开普勒空间望远镜的观察数据，银河系中每五个类日恒星中就会有一个"类地行星"位于可居住带（habitable zone）。按这个比例测算，银河系中共有四百亿颗适合生命起源的行星。

以同样的方式生存、不依靠氧化还原反应和跨膜质子梯度提供能量，那才真叫人吃惊。因为这些现象都可以根据基本原理预测到。

如果真是如此，那么宇宙中其他的复杂生命也会面临与地球上真核生物同样的限制；外星人也应该有线粒体。所有的真核生物都来自同一个祖先，这个祖先的出现源于原核生物之间罕见的内共生作用，演化史中的单一事件。这种细菌之间的内共生，我们现在已知两个例子（图25），算上明神海丘准核细胞，那就有三个。所以我们知道，不靠吞噬作用，一个细菌也能进入另一个细菌体内。在40亿年的演化历程中，这至少应该发生过数千次，甚至数百万次。这是一个瓶颈，但并不是最苛刻的。每一次内共生事件中，内共生体应该都会丢弃基因，宿主细胞倾向于变得更大，基因组变得更加复杂，这正是明神海丘准核细胞现在的样子。但是，宿主细胞和内共生体之间应该会发生激烈的冲突，这才是瓶颈的第二部分，一道严酷的双重打击，让复杂生命的演化困难重重。最初的真核生物，很可能是在小种群中快速演化。因为真核生物的祖先已经有了许多我们从未在细菌身上见过的共同特征，这意味着前者的种群很小且不稳定，并且进行有性生殖。如果明神海丘准核细胞确实如我所想，是在重演真核生物的演化之路，那么它极小的种群规模（15年的搜寻只找到了一个样本）恰恰符合理论预测，而它最有可能的命运就是灭绝。这也许是因为它没有把所有核糖体成功地排除在细胞核之外，也许是因为它还没有发明有性生殖。也许，它会抽中演化的头彩，播下真核生物第二次降临地球的种子。

我认为可以得出合理的结论：宇宙中的复杂生命很罕见。自然选择中不存在固有的倾向去促使人类或是其他复杂生命出现。生命最有可能的状态，是停滞在细菌那种复杂度的水平，虽然我没法给出任何统计概率。明神海丘准核细胞的发现可能会鼓励很多研究者：如果地球上都多次出现了复杂生命的起源，那么在宇宙其他地方可能也会比较常见吧？也许是这样。但是我可以更确定地说，基于能量的原因，复杂生命的演化需要两个原核生物之间的内共生；这是一个罕见的随机事件，罕见到怪异的程度，随后两个细胞之间的激烈冲突又使其难上加难。只有度过这个艰险的阶段之后，复杂生命才回到标准的自然选择演化道路上。我们论证了很多真核生物共有特征都可以根据基本原理预测，从细胞核到有性生殖。我们还可以更进一步：两性的演化、生殖细胞与体细胞的区别、细胞程序性死亡、嵌合式线粒体、有氧代谢能力和生殖力之间的平衡、适应性与疾病、衰老与死亡，所有这些特征的出现，都源于"细胞中的细胞"这个出发点，也都可以预测。如果演化从头再来一次，它们还会重现吗？我认为大致都会。我们早就应该从能量角度研究演化了，这样的方法能为自然选择提供可预测的基础。

　　能量的要求远比基因严苛。看看你的周围，这个美妙的世界反映了基因突变和重组的伟力，它们是自然选择的基础。窗外的大树和你有一部分基因相同，但你和树在大约15亿年前的真核生物演化早期就已分道扬镳，各自沿着不同的路径前行。突变、重组和自然选择造就了不同的基因，而不同的基因为你和树规划了不同的路径。你在树林中奔跑，偶尔还喜欢爬树；而树木在微风中轻轻摇曳，用最神奇的生化魔术把空气转变成更多的树。你和大树之间这么多的差异，全都刻写在基因之中。这些基因都源自共同的祖先，但是现在却大多分化歧异，让人很难辨认出任何相似性。所有这些变化，都在漫长的演化旅程中被允许、被选择。基因几乎是无限宽容：任何可能发生的，都会发生。

　　但是那棵树也有线粒体。线粒体的运作方式与叶绿体差不多，无数电子在亿万条呼吸链中永不停息地流动，无数质子被泵出线粒体内膜。大树一直在做这些事，你也一直在做这些事。这些电子与质子的循环，从你还在母亲的子宫中开始，就支撑着你的生命：你每秒钟要泵出 10^{21} 个质子，从不间断。你的线粒体来自母亲的卵子，这是她留给你最珍贵的礼物。这份生命之礼，可以一代一代、毫无间断地追溯到40亿年前深海热液喷口之处，生命最初的扰动。线粒体的功能性命攸关，不容干扰。比如氰化物进入细胞，就会遏制电子和质子的流动，让你的生命戛然终止。衰老有同样的效果，不过它的步调缓慢而温柔。死亡就是电子流和质子流的终止，是膜电位的停息，是从未间断的氧化还原火焰最终归于熄灭。如果说，生命不过就是一个电子寻找归宿的过程，那么死亡就是电子终于可以安息之时。

　　能量流令人惊叹，却又冷峻无情。哪怕是几分钟、几秒钟的改变，都可能让生命的实验走向终点。孢子可以躲避能量流的严厉，沉入代谢的休眠，醒来时继续幸运的生存；但其余所有的生物，包括我们，仍然要随时依赖这样的能量机制，与最初的活细胞没有区别。这些机制从未发生过根本改变。怎么可能改变呢？活着才有生命，而活着就需要永不停息的能量流。所以，能量流对演化路径施加了严格的限制，决定了什么可以，什么不行。细菌一直都是细菌，永远不能改动供给它们力量生长分裂、征服世界的火焰。一次偶然的意外：原核生物之间的内共生事件，终于突破了能量之障。但它也没有改动生命之火，而是在每个真核细胞中引燃星星点点的火种，最终演化出复杂生命。我们人类的生理与演化，完全依赖于火焰的继续燃烧，而火光也照亮了我们的过去与现在，种种不可索解之处。我们的头脑，宇宙中最不可思议的生物机器，被永恒的能量之流驱动，现在可以思考自身，追问生命为什么会是这样。这又是演化中何等的幸运！

　　愿质子动力与你同在！

术语表

ATP　三磷酸腺苷的缩写，所有细胞通用的能量"货币"。生命体利用
　　ATP后产生的分解产物是ADP（二磷酸腺苷）和磷酸基团（PO_4^{3-}）。
　　呼吸作用产生的能量会被用来重新结合磷酸基团和ADP，再次合成
　　ATP。**乙酰磷酸**是一种更简单的（二碳）能量货币，作用方式与ATP
　　类似。早期地球的地球化学作用可能可以直接合成乙酰磷酸。

ATP合酶　一种精巧的蛋白质旋转机器。它是嵌在膜上的纳米涡轮，通
　　过膜外质子回流驱动ATP合成。

DNA　**脱氧核糖核酸**的简称。DNA是遗传物质，呈双螺旋结构。**寄生
　　DNA**是指利用生物体的基因组藏身，"自私"地复制自己的DNA。

pH值　酸度（准确地说是质子浓度）的衡量单位。酸的质子浓度高
　　（pH值低，小于7）。而碱的质子浓度低（pH值高，7~14）。纯水呈
　　中性，pH值为7。

RNA　**核糖核酸**的简称。它是DNA的近亲，但是因为有两处微小的差
　　异，结构和性质都有别于DNA。RNA有三种主要形式：信使RNA（转
　　录自DNA的代码脚本）、转运RNA（会根据遗传密码运送指定的氨
　　基酸）和核糖体RNA（充任核糖体机器的部件）。

RNA世界　一种科学假说中的早期演化阶段，其中RNA同时充任自我
　　复制的模板（如同DNA现在的地位）和加快反应的催化剂（如同现

在蛋白质的地位）。

埃（符号为 Å）　一种长度单位，原子的尺寸大约是 1 埃。具体的换算如下所示：1 埃等于 1 米的一百亿分之一（10^{-10} m）。1 纳米等于 10 埃，即 10^{-9} 米。

氨基酸　一类生物小分子，共有 20 种，是生命的基础构件。各种氨基酸可以连成一条长链，形成蛋白质分子（一个蛋白质通常由几百个氨基酸分子相连而成）。

不平衡状态　一种具有反应潜力的状态，分子"想要"互相发生反应，但还没有发生。有机物和氧气就处于不平衡状态；如果机会合适（比如点燃一根火柴），有机物就会氧化燃烧。

重组　在"流动"的染色体中，某个染色体上的一小段 DNA，与另一个染色体上相同位置的 DNA 互相交换。最终，重组后的染色体会带有位置相同但组成不同的基因（特别是指等位基因）。

单亲遗传　子代细胞只从双亲中的一方系统地继承线粒体，通常继承自卵子而非精子。**双亲遗传**是指子代细胞的线粒体继承自双亲两方。

单源辐射演化　从一个共同祖先（或是单独一个分类门）分化出多个物种的现象，可以用车轮的辐条从轮轴中心发散的结构类比想象。

蛋白质　由氨基酸串成的长链分子，有严格的序列顺序，由基因中的 DNA 字母序列指定。**多肽**是较短的氨基酸链，不一定有严格规定的序列。

等位基因　一个基因在生物种群中的特定形式。

电子　一种亚原子粒子，带有一个单位负电荷。**电子受体**是得到一个或多个电子的原子或分子；而**电子供体**是失去电子的原子或分子。

凋亡　细胞程序性死亡。这是一种由基因编码设定的耗能过程，细胞自己降解、拆碎自己，剩下的物质循环利用。

多态性，方差（variance）　方差是统计学中一组数值分散程度的量度。如果方差等于零，表示所有的数值都相同；如果方差很小，表示所有数值都很接近平均值；如果方差很大，表示这组数值分布很散，彼此差异很大。本书原文中的 variance 通常用来描述一组同源生物学实体（例如等位基因、线粒体）之间的分布差异，因此一般翻译为多态性。

多系辐射演化　从数个不同的祖先（或不同的分类门）各自独立分散演化出多个不同物种，就像车轮上不同的辐条，从各自的轮轴中心发散开去。

发酵作用　发酵作用不是无氧呼吸。发酵作用是纯粹的化学过程，能够直接产生 ATP，与跨膜质子梯度和 ATP 合酶没有关系。不同生物的发酵作用，其反应路径也略有不同。人类发酵作用的代谢副产物是乳酸，酵母则会产生酒精。

反向转运蛋白　一种"旋转门"式的蛋白质，通常嵌在细胞膜上，用一个原子（离子）进入交换另一个原子（离子）出去。比如，质子（H^+）交换钠离子（Na^+）。

放能（exergonic）　反应会放出自由能，可以用于做功的化学反应。**放热（exothermic）**　反应是会放出热量的化学反应。

复制　细胞或分子（通常指 DNA 分子）从一份复制成两份的过程。

古菌　生物的三大域之一。另两个域是细菌和真核生物（包括人类）。古菌是原核生物，没有细胞核来储存 DNA，也不像复杂真核生物那样拥有各种精巧繁复的内部构造。

固定（fixation）　某个特定形式的等位基因传播到了种群中的每一个个体。

光合作用　利用太阳能从水分子（或其他物质）中提取电子，把电子加在二氧化碳分子上，从而把二氧化碳转换为有机物。

还原　物质得到一个或多个电子，这时我们称物质被还原了。

耗散结构　具有一定特征的稳定物理结构，如漩涡、飓风和喷射流。维持这种结构需要持续地注入能量。

核苷酸　构成 DNA 与 RNA 的组件小分子，可以连在一起形成长链。酶的结构中也有相关的核苷酸分子，它们会充当辅因子，催化特定的反应。

核糖体　制造蛋白质的"工厂"，存在于所有细胞中。它们根据 RNA 代码脚本（从 DNA 转录而来），把氨基酸构件用指定的顺序连接起来，转换成蛋白质。

呼吸作用 "燃烧"（氧化）营养物质，把释放出来的能量用以生产 ATP 的过程。呼吸作用通过**呼吸链**的一系列反应步骤，从食物或其他电子供体（如氢气）那里提取电子，传递给氧气或其他电子受体（如硝酸盐）。这个过程所释放的能量用于把质子泵出膜，产生质子动力，驱动 ATP 合成。请参考**无氧呼吸**和**有氧呼吸**。

化学渗透偶联 利用呼吸作用产生的能量，把质子泵出膜外；质子通过膜上的蛋白涡轮（ATP 合酶）回流，就能驱动 ATP 合成。如此一来，质子梯度便把呼吸作用与 ATP 合成这两个过程偶联在了一起。

基因 一段编码蛋白质（或其他终产物，如调节 RNA）的 DNA 序列。**基因组**是指一个生物体内所有基因的总和。

基质 细胞生长所需的基础物质，由酶转化为生物分子。

减数分裂 有性生殖时细胞进行减数分裂，形成的配子细胞只有一套染色体（单倍体），不像亲代细胞有两套染色体（二倍体）。真核生物的普通细胞进行**有丝分裂**。细胞进行有丝分裂时，会先复制倍增染色体，然后在微管构成的纺锤体上把染色体平分给两个子细胞。

碱性热液喷口 通常位于海底的一种热液喷泉，喷出的碱性热液富含氢气；很可能在生命诞生的过程中发挥了举足轻重的作用。

露卡（LUCA） 最后共同祖先的缩写，也就是今天世界上所有活细胞的共同祖先。露卡的特征可以通过比较现代细胞特征重建。

酶 催化特定化学反应的蛋白质。与无催化状态相比，酶通常能让反应速度加快数百万倍。

膜 本书中的"膜"均指生物膜，是围绕在细胞外部、非常薄的脂质膜层（细胞内部也有）。膜为脂双层结构，两层脂质分子的疏水尾部朝内，亲水头部朝外。**膜电位**是膜两侧的电荷不同而产生的电位差。

内共生作用 两个细胞之间的一种共生关系，其中一个细胞生活在另一个细胞体内，通常会交换彼此的代谢物质。

内含子 基因序列中编码部分之间的间隔序列，对编码蛋白质没有贡献，通常在制造蛋白质之前就已被切除出 RNA 转录本。**移动内含子**是一种基因寄生物，会在基因组中多次复制自身。真核生物的内含子可能是真核生物演化早期，细菌移动内含子在基因组中广泛扩散，然后又发生突变衰退的结果。

旁系同源基因　同一个基因组的某个基因多次复制后形成了一个基因家族，该基因家族中的一个成员就是旁系同源基因。类似的基因家族可以在不同种生物中找到，都继承自同一个共同祖先。

染色体　DNA 分子形成的螺线管结构，周围紧紧地包裹着蛋白质，细胞分裂时可见。人类有 23 对不同的染色体，保存着我们所有基因的两套副本。**流动染色体**（fluid chromosome）是指进行基因重组的染色体，能制造出多种多样的等位基因组合。

热力学　物理学的一支，研究热、能量和做功问题。热力学原理决定了在一组特定条件下某个反应发生的可能性。**动力学**决定的则是这种反应发生的实际反应速率。

热泳　液体因热梯度或对流而造成有机分子浓缩的现象。

熵　分子失序的状态，万物趋于混乱的倾向。

蛇纹岩化作用　某些岩石（比如富含镁、铁的橄榄石等）和水之间的化学反应，会生成富含氢气的强碱性热液。

水平基因转移　少量基因从一个细胞转移到另一个细胞，或直接纳入环境中裸露的 DNA。水平基因转移是同代细胞之间传递交换基因；而**垂直继承**是细胞分裂时，亲代细胞复制整个基因组后传递给子代细胞。

铁硫簇　一种类似于矿物质的小型结晶，晶格由铁原子和硫原子组成（通常是 Fe_2S_2 或 Fe_4S_4）。包括呼吸作用使用的某些蛋白质在内，很多重要蛋白质的核心都有铁硫簇。

突变　通常指基因中的特定序列发生改变，但也包括其他的遗传变异，例如 DNA 的随机缺失或多余复制。

吞噬作用　一个细胞吞噬另一个细胞的过程。被吞噬的细胞包裹在装有"食物"的液泡中，之后再在内部消化。**渗透营养作用**则是先在体外消化食物，再把降解后的小分子摄入细胞。真菌就是这样做的。

无氧呼吸　另一种呼吸作用形式，常见于细菌。这种呼吸作用使用氧气以外的分子（如硝酸盐或硫酸盐）"燃烧"（氧化）食物、矿物或气体。**厌氧生物**是指不依靠氧气生存的生物。请参考**有氧呼吸**和**呼吸作用**。

吸能（endergonic）反应　需要输入自由能（做功，不是热能）才能进行的反应。**吸热（endothermic）反应**指的是需要输入热量才能进行的反应。

细胞核　复杂（真核）细胞的"控制中心"，包含了细胞的绝大部分基因（还有少部分基因在线粒体中）。

细胞质　细胞内部在细胞核之外的胶状物质。细胞质含有水样的**胞质溶胶**，包围着细胞内部的各个结构，比如线粒体。**细胞骨架**是细胞内部的动态蛋白支架，会随着细胞形状的变化而延伸和重组。

细菌　生物的三大域之一。另外两个域是古菌和真核生物（包括人类）。细菌是原核生物，没有细胞核储存 DNA，也没有复杂真核生物的各种精巧繁复的内部构造。

线粒体　真核细胞中散布的"动力工厂"。它们源于 α-变形菌，现在还保有一个微小但极为重要的基因组。**线粒体基因**是指位于线粒体内部的基因。**线粒体生物合成**是指新线粒体的复制、生长过程，需要核基因参与。

新陈代谢　活细胞中维持生命的一系列化学反应。

性别决定　控制生物发育成雄性或雌性的过程。

选择性清除　环境对特定基因变体（等位基因）的强选择，最终使其取代种群中其他所有的等位基因。

雪球地球　全球发生低温冰冻的气候事件，赤道地区的冰川都会延伸到海平面处。研究认为，地球史上出现过多次雪球地球时期。

氧化　从物质的原子中夺去一个或多个电子，这时我们称物质被氧化了。

氧化还原　氧化反应和还原反应相结合的过程，实质是电子从供体转移给受体。**氧化还原对**是指一对特定的电子供体和受体。**氧化还原中心**

先接受一个电子，然后把它传递下去，所以氧化还原中心既是电子供体又是电子受体。

叶绿体 植物和藻类细胞内一种特化的细胞器，是进行光合作用的场所。它们源于能进行光合作用的细菌，即蓝细菌。

有性生殖 一种生殖循环。细胞先经过减数分裂形成配子，每个配子只有正常细胞一半的染色体；然后两个配子再结合，形成一个受精卵。

有氧呼吸 我们的呼吸方式。食物与氧气发生反应，释放的能量被生物利用来做功。细菌也可以用氧气"燃烧"矿物或其他气体。请参考**无氧呼吸**和**呼吸作用**。

原核生物 所有没有细胞核的简单细胞的统称（"原核"的字面意思是"细胞核出现之前"）。原核生物包括细菌和古菌，即涵盖了生物三大域中的两个域。

原生生物 所有单细胞真核生物的统称。有些原生生物可以非常复杂，有多达 4 万个基因，其细胞的平均体积至少是细菌的 15 000 倍。**原生动物**是一个虽然字面意思很形象，但其实已经过时的术语（字面意思是"最早的动物"），原指阿米巴原虫等行为类似于动物的原生生物。

源真核生物 不要与古菌混淆！源真核生物是多种单细胞的简单真核生物。过去曾被误认为是细菌与复杂真核生物之间"缺失的环节"。

真核生物 由一个或多个真核细胞组成的生物，其细胞都有细胞核和其他高度特化的结构，如线粒体。包括植物、动物、真菌、藻类和原生生物（如阿米巴原虫）在内的所有复杂生命形态，都由真核细胞组成。真核生物是生物的三大域之一，其他两个域是形态更简单的细菌和古菌。

脂肪酸 一种长链碳氢化合物，通常有 15～20 个相连的碳原子，是细菌和真核生物脂质膜的组成成分。长链的一端是一个酸性基因。

直系同源基因 不同种生物基因组中的相同基因，功能也相同。所有这些基因都继承自同一个共同祖先。

质粒 一小段环状的寄生 DNA，会从一个细胞传递给另一个细胞。质粒可以为宿主细胞提供有用的基因（比如增强抗药性的基因）。

质子　一种亚原子粒子，带有一个单位正电荷。一个氢原子由一个质子和一个电子组成。氢原子失去电子、只剩下氢原子核后，就是一个带正电的质子，用 H^+ 表示。

质子梯度　膜两侧因质子浓度不同而造成的势差。**质子动力**是由膜两侧电荷差异和质子浓度差异共同形成的电化学力。

种系　动物体内特化的、进行有性生殖的细胞（如精子和卵子）。所有细胞中只有它们负责传递基因，繁殖下一代。

转录　根据 DNA 序列复制成较短的 RNA 代码脚本（信使 RNA），是合成蛋白质的第一步。

转译　根据 RNA 代码脚本（信使 RNA）指定的精确氨基酸序列，在核糖体上把氨基酸组装成新蛋白质。

自私冲突　比喻两个不同实体之间存在利益冲突。这可以发生在不同的内共生体之间，或者质粒与宿主细胞之间。

自由基　有一个不成对电子的原子或分子。不成对的电子使自由基不稳定、反应性强。在呼吸作用中泄漏的氧自由基，可能在生物的衰老和疾病过程中扮演着重要的角色。

自由能　可以用来做功的能量（不是热能）。

致　谢

这本书标志着我生命中一段漫长旅程的终点，同时也是另一段新旅程的起点。前面一段，始于我先前的另一本书《能量、性、死亡：线粒体与我们生命的意义》（由牛津大学出版社于 2005 年出版）。那时候我刚开始思考本书讨论的问题：复杂生命的起源。关于真核细胞起源的问题，我深受比尔·马丁的影响。他在这个问题上有很多杰出的贡献，同时他和地球化学家迈克·拉塞尔在生命的起源、细菌和古菌的早期分化问题上做了很多创新研究。我那本书（以及这一本）中所有的内容，都植根于这两位演化生物学大师开创的研究基础。不过，本书中的另一些想法是我自己的新观点。写书给人思考的空间，对我来说，为普通读者写书是一种莫大的乐趣：思维必须清晰，表达思想的方式首先要让自己能够理解。这让我诚实地面对很多自己也不理解的问题，然后惊喜地发现，其中许多问题原来大家都不知道答案。所以，《能量、性、死亡》必然会提出一些创新的观点，而从那时开始，我就一直在反复思索。

我在许多国际研讨会和大学讲座中提出这些想法，同时也渐渐习惯于面对尖锐的批评。这些观点不断完善，我对能量在演化中的重要性也有了越来越透彻的整体理解。有些敝帚自珍的想法，我也认识到它们的错误而最终放弃。然而，无论一个观点有多精彩，只有表达成严谨的科学假说并加以检验时，才能成为真正的科学。直到 2008 年之前，这些都是不可企及的梦想。2008 年，伦敦大学学院为鼓励"大胆的思想者"提出开创性新思想，设立了一个新的奖项：开创性研究院长奖（Provost's Venture Research Prize）。这个奖项的设立要归功于唐纳德·布拉本（Donald Braben）教授的思想。他是一位活力无限的学者，长期以来致力于推动"科学自由"（scientific freedom）。布拉本认为，科学的本质是不可预测的，所以不应该用规范去限制；而社会为了控制"纳税人提供的经费"，经常人为规定科学研究的优先方向。真正突破性的科学思想，几乎总是来自最出人意料的方向，这其实是逻辑上的必然。而这些思想的突破性和开创性，不仅表现在科学上，同时也会辐射到更广泛的经济层面，因为科学进步是经济发展最重要的动力源之一。所以，对科学家的经费支持，最好能单纯以科学思想的力度为标准（当然这极难衡量），而不是根据眼下理解的、符合人类切身利益的标准。后一种策略通常都会失败，因为开创性的真知灼见经常来自现有研究领域之外，完全无视人为设置的界线。[1]

我很幸运地取得了申请伦敦大学学院新奖项的资格：我的书中充满了亟待验证的新思想。更幸运的是，布拉本教授最终接受了我的申请。他是这个奖项的设立者，对此我非常感激；在他之外，我同样感谢伦敦大学学院的研究副院长戴维·普莱斯教授（David Price），以及院长马尔科姆·格兰特教授（Malcom Grant）。他们的慷慨与科学视野，给予这个奖项和我本人诸多支持。我也非常感谢史蒂夫·琼斯教授（Steve Jones）的支持，他当时是遗传、演化与环境系主任，热情接纳我进入该系——对于我当时从事的研究，那是最理想的环境。

自六年前获奖之后，我一直竭尽所能，从各种角度研究我自己提

---

1 如果你想进一步了解布拉本教授的思想，他有几本观点鲜明的著作，最近的一本题目是《奖掖普朗克俱乐部：反抗权威的年轻人、桀骜不驯的研究者和空气自由的大学能促进长期繁荣》（*Promoting the Planck Club: How Defiant Youth, Irreverent Researchers and Liberated Universities Can Foster Prosperity Indefinitely*, Wiley, 2014）。

出的很多问题。"开创性研究奖"提供三年的研究经费，足够我厘清研究的方向，争取其他来源的经费继续工作。非常感谢利华休姆信托基金会，在过去三年间赞助了我关于生命起源的研究。很少有机构愿意支持真正实验性的科学研究，因为新方向的草创时期会遇到各式各样的难题。幸好，我们设计的小型台式生命起源反应器（bench-top origin-of-life reactor）已经开始产出令人兴奋的结果。如果没有基金会研究经费的支持，这些都不可能实现。本书就是这些研究初步结果的精华总结，也是一段新旅程的起点。

　　当然，这些研究都不是以一人之力完成的。我与杜塞尔多夫大学分子演化生物学教授比尔·马丁进行过许多讨论和思辨。他贡献了大量的时间、精力和思想与我合作，也毫不犹豫地纠正我的逻辑错误，或是无知。与马丁共同发表多篇论文是我真正的荣幸，我认为它们是对这个研究领域的重要贡献。在我的生活中，很少有什么事情能带来和马丁一起写论文那样的挑战和乐趣。我还从马丁那里学到了宝贵的一课：不要让那些想象中合理，但没有在真实世界中发现的可能性把问题复杂化；专注于生命中已知的实际现象，再去问为什么。

　　我同样感谢安德鲁·波米杨科夫斯基，他是伦敦大学学院的遗传学教授，大家都叫他"波姆"。波姆是遗传演化学家，浸淫于这个领域的思辨传统之中，曾经与传奇人物约翰·梅纳德·史密斯和比尔·汉密尔顿共事。他既带有这些学者传统的严谨，又对生物学中亟待解决的问题特别有兴趣。我成功地说服他，复杂细胞的起源正是这样的问题，而他把我引入种群遗传学这个既抽象又强大的领域。从这些截然不同的领域、用不同的视角去探索复杂生命的起源，对我来说是个艰苦的学习过程，也是极大的乐趣。

　　我在伦敦大学学院的另一位好友，以丰富的思想、精湛的专业技能和无限的热情推动了这些项目的进展，那就是芬恩·沃纳教授（Finn Werner）。他为这个课题引入了另一个迥异的视角，即结构生物学，特别是 RNA 聚合酶的分子结构研究。RNA 聚合酶是一台非常古老、极其壮丽的分子机器，提供了生命初期演化的线索。每次与沃纳共进午餐时的交谈都令我倍感振奋，回来后总能准备好面对新的挑战。

　　我也有幸与多名出色的博士生和博士后共事，他们的努力在很大程度上推进着这项研究工作。他们分为两组，一组负责实际操作反应器化学实验，另一组用数学技能来推演真核生物特征的演化。在此我要特别感谢巴里·赫希、亚历山大·威彻和埃洛伊·坎普鲁维这几位博士，正因为他们高超的实验技巧与协同一致的合作精神，才能在实验室中重现那些艰难的化学反应。还要感谢路易斯·达特内尔博士（Lewis Dartnell），他在项目初期帮助我们建造了原型反应器，让这些实验后续得以开展。在建造反应器方面，我还要感谢材料化学教授朱利安·埃文斯（Julian Evans）和微生物学教授约翰·沃德（John Ward），他们为反应器项目投入了大量自己的时间、技术和实验室资源，同时也和我共同指导学生。在这段求知的冒险旅程中，他们是我同舟共济的战友。

　　另一组负责数学建模的博士生和博士后，都来自伦敦大学学院一个无与伦比的博士生训练项目，作为志愿者参与我们的研究。这个项目由工程与科学研究委员会（Engineering and Physical Sciences Research Council）赞助，有一个很酷的缩写名称：CoMPLEX[1]，是"生命科学中的数学和物理与实验生物学研究中心"（Centre for Mathematics and Physics in the Life Sciences and Experimental Biology）的缩写。与我和波姆一同工作的学生，包括来自 CoMPLEX 的泽娜·哈吉瓦西露、维克托·索霍、阿鲁纳斯·拉齐维拉维修（Arunas Radzvilavicius）、耶斯·欧文等几位博士，新近还加入了布拉姆·库伊珀（Bram Kuijper）和劳雷尔·福格蒂（Laurel Fogarty）两位博士。他们都从模糊的概念起步，之后都发展出了严密的数学模型，让我们更透彻地理解生物究竟是如何运作的。与他们

1　CoMPLEX 的字面意思是"复杂"。——译者注

共事是一段激动人心的旅程，我已经学会不再去预计将要得到什么样的成果。这方面的工作始于罗布·西摩（Rob Seymour）教授，他比大多数生物学家都更懂生物学，同时也是一名杰出的数学家。不幸的是，西摩于 2012 年死于癌症，享年 67 岁。他赢得了整整一代学生的敬爱。

本书的内容基于我过去 6 年间与上述各领域学者共同发表的研究成果，共计 25 篇论文（详见参考书目）；另外，它还反映了更长一段时间里，我在学术会议、研讨会、与同行的电子邮件交流，甚至是酒吧闲谈中的思想碰撞与讨论，这些过程逐渐塑造了我的观点。我要特别感谢迈克·拉塞尔教授，他关于生命起源的革命性观念启发了新一代的科学家，而他在逆境中的坚持更是我辈的榜样。同样我也要感谢约翰·艾伦教授，他的演化生物化学假说照亮了我们的研究之路。艾伦同时是一名大胆敢言的学术自由捍卫者，这种精神最近让他付出了高昂的代价。我要感谢弗兰克·哈洛德教授，他用几本精彩的专著把生物能量学、细胞结构和演化理论结合在一起，而他对我开明理性的质疑，一直激励着我努力更多。还有道格·华莱士教授，他提出线粒体能量运作是驱动衰老与疾病的核心因素，富有远见又充满启发。还有巴哈教授，他清晰地看穿了关于自由基和衰老种种令人目眩的误解，我总是信服他的见解。最后我还要感谢格雷厄姆·戈达德博士（Graham Goddard），多年前他给我的鼓励和坦率建议，改变了我的生活道路。

上面提到的朋友和同事，当然只是冰山一角。我无法在这里详述每一位影响我思想的学者，只能向他们全体致以真挚的感谢。下面是随机排列的名单：克里斯多夫·德西莫斯（Christophe Dessimoz）、彼得·里奇（Peter Rich）、阿芒迪娜·马雷查尔（Amandine Marechal）、圣萨尔瓦多·蒙卡达爵士（Sir Salvador Moncada）、玛丽·柯林斯（Mary Collins）、巴兹·鲍姆（Buzz Baum）、厄休拉·密特沃克、迈克尔·杜琴（Michael Duchen）、奎利·绍鲍德考伊（Gyuri Szabadkai）、格雷厄姆·希尔兹（Graham Shields）、多米尼克·帕皮诺（Dominic Papineau）、乔·圣蒂尼（Jo Santini）、于尔格·贝勒（Jürg Bähler）、丹·杰弗里斯（Dan

Jaffares）、彼得·柯文尼（Peter Cov-eney）、马特·彭纳（Matt Powner）、伊恩·斯科特（Ian Scott）、安贾莉·戈斯瓦米（Anjali Goswami）、阿斯特丽德·温勒（Astrid Wingler）、马克·托马斯（Mark Thomas）、拉赞·乔达特（Razan Jawdat）和森古普塔（Sioban Sen Gupta），以上都是我在伦敦大学学院的同事朋友；剑桥大学的约翰·沃克爵士、迈克·墨菲（Mike Murphy）和盖伊·布朗（Guy Brown）；因斯布鲁克大学的埃里希·奈吉尔（Erich Gnaiger）；杜塞尔多夫大学的菲利帕·苏萨（Filipa Sousa）、塔尔·达冈（Tal Dagan）和弗里茨·博格（Fritz Boege）；罗格斯大学的保罗·弗科夫斯基（Paul Falkowski）；美国国家卫生研究院（NIH）的尤金·库宁；加州理工学院的戴安娜·纽曼（Dianne Newman）和约翰·多伊尔（John Doyle）；梅努斯大学的詹姆斯·麦金纳尼；达尔豪西大学的福特·杜利特尔（Ford Doolittle）和约翰·阿奇博尔德（John Archibald）；马赛大学的沃尔夫冈·尼奇克；纽卡斯尔大学的马丁·恩布利；埃克塞特大学的马克·范德纪森（Mark van der Giezen）和汤姆·理查兹（Tom Richards）；北伊利诺伊大学的尼尔·布莱克斯通；斯克里普斯海洋研究院的罗恩·伯顿；马尔堡大学的罗尔夫·陶厄尔；慕尼黑大学的迪特尔·布劳恩（Dieter Braun）；马德里大学的托尼奥·恩里克斯（Tonio Enríquez），利兹大学的特里·基（Terry Kee）；东京大学的田中雅嗣（Masashi Tanaka）；千叶大学的山口正视（Masashi Yama-guchi）；奥伯恩大学的杰夫·希尔；南加州大学的肯恩·尼尔森（Ken Nealson）和扬·阿门德；科罗拉多大学的汤姆·麦科洛姆（Tom McCollom）；牛津大学的克里斯·利弗（Chris Leaver）和李·斯威特勒夫（Lee Sweetlove）；波恩大学的马库斯·施瓦茨兰德（Markus Schwarzländer）；华威大学的约翰·埃利斯（John Ellis）；本·古里安大学的丹·密希玛（Dan Mishmar）；曼彻斯特大学的马修·柯布（Matthew Cobb）和布莱恩·考克斯（Brian Cox）；巴黎大学的两位莫特里尼，罗伯托和罗伯塔（Roberto and Roberta Motterlini），以及皇后大学的史蒂夫·伊斯科（Steve Iscoe）。感谢你们所有人。

非常感谢各位试读本书部分（或全部）内容，并提出意见的朋友与家人。特别要感谢我父亲托马斯·莱恩（Thomas Lane），他牺牲了自己撰写历史著作的部分时间，阅读了本书的大部分内容，帮我从头到尾润色文字。还有乔恩·特尼（Jon Turney），他同样不吝自己的时间和评论，尤其在写作风格方面给了我很多建议，尽管他手头还忙着自己的写作项目。还有马库斯·史瓦兹兰德，他的热忱鼓舞我渡过了写作中最艰难的阶段。还有迈克·卡特（Mike Carter），在众多友人中，他是唯一一个读过我写的每本书、每一章，并且给了我很多犀利评论的朋友，有时甚至要求我更换装订手稿的纸钉。另有几位朋友虽然尚未读过本书，我仍然要感谢他们：伊恩·阿克兰-斯诺（Ian Ackland-Snow）、亚当·卢瑟福（Adam Rutherford）和凯文·冯（Kevin Fong），谢谢你们与我一起享用午餐，一起在酒吧闲谈。他们深知，这些对于我在艰苦创作中维持心理健康非常重要。

不用我多说，多亏我的经纪人和出版社的专业才能，本书才能顺利出版。我非常感谢联合经纪公司的经纪人卡洛琳·道内（Caroline Dawnay），她从一开始就对这本书充满信心；感谢 Profile 出版社的编辑安德鲁·富兰克林（Andrew Franklin），他的编辑评论总是切中要害，让本书更加吸引读者。感谢诺顿出版社的编辑布兰登·库里（Brendan Curry），他敏锐地指出了很多不够简明的段落；还有埃迪·米齐（Eddie Mizzi），他在审阅中表现出了优秀的判断力和广博的知识；他的介入让我避免了多少错误和尴尬，我真不好意思说。此外还要感谢 Profile 出版社的项目团队：潘妮·丹尼埃尔（Penny Daniel）、萨拉·赫尔（Sarah Hull）和瓦伦蒂娜·赞卡（Valentina Zanka），本书从编辑到付印，以及之后的推广，都有赖于她们的工作。

最后，我要感谢我的家人。我的妻子，安娜·伊达尔戈（Ana Hidalgo）博士，在创作本书的过程中与我同呼吸、共命运。每一章她都读过至少两遍，而且总是为我指明前行的道路。我信任她的判断与知识更甚于己，她的"自然选择"让我的写作技巧也发生了演化。尝试去理解生命，是我理想中度过生命的最好方式；但我早已知道，生命的意义和欢乐来自安娜，来自我们的两个宝贝儿子，埃内科和雨果，还有我们在西班牙、英国和意大利的大家庭。本书写于我生命中最快乐的时光。

参考文献

　　此处远远没有列全所有的参考文献，只能算是列出了入门文献，它们都是过去十年间对我的思想产生最大影响的研究。虽然我未必完全同意这些文献中的观点，但是它们全都发人深思，值得阅读。在每一章的参考文献中，我都列出了自己的几篇论文；这些都是经过同行评议的科学文献，能够为我在本书中提出的论点提供更详细的解释和科学基础。这些论文中也列出了详尽的参考书目，如果你想确认我的引用来源和细节，可以参考它们。对普通读者来说，这个书目列出的书籍和论文应该足够。我把每一章的参考书目按主题分组，在每一个主题下按作者姓氏的字母顺序排列。有几篇重要的论文引用了不止一次，因为它们与多个主题相关。

绪　论　为什么生命会是这样？

列文虎克与早期微生物学的发展

Dobell C. *Antony van Leeuwenhoek and his Little Animals*. Russell and Russell, New York (1958).

Kluyver AJ. Three decades of progress in microbiology. *Antonie van Leeuwenhoek* **13**: 1–20 (1947).

Lane N. Concerning little animals: Reflections on Leeuwenhoek's 1677 paper. *Philosophical Transactions Royal Society B*. In press (2015).

Leewenhoeck A. Observation, communicated to the publisher by Mr. Antony van Leeuwenhoeck, in a Dutch letter of the 9 Octob. 1676 here English'd: concerning little animals by him observed in rain-well-sea and snow water; as also in water wherein pepper had lain infused.

Philosophical Transactions Royal Society B **12**: 821–31 (1677).

Stanier RY, van Niel CB. The concept of a bacterium. *Archiv fur Microbiologie* **42**: 17–35 (1961).

马古利斯与系列内共生理论

Archibald J. *One Plus One Equals One*. Oxford University Press, Oxford (2014).

Margulis L, Chapman M, Guerrero R, Hall J. The last eukaryotic common ancestor (LECA): Acquisition of cytoskeletal motility from aerotolerant spirochetes in the Proterozoic Eon. *Proceedings National Academy Sciences USA* **103**, 13080–85 (2006).

Sagan L. On the origin of mitosing cells. *Journal of Theoretical Biology* **14**: 225–74 (1967).

Sapp J. *Evolution by Association: A History of Symbiosis*. Oxford University Press, New York (1994).

乌斯与生物的三大域

Crick FHC. The biological replication of macromolecules. *Symposia of the Society of Experimental Biology.* 12, 138–63 (1958).

Morell V. Microbiology's scarred revolutionary. *Science* **276**: 699–702 (1997).

Woese C, Kandler O, Wheelis ML. Towards a natural system of organisms: Proposal for the domains Archaea, Bacteria, and Eucarya. *Proceedings National Academy Sciences USA* **87**: 4576–79 (1990).

Woese CR, Fox GE. Phylogenetic structure of the prokaryotic domain: The primary kingdoms. *Proceedings National Academy Sciences USA* **74**: 5088–90 (1977).

Woese CR. A new biology for a new century. *Microbiology and Molecular Biology Reviews* **68**: 173–86 (2004).

比尔·马丁与真核生物的嵌合起源

Martin W, Müller M. The hydrogen hypothesis for the first eukaryote. *Nature* **392**: 37–41 (1998).

Martin W. Mosaic bacterial chromosomes: a challenge en route to a tree of genomes. *BioEssays* **21**: 99–104 (1999).

Pisani D, Cotton JA, McInerney JO. Supertrees disentangle the chimeric origin of eukaryotic genomes. *Molecular Biology and Evolution* **24**: 1752–60 (2007).

Rivera MC, Lake JA. The ring of life provides evidence for a genome fusion origin of eukaryotes. *Nature* **431**: 152–55 (2004).

Williams TA, Foster PG, Cox CJ, Embley TM. An archaeal origin of eukaryotes supports only two primary domains of life. *Nature* **504**: 231–36 (2013).

彼得·米切尔与化学渗透偶联

Lane N. Why are cells powered by proton gradients? *Nature Education* **3**: 18 (2010).

Mitchell P. Coupling of phosphorylation to electron and hydrogen transfer by a chemiosmotic type of mechanism. *Nature* **191**: 144–48 (1961).

Orgell LE. Are you serious, Dr Mitchell? *Nature* **402**: 17 (1999).

1　什么是生命？

生命的概率和特性

Conway-Morris SJ. *Life's Solution: Inevitable Humans in a Lonely Universe.* Cambridge University Press, Cambridge (2003).

de Duve C. *Life Evolving: Molecules, Mind, and Meaning.* Oxford University Press, Oxford (2002).

de Duve. *Singularities: Landmarks on the Pathways of Life.* Cambridge University Press, Cambridge (2005).

Gould SJ. *Wonderful Life. The Burgess Shale and the Nature of History.* WW Norton, New York (1989).

Maynard Smith J, Szathmary E. *The Major Transitions in Evolution.* Oxford University Press, Oxford. (1995).

Monod J. *Chance and Necessity.* Alfred A. Knopf, New York (1971).

分子生物学的发端

Cobb M. 1953: When genes became information. *Cell* **153**: 503–06 (2013).

Cobb M. *Life's Greatest Secret: The Story of the Race to Crack the Genetic Code.* Profile, London (2015).

Schrödinger E. *What is Life?* Cambridge University Press, Cambridge (1944).

Watson JD, Crick FHC. Genetical implications of the structure of deoxyribonucleic acid. *Nature* **171**: 964–67 (1953).

基因组的大小和结构

Doolittle WF. Is junk DNA bunk? A critique of ENCODE. *Proceedings National Academy Sciences USA* **110**: 5294–5300 (2013).

Grauer D, Zheng Y, Price N, Azevedo RBR, Zufall RA, Elhaik E. On the immortality of television sets: "functions" in the human genome according to the evolution-free gospel of ENCODE. *Genome Biology and Evolution* **5**: 578–90 (2013).

Gregory TR. Synergy between sequence and size in large-scale genomics. *Nature Reviews Genetics* **6**: 699–708 (2005).

地球生命的前 20 亿年

Arndt N, Nisbet E. Processes on the young earth and the habitats of early life. *Annual Reviews Earth and Planetary Sciences* **40**: 521–49 (2012).

Hazen R. *The Story of Earth: The First 4.5 Billion Years, from Stardust to Living Planet.* Viking, New York (2014).

Knoll A. *Life on a Young Planet: The First Three Billion Years of Evolution on Earth.* Princeton University Press, Princeton (2003).

Rutherford A. *Creation: The Origin of Life/The Future of Life.* Viking Press, London (2013).

Zahnle K, Arndt N, Cockell C, Halliday A, Nisbet E, Selsis F, Sleep NH. Emergence of a

300 复杂生命的起源

habitable planet. *Space Science Reviews* **129**: 35–78 (2007).

氧气含量的升高

Butterfield NJ. Oxygen, animals and oceanic ventilation: an alternative view. *Geobiology* 7: 1–7 (2009).

Canfield DE. *Oxygen: A Four Billion Year History*. Princeton University Press, Princeton (2014).

Catling DC, Glein CR, Zahnle KJ, MckayCP. Why O_2 is required by complex life on habitable planets and the concept of planetary 'oxygenation time'. *Astrobiology* **5**: 415–38 (2005).

Holland HD. The oxygenation of the atmosphere and oceans. *Philosophical Transactions Royal Society B* **361**: 903–15 (2006).

Lane N. Life's a gas. *New Scientist* **2746**: 36–39 (2010).

Lane N. *Oxygen: The Molecule that Made the World*. Oxford University Press, Oxford (2002).

Shields-Zhou G, Och L. The case for a Neoproterozoic oxygenation event: Geochemical evidence and biological consequences. *GSA Today* **21**: 4–11 (2011).

系列内共生假说的预言

Archibald JM. Origin of eukaryotic cells: 40 years on. *Symbiosis* **54**: 69–86 (2011).

Margulis L. Genetic and evolutionary consequences of symbiosis. *Experimental Parasitology* **39**: 277–349 (1976).

O'Malley M. The first eukaryote cell: an unfinished history of contestation. *Studies in History and Philosophy of Biological and Biomedical Sciences* 41: 212–24 (2010).

源真核生物研究的转折

Cavalier-Smith T. Archaebacteria and archezoa. *Nature* **339**: 100–101 (1989).

Cavalier-Smith T. Predation and eukaryotic origins: A coevolutionary perspective. *International Journal of Biochemistry and Cell Biology* **41**: 307–32 (2009).

Henze K, Martin W. Essence of mitochondria. *Nature* **426**: 127–28 (2003).

Martin WF, Müller M. *Origin of Mitochondria and Hydrogenosomes*. Springer, Heidelberg (2007).

Tielens AGM, Rotte C, Hellemond JJ, Martin W. Mitochondria as we don't know them. *Trends in Biochemical Sciences* **27**: 564–72 (2002).

van der Giezen M. Hydrogenosomes and mitosomes: Conservation and evolution of functions. *Journal of Eukaryotic Microbiology* **56**: 221–31 (2009).

Yong E. The unique merger that made you (and ewe and yew). *Nautilus* **17**: Sept 4 (2014).

真核生物的超类群

Baldauf SL, Roger AJ, Wenk-Siefert I, Doolittle WF. A kingdom-level phylogeny of eukaryotes based on combined protein data. *Science* **290**: 972–77 (2000).

Hampl V, Huga L, Leigh JW, Dacks JB, Lang BF, Simpson AGB, Roger AJ. Phylogenomic analyses support the monophyly of Excavata and resolve relationships among eukaryotic 'supergroups'. *Proceedings National Academy Sciences USA* **106**: 3859–64 (2009).

Keeling PJ, Burger G, Durnford DG, Lang BF, Lee RW, Pearlman RE, Roger AJ, Grey MW. The Tree of eukaryotes. *Trends in Ecology and Evolution* **20**: 670–76 (2005).

最后的真核生物共同祖先

Embley TM, Martin W. Eukaryotic evolution, changes and challenges. *Nature* **440**: 623–30 (2006).

Harold F. *In Search of Cell History: The Evolution of Life's Building Blocks.* Chicago University Press, Chicago (2014).

Koonin Ev. The origin and early evolution of eukaryotes in the light of phylogenomics. *Genome Biology* **11**: 209 (2010).

McInerney JO, Martin WF, Koonin EV, Allen JF, Galperin MY, Lane N, Archibald JM, Embley TM. Planctomycetes and eukaryotes: a case of analogy not homology. *BioEssays* **33**: 810–17 (2011).

复杂性微步演化的悖论

Darwin C. *On the Origin of Species by Means of Natural Selection, or the Preservation of Favoured Races in the Struggle for Life* (1st Edition). John Murray, London (1859).

Land MF, Nilsson D-E. *Animal Eyes.* Oxford University Press, Oxford (2002).

Lane N. Bioenergetic constraints on the evolution of complex life. *Cold Spring Harbor Perspectives in Biology.* **doi**: 10.1101/cshperspect.a015982 (2014).

Lane N. Energetics and genetics across the prokaryote-eukaryote divide. *Biology Direct* **6**: 35 (2011).

Müller M, Mentel M, van Hellemond JJ, Henze K, Woehle C, Gould SB, Yu RY, van der Giezen M, Tielens AG, Martin WF. Biochemistry and evolution of anaerobic energy metabolism in eukaryotes. *Microbiology and Molecular Biology Reviews* **76**: 444–95 (2012).

2 什么是活着？

能量、熵与结构

Amend JP, LaRowe DE, McCollom TM, Shock EL. The energetics of organic synthesis inside and outside the cell. *Philosophical Transactions Royal Society B.* **368**: 20120255 (2013).

Battley EH. *Energetics of Microbial Growth.* Wiley Interscience, New York (1987).

Hansen LD, Criddle RS, Battley EH. Biological calorimetry and the thermodynamics of the origination and evolution of life. *Pure and Applied Chemistry* **81**: 1843–55 (2009).

McCollom T, Amend JP. A thermodynamic assessment of energy requirements for biomass synthesis by chemolithoautotrophic micro-organisms in oxic and micro-oxic environments. *Geobiology* **3**: 135–44 (2005).

Minsky A, Shimoni E, Frenkiel-Krispin D. Stress, order and survival. *Nature Reviews in Molecular Cell Biology* **3**: 50–60 (2002).

ATP 合成的速度

Fenchel T, Finlay BJ. Respiration rates in heterotrophic, free-living protozoa. *Microbial Ecology* **9**: 99–122 (1983).

Makarieva AM, Gorshkov VG, Li BL. Energetics of the smallest: do bacteria breathe at the same rate as whales? *Proceedings Royal Society B* **272**: 2219–24 (2005).

Phillips R, Kondev J, Theriot J, Garcia H. *Physical Biology of the Cell*. Garland Science, New York (2012).

Rich PR. The cost of living. *Nature* **421**: 583 (2003).

Schatz G. The tragic matter. *FEBS Letters* **536**: 1–2 (2003).

呼吸作用和 ATP 合成的机制

Abrahams JP, Leslie AG, Lutter R, Walker JE. Structure at 2.8 A resolution of F1-ATPase from bovine heart mitochondria. *Nature* **370**: 621–28 (1994).

Baradaran R, Berrisford JM, Minhas SG, Sazanov LA. Crystal structure of the entire respiratory complex I. *Nature* **494**: 443–48 (2013).

Hayashi T, Stuchebrukhov AA. Quantum electron tunneling in respiratory complex I. *Journal of Physical Chemistry B* **115**: 5354–64 (2011).

Moser CC, Page CC, Dutton PL. Darwin at the molecular scale: selection and variance in electron tunnelling proteins including cytochrome c oxidase. *Philosophical Transactions Royal Society B* **361**: 1295–1305 (2006).

Murata T, Yamato I, Kakinuma Y, Leslie AGW, Walker JE. Structure of the rotor of the V-type Na$^+$-ATPase from *Enterococcus hirae*. *Science* **308**: 654–59 (2005).

Nicholls DG, Ferguson SJ. *Bioenergetics*. Fourth Edition. Academic Press, London (2013).

Stewart AG, Sobti M, Harvey RP, Stock D. Rotary ATPases: Models, machine elements and technical specifications. *BioArchitecture* **3**: 2–12 (2013).

Vinothkumar KR, Zhu J, Hirst J. Architecture of the mammalian respiratory complex I. *Nature* **515**: 80–84 (2014).

米切尔与化学渗透偶联

Harold FM. *The Way of the Cell: Molecules, Organisms, and the Order of Life*. Oxford University Press, New York (2003).

Lane N. *Power, Sex, Suicide: Mitochondria and the Meaning of Life*. Oxford University Press, Oxford (2005).

Mitchell P. Coupling of phosphorylation to electron and hydrogen transfer by a chemiosmotic type of mechanism. *Nature* **191**: 144–48 (1961).

Mitchell P. Keilin's respiratory chain concept and its chemiosmotic consequences. *Science* **206**: 1148–59 (1979).

Mitchell P. The origin of life and the formation and organising functions of natural membranes. In *Proceedings of the first international symposium on the origin of life on the Earth* (eds AI Oparin, AG Pasynski, AE Braunstein, TE Pavlovskaya).

Moscow Academy of Sciences, USSR (1957).

Prebble J, Weber B. *Wandering in the Gardens of the Mind*. Oxford University Press, New York (2003).

碳元素与氧化还原化学的必要性

Falkowski P. *Life's Engines: How Microbes made Earth Habitable*. Princeton University Press, Princeton (2015).

Kim JD, Senn S, Harel A, Jelen BI, Falkowski PG. Discovering the electronic circuit diagram of life: structural relationships among transition metal binding sites in oxidoreductases. *Philosophical Transactions Royal Society B* **368**: 20120257 (2013).

Morton O. *Eating the Sun: How Plants Power the Planet*. Fourth Estate, London (2007).

Pace N. The universal nature of biochemistry. *Proceedings National Academy Sciences USA* **98**: 805–808 (2001).

Schoepp-Cothenet B, van Lis R, Atteia A, Baymann F, Capowiez L, Ducluzeau A-L, Duval S, ten Brink F, Russell MJ, Nitschke W. On the universal core of bioenergetics. *Biochimica Biophysica Acta Bioenergetics* **1827**: 79–93 (2013).

细菌和古菌的本质差异

Edgell DR, Doolittle WF. Archaea and the origin(s) of DNA replication proteins. *Cell* **89**: 995–98 (1997).

Koga Y, Kyuragi T, Nishihara M, Sone N. Did archaeal and bacterial cells arise independently from noncellular precursors? A hypothesis stating that the advent of membrane phospholipid with enantiomeric glycerophosphate backbones caused the separation of the two lines of descent. *Journal of Molecular Evolution* **46**: 54–63 (1998).

Leipe DD, Aravind L, Koonin EV. Did DNA replication evolve twice independently? *Nucleic Acids Research* **27**: 3389–3401 (1999).

Lombard J, López-García P, Moreira D. The early evolution of lipid membranes and the three domains of life. *Nature Reviews Microbiology* **10**: 507–15 (2012).

Martin W, Russell MJ. On the origins of cells: a hypothesis for the evolutionary transitions from abiotic geochemistry to chemoautotrophic prokaryotes, and from prokaryotes to nucleated cells. *Philosophical Transactions Royal Society B* **358**: 59–83 (2003).

Sousa FL, Thiergart T, Landan G, Nelson-Sathi S, Pereira IAC, Allen JF, Lane N, Martin WF. Early bioenergetic evolution. *Philosophical Transactions Royal Society B* **368**: 20130088 (2013).

3 生命起源的能量

生物起源对能量的要求

Lane N, Allen JF, Martin W. How did LUCA make a living? Chemiosmosis in the origin of life. *BioEssays* **32**: 271–80 (2010).

Lane N, Martin W. The origin of membrane bioenergetics. *Cell* 151: 1406–16 (2012).

Martin W, Sousa FL, Lane N. Energy at life's origin. *Science* **344**: 1092–93 (2014).

Martin WF. Hydrogen, metals, bifurcating electrons, and proton gradients: The early evolution of biological energy conservation. *FEBS Letters* **586**: 485–93 (2012).

Russell M (editor). *Origins: Abiogenesis and the Search for Life*. Cosmology Science Publishers, Cambridge MA (2011).

米勒–尤里实验与 RNA 世界

Joyce GF. RNA evolution and the origins of life. *Nature* 33: 217–24 (1989).

Miller SL. A production of amino acids under possible primitive earth conditions. *Science* **117**: 528–29 (1953).

Orgel LE. Prebiotic chemistry and the origin of the RNA world. *Critical Reviews in Biochemistry and Molecular Biology* **39**: 99–123 (2004).

Powner MW, Gerland B, Sutherland JD. Synthesis of activated pyrimidine ribonucleotides in prebiotically plausible conditions. *Nature* **459**: 239–42 (2009).

远离平衡态的热力学

Morowitz H. *Energy Flow in Biology: Biological Organization as a Problem in Thermal Physics*. Academic Press, New York (1968).

Prigogine I. *The End of Certainty: Time, Chaos and the New Laws of Nature*. Free Press, New York (1997).

Russell MJ, Nitschke W, Branscomb E. The inevitable journey to being. *Philosophical Transactions Royal Society B* 368: 20120254 (2013).

催化作用的起源

Cody G. Transition metal sulfides and the origins of metabolism. *Annual Review Earth and Planetary Sciences* **32**: 569–99 (2004).

Russell MJ, Allen JF, Milner-White EJ. Inorganic complexes enabled the onset of life and oxygenic photosynthesis. In Allen JF, Gantt E, Golbeck JH, Osmond B: *Energy from the Sun: 14th International Congress on Photosynthesis*. Springer, Heidelberg (2008).

Russell MJ, Martin W. The rocky roots of the acetyl-CoA pathway. *Trends in Biochemical Sciences* **29**: 358–63 (2004).

在水中进行的脱水反应

Benner SA, Kim H-J, Carrigan MA. Asphalt, water, and the prebiotic synthesis of ribose, ribonucleosides, and RNA. *Accounts of Chemical Research* **45**: 2025–34 (2012).

de Zwart II, Meade SJ, Pratt AJ. Biomimetic phosphoryl transfer catalysed by iron(II)-mineral precipitates. *Geochimica et Cosmochimica Acta* **68**: 4093–98 (2004).

Pratt AJ. Prebiological evolution and the metabolic origins of life. *Artificial Life* **17**: 203–17 (2011).

原始细胞的形成

Budin I, Bruckner RJ, Szostak JW. Formation of protocell-like vesicles in a thermal diffusion column. *Journal of the American Chemical Society* **131**: 9628–29 (2009).

Errington J. L-form bacteria, cell walls and the origins of life. *Open Biology* **3**: 120143 (2013).

Hanczyc M, Fujikawa S, Szostak J. Experimental models of primitive cellular compartments: encapsulation, growth, and division. *Science* **302**: 618–22 (2003).

Mauer SE, Monndard PA. Primitive membrane formation, characteristics and roles in the emergent properties of a protocell. *Entropy* **13**: 466–84 (2011).

Szathmáry E, Santos M, Fernando C. Evolutionary potential and requirements for minimal protocells. *Topics in Current Chemistry* **259**: 167–211 (2005).

复制的起源

Cairns-Smith G. *Seven Clues to the Origin of Life*. Cambridge University Press, Cambridge (1990).

Costanzo G, Pino S, Ciciriello F, Di Mauro E. Generation of long RNA chains in water. *Journal of Biological Chemistry* **284**: 33206–16 (2009).

Koonin EV, Martin W. On the origin of genomes and cells within inorganic compartments. *Trends in Genetics* **21**: 647–54 (2005).

Mast CB, Schink S, Gerland U & Braun D. Escalation of polymerization in a thermal gradient. *Proceedings of the National Academy of Sciences USA* **110**: 8030–35 (2013).

Mills DR, Peterson RL, Spiegelman S. An extracellular Darwinian experiment with a self-duplicating nucleic acid molecule. *Proceedings National Academy Sciences USA* **58**: 217–24 (1967).

深海热液喷口的发现

Baross JA, Hoffman SE. Submarine hydrothermal vents and associated gradient environments as sites for the origin and evolution of life. *Origins Life Evolution of the Biosphere* **15**: 327–45 (1985).

Kelley DS, Karson JA, Blackman DK, *et al*. An off-axis hydrothermal vent field near the Mid-Atlantic Ridge at 30 degrees N. *Nature* **412**: 145–49 (2001).

Kelley DS, Karson JA, Früh-Green GL, *et al*. A serpentinite-hosted submarine ecosystem: the Lost City Hydrothermal Field. *Science* **307**: 1428–34 (2005).

黄铁矿拉力与铁-硫世界

de Duve C, Miller S. Two-dimensional life? *Proceedings National Academy Sciences USA* **88**: 10014–17 (1991).

Huber C, Wächtershäuser G. Activated acetic acid by carbon fixation on (Fe,Ni)S under primordial conditions. *Science* **276**: 245–47 (1997).

Miller SL, Bada JL. Submarine hot springs and the origin of life. *Nature* **334**: 609–611 (1988).

Wächtershäuser G. Evolution of the first metabolic cycles. *Proceedings National Academy*

Sciences USA **87**: 200–204 (1990).

Wächtershäuser G. From volcanic origins of chemoautotrophic life to Bacteria, Archaea and Eukarya. *Philosophical Transactions Royal Society B* **361**: 1787–1806 (2006).

碱性热液喷口

Martin W, Baross J, Kelley D, Russell MJ. Hydrothermal vents and the origin of life. *Nature Reviews Microbiology* **6**: 805–14 (2008).

Martin W, Russell MJ. On the origins of cells: a hypothesis for the evolutionary transitions from abiotic geochemistry to chemoautotrophic prokaryotes, and from prokaryotes to nucleated cells. *Philosophical Transactions Royal Society B* **358**: 59–83 (2003).

Russell MJ, Daniel RM, Hall AJ, Sherringham J. A hydrothermally precipitated catalytic iron sulphide membrane as a first step toward life. *Journal of Molecular Evolution* **39**: 231–43 (1994).

Russell MJ, Hall AJ, Cairns-Smith AG, Braterman PS. Submarine hot springs and the origin of life. *Nature* **336**: 117 (1988).

Russell MJ, Hall AJ. The emergence of life from iron monosulphide bubbles at a submarine hydrothermal redox and pH front. *Journal Geological Society London* **154**: 377–402 (1997).

蛇纹岩化作用

Fyfe WS. The water inventory of the Earth: fluids and tectonics. *Geological Society of London Special Publications* **78**: 1–7 (1994).

Russell MJ, Hall AJ, Martin W. Serpentinization as a source of energy at the origin of life. *Geobiology* **8**: 355–71 (2010).

Sleep NH, Bird DK, Pope EC. Serpentinite and the dawn of life. *Philosophical Transactions Royal Society B* **366**: 2857–69 (2011).

冥古宙的海洋化学

Arndt N, Nisbet E. Processes on the young earth and the habitats of early life. *Annual Reviews Earth Planetary Sciences* **40**: 521–49 (2012).

Pinti D. The origin and evolution of the oceans. *Lectures Astrobiology* **1**: 83–112 (2005).

Russell MJ, Arndt NT. Geodynamic and metabolic cycles in the Hadean. *Biogeosciences* **2**: 97–111 (2005).

Zahnle K, Arndt N, Cockell C, Halliday A, Nisbet E, Selsis F, Sleep NH. Emergence of a habitable planet. *Space Science Reviews* **129**: 35–78 (2007).

热　泳

Baaske P, Weinert FM, Duhr S, *et al.* Extreme accumulation of nucleotides in simulated hydrothermal pore systems. *Proceedings National Academy Sciences USA* **104**: 9346–51 (2007).

Mast CB, Schink S, Gerland U, Braun D. Escalation of polymerization in a thermal gradient.

Proceedings National Academy Sciences USA **110**: 8030–35 (2013).

碱性喷口环境有机合成的热力学

Amend JP, McCollom TM. Energetics of biomolecule synthesis on early Earth. In Zaikowski L *et al.* eds. *Chemical Evolution II: From the Origins of Life to Modern Society.* American Chemical Society (2009).

Ducluzeau A-L, Schoepp-Cothenet B, Baymann F, Russell MJ, Nitschke W. Free energy conversion in the LUCA: Quo vadis? *Biochimica et Biophysica Acta Bioenergetics* **1837**: 982–988 (2014).

Martin W, Russell MJ. On the origin of biochemistry at an alkaline hydrothermal vent. *Philosophical Transactions Royal Society B* **367**: 1887–1925 (2007).

Shock E, Canovas P. The potential for abiotic organic synthesis and biosynthesis at seafloor hydrothermal systems. *Geofluids* **10**: 161–92 (2010).

Sousa FL, Thiergart T, Landan G, Nelson-Sathi S, Pereira IAC, Allen JF, Lane N, Martin WF. Early bioenergetic evolution. *Philosophical Transactions Royal Society B* **368**: 20130088 (2013).

还原电位与二氧化碳还原反应的动力学障壁

Lane N, Martin W. The origin of membrane bioenergetics. *Cell* 151: 1406–16 (2012).

Maden BEH. Tetrahydrofolate and tetrahydromethanopterin compared: functionally distinct carriers in C1 metabolism. *Biochemical Journal* **350**: 609–29 (2000).

Wächtershäuser G. Pyrite formation, the first energy source for life: a hypothesis. *Systematic and Applied Microbiology* **10**: 207–10 (1988).

天然质子梯度能驱动二氧化碳还原反应吗？

Herschy B, Whicher A, Camprubi E, Watson C, Dartnell L, Ward J, Evans JRG, Lane N. An origin-of-life reactor to simulate alkaline hydrothermal vents. *Journal of Molecular Evolution* **79**: 213–27 (2014).

Herschy B. Nature's electrochemical flow reactors: Alkaline hydrothermal vents and the origins of life. *Biochemist* **36**: 4–8 (2014).

Lane N. Bioenergetic constraints on the evolution of complex life. *Cold Spring Harbor Perspectives in Biology* doi: 10.1101/cshperspect.a015982 (2014).

Nitschke W, Russell MJ. Hydrothermal focusing of chemical and chemiosmotic energy, supported by delivery of catalytic Fe, Ni, Mo, Co, S and Se forced life to emerge. *Journal of Molecular Evolution* **69**: 481–96 (2009).

Yamaguchi A, Yamamoto M, Takai K, Ishii T, Hashimoto K, Nakamura R. Electrochemical CO_2 reduction by Nicontaining iron sulfides: how is CO_2 electrochemically reduced at bisulfide-bearing deep sea hydrothermal precipitates? *Electrochimica Acta* **141**: 311–18 (2014).

银河系中蛇纹岩化作用发生的概率

de Leeuw NH, Catlow CR, King HE, Putnis A, Muralidharan K, Deymier P, Stimpfl M, Drake MJ. Where on Earth has our water come from? *Chemical Communications* **46**: 8923–25 (2010).

Petigura EA, Howard AW, Marcy GW. Prevalence of Earth-sized planets orbiting Sunlike stars. *Proceedings National Academy Sciences USA* **110**: 19273–78 (2013).

4　细胞的诞生

水平基因转移的问题与物种形成

Doolittle WF. Phylogenetic classification and the universal tree. *Science* **284**: 2124–28 (1999).

Lawton G. Why Darwin was wrong about the tree of life. *New Scientist* **2692**: 34–39 (2009).

Mallet J. Why was Darwin's view of species rejected by twentieth century biologists? *Biology and Philosophy* **25**: 497–527 (2010).

Martin WF. Early evolution without a tree of life. *Biology Direct* **6**: 36 (2011).

Nelson-Sathi S *et al.* Origins of major archaeal clades correspond to gene acquisitions from bacteria. *Nature* **doi**: 10.1038/nature13805 (2014).

基于不到 1% 基因绘制的"通用生命树"

Ciccarelli FD, Doerks T, von Mering C, Creevey CJ, Snel B, *et al.* Toward automatic reconstruction of a highly resolved tree of life. *Science* **311**: 1283–87 (2006).

Dagan T, Martin W. The tree of one percent. *Genome Biology* **7**: 118 (2006).

古菌和细菌中保留的基因

Charlebois RL, Doolittle WF. Computing prokaryotic gene ubiquity: Rescuing the core from extinction. *Genome Research* **14**: 2469–77 (2004).

Koonin EV. Comparative genomics, minimal gene-sets and the last universal common ancestor. *Nature Reviews Microbiology* **1**: 127–36 (2003).

Sousa FL, Thiergart T, Landan G, Nelson-Sathi S, Pereira IAC, Allen JF, Lane N, Martin WF. Early bioenergetic evolution. *Philosophical Transactions of the Royal Society B* **368**: 20130088 (2013).

露卡自相矛盾的特征

Dagan T, Martin W. Ancestral genome sizes specify the minimum rate of lateral gene transfer during prokaryote evolution. *Proceedings National Academy Sciences USA* **104**: 870–75 (2007).

Edgell DR, Doolittle WF. Archaea and the origin(s) of DNA replication proteins. *Cell* **89**: 995–98 (1997).

Koga Y, Kyuragi T, Nishihara M, Sone N. Did archaeal and bacterial cells arise independently from noncellular precursors? A hypothesis stating that the advent of membrane phospholipid with enantiomeric glycerophosphate backbones caused the separation of the two lines of descent. *Journal of Molecular Evolution* **46**: 54–63 (1998).

Leipe DD, Aravind L, Koonin EV. Did DNA replication evolve twice independently? *Nucleic Acids Research* **27**: 3389–3401 (1999).

Martin W, Russell MJ. On the origins of cells: a hypothesis for the evolutionary transitions from abiotic geochemistry to chemoautotrophic prokaryotes, and from prokaryotes to nucleated cells. *Philosophical Transactions Royal Society B* **358**: 59–83 (2003).

膜脂质的问题

Lane N, Martin W. The origin of membrane bioenergetics. *Cell* 151: 1406–16 (2012).

Lombard J, López-García P, Moreira D. The early evolution of lipid membranes and the three domains of life. *Nature Reviews in Microbiology* **10**: 507–15 (2012).

Shimada H, Yamagishi A. Stability of heterochiral hybrid membrane made of bacterial sn-G3P lipids and archaeal sn-G1P lipids. *Biochemistry* **50**: 4114–20 (2011).

Valentine D. Adaptations to energy stress dictate the ecology and evolution of the Archaea. *Nature Reviews Microbiology* **5**: 1070–77 (2007).

乙酰辅酶 A 途径

Fuchs G. Alternative pathways of carbon dioxide fixation: Insights into the early evolution of life? *Annual Review Microbiology* **65**: 631–58 (2011).

Ljungdahl LG. A life with acetogens, thermophiles, and cellulolytic anaerobes. *Annual Review Microbiology* **63**: 1–25 (2009).

Maden BEH. No soup for starters? Autotrophy and the origins of metabolism. *Trends in Biochemical Sciences* **20**: 337–41 (1995).

Ragsdale SW, Pierce E. Acetogenesis and the Wood-Ljungdahl pathway of CO_2 fixation. *Biochimica Biophysica Acta* **1784**: 1873–98 (2008).

乙酰辅酶 A 途径的岩石化学根源

Nitschke W, McGlynn SE, Milner-White J, Russell MJ. On the antiquity of metalloenzymes and their substrates in bioenergetics. *Biochimica Biophysica Acta* **1827**: 871–81 (2013).

Russell MJ, Martin W. The rocky roots of the acetyl-CoA pathway. *Trends in Biochemical Sciences* **29**: 358–63 (2004).

乙酰硫酯和乙酰磷酸的非生物合成

de Duve C. Did God make RNA? *Nature* **336**: 209–10 (1988).

Heinen W, Lauwers AM. Sulfur compounds resulting from the interaction of iron sulfide, hydrogen sulfide and carbon dioxide in an anaerobic aqueous environment. *Origins Life Evolution Biosphere* **26**: 131–50 (1996).

Huber C, Wäctershäuser G. Activated acetic acid by carbon fixation on (Fe,Ni)S under primordial conditions. *Science* **276**: 245–47 (1997).

Martin W, Russell MJ. On the origin of biochemistry at an alkaline hydrothermal vent. *Philosophical Transactions of the Royal Society B* **367**: 1887–1925 (2007).

遗传密码可能的起源

Copley SD, Smith E, Morowitz HJ. A mechanism for the association of amino acids with their codons and the origin of the genetic code. *Proceedings National Academy Sciences USA* **102**: 4442–47 (2005).

Lane N. *Life Ascending: The Ten Great Inventions of Evolution.* WW Norton/Profile, London (2009).

Taylor FJ. Coates D. The code within the codons. *Biosystems* **22**: 177–87 (1989).

碱性热液喷口和乙酰辅酶 A 途径的一致性

Herschy B, Whicher A, Camprubi E, Watson C, Dartnell L, Ward J, Evans JRG, Lane N. An origin-of-life reactor to simulate alkaline hydrothermal vents. *Journal of Molecular Evolution* **79**: 213–27 (2014).

Lane N. Bioenergetic constraints on the evolution of complex life. *Cold Spring Harbor Perspectives in Biology* **doi**: 10.1101/cshperspect.a015982 (2014).

Martin W, Sousa FL, Lane N. Energy at life's origin. *Science* **344**: 1092–93 (2014).

Sousa FL, Thiergart T, Landan G, Nelson-Sathi S, Pereira IAC, Allen JF, Lane N, Martin WF. Early bioenergetic evolution. *Philosophical Transactions of the Royal Society B* **368**: 20130088 (2013).

膜渗透性的问题

Lane N, Martin W. The origin of membrane bioenergetics. *Cell* 151: 1406–16 (2012).

Le Page M. Meet your maker. *New Scientist* **2982**: 30–33 (2014).

Mulkidjanian AY, Bychkov AY, Dibrova D V, Galperin MY, Koonin EV. Origin of first cells at terrestrial, anoxic geothermal fields. *Proceedings National Academy Sciences USA* **109**: E821–E830 (2012).

Sojo V, Pomiankowski A, Lane N. A bioenergetic basis for membrane divergence in archaea and bacteria. *PLoS Biology* **12(8)**: e1001926 (2014).

Yong E. How life emerged from deep-sea rocks. *Nature* **doi**: 10.1038/nature.2012.12109 (2012).

膜蛋白对质子和钠离子的乱交性

Buckel W, Thauer RK. Energy conservation via electron bifurcating ferredoxin reduction and proton/Na(+) translocating ferredoxin oxidation. *Biochimica Biophysica Acta* **1827**: 94–113 (2013).

Lane N, Allen JF, Martin W. How did LUCA make a living? Chemiosmosis in the origin of life. *BioEssays* **32**: 271–80 (2010).

Schlegel K, Leone V, Faraldo-Gómez JD, Müller V. Promiscuous archaeal ATP synthase concurrently coupled to Na$^+$ and H$^+$ translocation. *Proceedings National Academy Sciences*

USA **109**: 947–52 (2012).

电子歧化

Buckel W, Thauer RK. Energy conservation via electron bifurcating ferredoxin reduction and proton/Na(+) translocating ferredoxin oxidation. *Biochimica Biophysica Acta* **1827**: 94–113 (2013).

Kaster A-K, Moll J, Parey K, Thauer RK. Coupling of ferredoxin and heterodisulfide reduction via electron bifurcation in hydrogenotrophic methanogenic Archaea. *Proceedings National Academy Sciences USA* **108**: 2981–86 (2011).

Thauer RK. A novel mechanism of energetic coupling in anaerobes. *Environmental Microbiology Reports* **3**: 24–25 (2011).

5　复杂细胞的起源

基因组的大小

Cavalier-Smith T. Economy, speed and size matter: evolutionary forces driving nuclear genome miniaturization and expansion. *Annals of Botany* **95**: 147–75 (2005).

Cavalier-Smith T. Skeletal DNA and the evolution of genome size. *Annual Review of Biophysics and Bioengineering* **11**: 273–301 (1982).

Gregory TR. Synergy between sequence and size in large-scale genomics. *Nature Reviews in Genetics* **6**: 699–708 (2005).

Lynch M. *The Origins of Genome Architecture*. Sinauer Associates, Sunderland MA (2007).

真核生物基因组大小可能的限制条件

Cavalier-Smith T. Predation and eukaryote cell origins: A coevolutionary perspective. *International Journal Biochemistry Cell Biology* **41**: 307–22 (2009).

de Duve C. The origin of eukaryotes: a reappraisal. *Nature Reviews in Genetics* **8**: 395–403 (2007).

Koonin EV. Evolution of genome architecture. *International Journal Biochemistry Cell Biology* **41**: 298–306 (2009).

Lynch M, Conery JS. The origins of genome complexity. *Science* **302**: 1401–04 (2003).

Maynard Smith J, Szathmary E. *The Major Transitions in Evolution*. Oxford University Press, Oxford. (1995).

真核生物的嵌合起源

Cotton JA, McInerney JO. Eukaryotic genes of archaebacterial origin are more important than the more numerous eubacterial genes, irrespective of function. *Proceedings National Academy Sciences USA* **107**: 17252–55 (2010).

Esser C, Ahmadinejad N, Wiegand C, *et al*. A genome phylogeny for mitochondria among alpha-proteobacteria and a predominantly eubacterial ancestry of yeast nuclear genes.

Molecular Biology Evolution **21**: 1643–60 (2004).

Koonin EV. Darwinian evolution in the light of genomics. *Nucleic Acids Research* **37**: 1011–34 (2009).

Pisani D, Cotton JA, McInerney JO. Supertrees disentangle the chimeric origin of eukaryotic genomes. *Molecular Biology Evolution* **24**: 1752–60 (2007).

Rivera MC, Lake JA. The ring of life provides evidence for a genome fusion origin of eukaryotes. *Nature* **431**: 152–55 (2004).

Thiergart T, Landan G, Schrenk M, Dagan T, Martin WF. An evolutionary network of genes present in the eukaryote common ancestor polls genomes on eukaryotic and mitochondrial origin. *Genome Biology and Evolution* **4**: 466–85 (2012).

Williams TA, Foster PG, Cox CJ, Embley TM. An archaeal origin of eukaryotes supports only two primary domains of life. *Nature* **504**: 231–36 (2013).

发酵作用的晚期起源

Say RF, Fuchs G. Fructose 1,6-bisphosphate aldolase/phosphatase may be an ancestral gluconeogenic enzyme. *Nature* **464**: 1077–81 (2010).

化学计量单位之下的能量储存机制

Hoehler TM, Jørgensen BB. Microbial life under extreme energy limitation. *Nature Reviews in Microbiology* **11**: 83–94 (2013).

Lane N. Why are cells powered by proton gradients? *Nature Education* **3**: 18 (2010).

Martin W, Russell MJ. On the origin of biochemistry at an alkaline hydrothermal vent. *Philosophical Transactions of the Royal Society B* **367**: 1887–1925 (2007).

Thauer RK, Kaster A-K, Seedorf H, Buckel W, Hedderich R. Methanogenic archaea: ecologically relevant differences in energy conservation. *Nature Reviews Microbiology* **6**: 579–91 (2007).

病毒感染与细胞死亡

Bidle KD, Falkowski PG. Cell death in planktonic, photosynthetic microorganisms. *Nature Reviews Microbiology* **2**: 643–55 (2004).

Lane N. Origins of death. *Nature* **453**: 583–85 (2008).

Refardt D, Bergmiller T, Kümmerli R. Altruism can evolve when relatedness is low: evidence from bacteria committing suicide upon phage infection. *Proceedings Royal Society B* **280**: 20123035 (2013).

Vardi A, Formiggini F, Casotti R, De Martino A, Ribalet F, Miralto A, Bowler C. A stress surveillance system based on calcium and nitroc oxide in marine diatoms. *PLoS Biology* **4(3)**: e60 (2006).

细菌表面积和体积的比例关系

Fenchel T, Finlay BJ. Respiration rates in heterotrophic, free-living protozoa. *Microbial*

Ecology **9**: 99–122 (1983).

Harold F. *The Vital Force: a Study of Bioenergetics*. WH Freeman, New York (1986).

Lane N, Martin W. The energetics of genome complexity. *Nature* **467**: 929–34 (2010).

Lane N. Energetics and genetics across the prokaryote-eukaryote divide. *Biology Direct* **6**: 35 (2011).

Makarieva AM, Gorshkov VG, Li BL. Energetics of the smallest: do bacteria breathe at the same rate as whales? *Proceedings Royal Society B* **272**: 2219–24 (2005).

Vellai T, Vida G. The origin of eukaryotes: the difference between prokaryotic and eukaryotic cells. *Proceedings Royal Society B* **266**: 1571–77 (1999).

巨型细菌

Angert ER. DNA replication and genomic architecture of very large bacteria. *Annual Review Microbiology* **66**: 197–212 (2012).

Mendell JE, Clements KD, Choat JH, Angert ER. Extreme polyploidy in a large bacterium. *Proceedings National Academy Sciences USA* **105**: 6730–34 (2008).

Schulz HN, Jorgensen BB. Big bacteria. *Annual Review Microbiology* **55**: 105–37 (2001).

Schulz HN. The genus *Thiomargarita*. *Prokaryotes* **6**: 1156–63 (2006).

内共生体的小基因组，以及对能量的影响

Gregory TR, DeSalle R. Comparative genomics in prokaryotes. In *The Evolution of the Genome* ed. Gregory TR. Elsevier, San Diego, pp. 585–75 (2005).

Lane N, Martin W. The energetics of genome complexity. *Nature* **467**: 929–34 (2010).

Lane N. Bioenergetic constraints on the evolution of complex life. *Cold Spring Harbor Perspectives in Biology* **doi**: 10.1101/cshperspect.a015982 (2014).

细菌的内共生体

von Dohlen CD, Kohler S, Alsop ST, McManus WR. Mealybug beta-proteobacterial symbionts contain gamma-proteobacterial symbionts. *Nature* **412**: 433–36 (2001).

Wujek DE. Intracellular bacteria in the blue-green-alga *Pleurocapsa minor*. *Transactions American Microscopical Society* **98**: 143–45 (1979).

为什么线粒体保留了基因

Alberts A, Johnson A, Lewis J, Raff M, Roberts K, Walter P. *Molecular Biology of the Cell*, 5th edition. Garland Science, New York (2008).

Allen JF. Control of gene expression by redox potential and the requirement for chloroplast and mitochondrial genomes. *Journal of Theoretical Biology* **165**: 609–31 (1993).

Allen JF. The function of genomes in bioenergetic organelles. *Philosophical Transactions Royal Society B* **358**: 19–37 (2003).

de Grey AD. Forces maintaining organellar genomes: is any as strong as genetic code disparity or hydrophobicity? *BioEssays* **27**: 436–46 (2005).

Gray MW, Burger G, Lang BF. Mitochondrial evolution. *Science* **283**: 1476–81 (1999).

蓝细菌的多倍体现象

Griese M, Lange C, Soppa J. Ploidy in cyanobacteria. *FEMS Microbiology Letters* **323**: 124–31 (2011).

为什么质粒无法克服细菌的能量限制

Lane N. Bioenergetic constraints on the evolution of complex life. *Cold Spring Harbor Perspectives in Biology* **doi**: 10.1101/cshperspect.a015982 (2014).

Lane N. Energetics and genetics across the prokaryote-eukaryote divide. *Biology Direct* **6**: 35 (2011).

内共生作用的选择冲突及其解决

Blackstone NW. Why did eukaryotes evolve only once? Genetic and energetic aspects of conflict and conflict mediation. *Philosophical Transactions Royal Society B* **368**: 20120266 (2013).

Martin W, Müller M. The hydrogen hypothesis for the first eukaryote. *Nature* **392**: 37–41 (1998).

细菌的能量溢出现象

Russell JB. The energy spilling reactions of bacteria and other organisms. *Journal of Molecular Microbiology and Biotechnology* **13**: 1–11 (2007).

6 性，以及死亡的起源

演化的速度

Conway-Morris S. The Cambrian "explosion": Slow-fuse or megatonnage? *Proceedings National Academy Sciences USA* 97: 4426–29 (2000).

Gould SJ, Eldredge N. Punctuated equilibria: the tempo and mode of evolution reconsidered. *Paleobiology* **3**: 115–51 (1977).

Nilsson D-E, Pelger S. A pessimistic estimate of the time required for an eye to evolve. *Proceedings Royal Society B* **256**: 53–58 (1994).

有性生殖与种群结构

Lahr DJ, Parfrey LW, Mitchell EA, Katz LA, Lara E. The chastity of amoeba: re-evaluating evidence for sex in amoeboid organisms. *Proceedings Royal Society B* **278**: 2081–90 (2011).

Maynard-Smith J. *The Evolution of Sex.* Cambridge University Press, Cambridge (1978).

Ramesh MA, Malik SB, Logsdon JM. A phylogenomic inventory of meiotic genes: evidence for sex in *Giardia* and an early eukaryotic origin of meiosis. *Current Biology* **15**: 185–91 (2005).

Takeuchi N, Kaneko K, Koonin EV. Horizontal gene transfer can rescue prokaryotes from Muller's ratchet: benefit of DNA from dead cells and population subdivision. *Genes Genomes Genetics* **4**: 325–39 (2014).

内含子的起源

Cavalier-Smith T. Intron phylogeny: A new hypothesis. *Trends in Genetics* **7**: 145–48 (1991).

Doolittle WF. Genes in pieces: were they ever together? *Nature* **272**: 581–82 (1978).

Koonin EV. The origin of introns and their role in eukaryogenesis: a compromise solution to the introns-early versus introns-late debate? *Biology Direct* **1**: 22 (2006).

Lambowitz AM, Zimmerly S. Group II introns: mobile ribozymes that invade DNA. *Cold Spring Harbor Perspectives in Biology* **3**: a003616 (2011).

内含子与细胞核的起源

Koonin E. Intron-dominated genomes of early ancestors of eukaryotes. *Journal of Heredity* **100**: 618–23 (2009).

Martin W, Koonin EV. Introns and the origin of nucleus–cytosol compartmentalization. *Nature* **440**: 41–45 (2006).

Rogozin IB, Wokf YI, Sorokin AV, Mirkin BG, Koonin EV. Remarkable interkingdom conservation of intron positions and massive, lineage-specific intron loss and gain in eukaryotic evolution. *Current Biology* **13**: 1512–17 (2003).

Sverdlov AV, Csuros M, Rogozin IB, Koonin EV. A glimpse of a putative pre-intron phase of eukaryotic evolution. *Trends in Genetics* **23**: 105–08 (2007).

核内线粒体序列

Hazkani-Covo E, Zeller RM, Martin W. Molecular poltergeists: mitochondrial DNA copies (numts) in sequenced nuclear genomes. *PLoS Genetics* **6**: e1000834 (2010).

Lane N. Plastids, genomes and the probability of gene transfer. *Genome Biology and Evolution* **3**: 372–74 (2011).

自然选择抑制内含子的力量

Lane N. Energetics and genetics across the prokaryote-eukaryote divide. *Biology Direct* **6**: 35 (2011).

Lynch M, Richardson AO. The evolution of spliceosomal introns. *Current Opinion in Genetics and Development* **12**: 701–10 (2002).

剪接和转译的速度冲突

Cavalier-Smith T. Intron phylogeny: A new hypothesis. *Trends in Genetics* **7**: 145–48 (1991).

Martin W, Koonin EV. Introns and the origin of nucleus–cytosol compartmentalization. *Nature* **440**: 41–45 (2006).

核膜、核孔复合体与核仁的起源

Mans BJ, Anantharaman V, Aravind L, Koonin EV. Comparative genomics, evolution and origins of the nuclear envelope and nuclear pore complex. *Cell Cycle* **3**: 1612–37 (2004).

Martin W. A briefly argued case that mitochondria and plastids are descendants of endosymbionts, but that the nuclear compartment is not. *Proceedings of the Royal Society B*

266: 1387–95 (1999).

Martin W. Archaebacteria (Archaea) and the origin of the eukaryotic nucleus. *Current Opinion in microbiology* 8: 630–37 (2005).

McInerney JO, Martin WF, Koonin EV, Allen JF, Galperin MY, Lane N, Archibald JM, Embley TM. Planctomycetes and eukaryotes: A case of analogy not homology. *BioEssays* **33**: 810–17 (2011).

Mercier R, Kawai Y, Errington J. Excess membrane synthesis drives a primitive mode of cell proliferation. *Cell* 152: 997–1007 (2013).

Staub E, Fiziev P, Rosenthal A, Hinzmann B. Insights into the evolution of the nucleolus by an analysis of its protein domain repertoire. *BioEssays* **26**: 567–81 (2004)

有性生殖的演化

Bell G. *The Masterpiece of Nature: The Evolution and Genetics of Sexuality*. University of California Press, Berkeley (1982).

Felsenstein J. The evolutionary advantage of recombination. *Genetics* 78: 737–56 (1974).

Hamilton WD. Sex versus non-sex versus parasite. *Oikos* 35: 282–90 (1980).

Lane N. Why sex is worth losing your head for. *New Scientist* **2712**: 40–43 (2009).

Otto SP, Barton N. Selection for recombination in small populations. *Evolution* **55**: 1921–31 (2001).

Partridge L, Hurst LD. Sex and conflict. *Science* **281**: 2003–08 (1998).

Ridley M. *Mendel's Demon: Gene Justice and the Complexity of Life*. Weidenfeld and Nicholson, London (2000).

Ridley M. *The Red Queen: Sex and the Evolution of Human Nature*. Penguin, London (1994).

细胞融合和染色体分离的可能起源

Blackstone NW, Green DR. The evolution of a mechanism of cell suicide. *BioEssays* **21**: 84–88 (1999).

Ebersbach G, Gerdes K. Plasmid segregation mechanisms. *Annual Review Genetics* **39**: 453–79 (2005).

Errington J. L-form bacteria, cell walls and the origins of life. *Open Biology* **3**: 120143 (2013).

两种性别

Fisher RA. *The Genetical Theory of Natural Selection*. Clarendon Press, Oxford (1930).

Hoekstra RF. On the asymmetry of sex – evolution of mating types in isogamous populations. *Journal of Theoretical Biology* **98**: 427–51 (1982).

Hurst LD, Hamilton WD. Cytoplasmic fusion and the nature of sexes. *Proceedings of the Royal Society B* **247**: 189–94 (1992).

Hutson V, Law R. Four steps to two sexes. *Proceedings Royal Society B* **253**: 43–51 (1993).

Parker GA, Smith VGF, Baker RR. The origin and evolution of gamete dimorphism and the male-female phenomenon. *Journal of Theoretical Biology* **36**: 529–53 (1972).

线粒体的单亲遗传

Birky CW. Uniparental inheritance of mitochondrial and chloroplast genes – mechanisms and evolution. *Proceedings National Academy Sciences USA* **92**: 11331–38 (1995).

Cosmides LM, Tooby J. Cytoplasmic inheritance and intragenomic conflict. *Journal of Theoretical Biology* **89**: 83–129 (1981).

Hadjivasiliou Z, Lane N, Seymour R, Pomiankowski A. Dynamics of mitochondrial inheritance in the evolution of binary mating types and two sexes. *Proceedings Royal Society B* **280**: 20131920 (2013).

Hadjivasiliou Z, Pomiankowski A, Seymour R, Lane N. Selection for mitonuclear co-adaptation could favour the evolution of two sexes. *Proceedings Royal Society B* **279**: 1865–72 (2012).

Lane N. *Power, Sex, Suicide: Mitochondria and the Meaning of Life*. Oxford University Press, Oxford (2005).

动物、植物和基础后生生物的线粒体突变速率

Galtier N. The intriguing evolutionary dynamics of plant mitochondrial DNA. *BMC Biology* **9**: 61 (2011).

Huang D, Meier R, Todd PA, Chou LM. Slow mitochondrial *COI* sequence evolution at the base of the metazoan tree and its implications for DNA barcoding. *Journal of Molecular Evolution* **66**: 167–74 (2008).

Lane N. On the origin of barcodes. *Nature* **462**: 272–74 (2009).

Linnane AW, Ozawa T, Marzuki S, Tanaka M. *Lancet* 333: 642–45 (1989).

Pesole G, Gissi C, De Chirico A, Saccone C. Nucleotide substitution rate of mammalian mitochondrial genomes. *Journal of Molecular Evolution* **48**: 427–34 (1999).

种系–体细胞的差异起源

Allen JF, de Paula WBM. Mitochondrial genome function and maternal inheritance. *Biochemical Society Transactions* **41**: 1298–1304 (2013).

Allen JF. Separate sexes and the mitochondrial theory of ageing. *Journal of Theoretical Biology* **180**: 135–40 (1996).

Buss L. *The Evolution of Individuality*. Princeton University Press, Princeton (1987).

Clark WR. *Sex and the Origins of Death*. Oxford University Press, New York (1997).

Radzvilavicius AL, Hadjivasiliou Z, Pomiankowski A, Lane N. *Mitochondrial variation drives the evolution of sexes and the germline-soma distinction*. MS in preparation (2015).

7　力量与荣耀

嵌合的呼吸链

Allen JF. The function of genomes in bioenergetic organelles. *Philosophical Transactions Royal Society B* **358**: 19–37 (2003).

Lane N. The costs of breathing. *Science* **334**: 184–85 (2011).

Moser CC, Page CC, Dutton PL. Darwin at the molecular scale: selection and variance in electron tunnelling proteins including cytochrome c oxidase. *Philosophical Transactions Royal Society B* **361**: 1295–1305 (2006).

Schatz G, Mason TL. The biosynthesis of mitochondrial proteins. *Annual Review Biochemistry* **43**: 51–87 (1974).

Vinothkumar KR, Zhu J, Hirst J. Architecture of the mammalian respiratory complex I. *Nature* **515**: 80–84 (2014).

杂种衰退、胞质杂合细胞与物种起源

Barrientos A, Kenyon L, Moraes CT. Human xenomitochondrial cybrids. Cellular models of mitochondrial complex I deficiency. *Journal of Biological Chemistry* **273**: 14210–17 (1998).

Blier PU, Dufresne F, Burton RS. Natural selection and the evolution of mtDNA-encoded peptides: evidence for intergenomic co-adaptation. *Trends in Genetics* **17**: 400–406 (2001).

Burton RS, Barreto FS. A disproportionate role for mtDNA in Dobzhansky-Muller incompatibilities? *Molecular Ecology* **21**: 4942–57 (2012).

Burton RS, Ellison CK, Harrison JS. The sorry state of F2 hybrids: consequences of rapid mitochondrial DNA evolution in allopatric populations. *American Naturalist* **168** Supplement 6: S14–24 (2006).

Gershoni M, Templeton AR, Mishmar D. Mitochondrial biogenesis as a major motive force of speciation. *Bioessays* **31**: 642–50 (2009).

Lane N. On the origin of barcodes. *Nature* **462**: 272–74 (2009).

线粒体对细胞凋亡的控制

Hengartner MO. Death cycle and Swiss army knives. *Nature* **391**: 441–42 (1998).

Koonin EV, Aravind L. Origin and evolution of eukaryotic apoptosis: the bacterial connection. *Cell Death and Differentiation* **9**: 394–404 (2002).

Lane N. Origins of death. *Nature* **453**: 583–85 (2008).

Zamzami N, Kroemer G. The mitochondrion in apoptosis: how pandora's box opens. *Nature Reviews Molecular Cell Biology* **2**: 67–71 (2001).

动物线粒体基因的快速演化与对环境的适应

Bazin E, Glémin S, Galtier N. Population size dies not influence mitochondrial genetic diversity in animals. *Science* **312**: 570–72 (2006).

Lane N. On the origin of barcodes. *Nature* **462**: 272–74 (2009).

Nabholz B, Glémin S, Galtier N. The erratic mitochondrial clock: variations of mutation rate, not population size, affect mtDNA diversity across birds and mammals. *BMC Evolutionary Biology* **9**: 54 (2009).

Wallace DC. Bioenergetics in human evolution and disease: implications for the origins of biological compolexity and the missing genetic variation of common diseases. *Philosophical Transactions Royal Society B* **368**: 20120267 (2013).

对线粒体 DNA 的种系选择

Fan W, Waymire KG, Narula N, *et al.* A mouse model of mitochondrial disease reveals germline selection against severe mtDNA mutations. *Science* **319**: 958–62 (2008).

Stewart JB, Freyer C, Elson JL, Wredenberg A, Cansu Z, Trifunovic A, Larsson N-G. Strong purifying selection in transmission of mammalian mitochondrial DNA. *PLoS Biology* **6**: e10 (2008).

霍尔丹法则

Coyne JA, Orr HA. *Speciation*. Sinauer Associates, Sunderland MA (2004).

Haldane JBS. Sex ratio and unisexual sterility in hybrid animals. *Journal of Genetics* **12**: 101–109 (1922).

Johnson NA. Haldane's rule: the heterogametic sex. *Nature Education* **1**: 58 (2008).

线粒体和代谢率对性别选择的影响

Bogani D, Siggers P, Brixet R *et al.* Loss of mitogen-activated protein kinase kinase kinase 4 (MAP3K4) reveals a requirement for MAPK signalling in mouse sex determination. *PLoS Biology* **7**: e1000196 (2009).

Mittwoch U. Sex determination. *EMBO Reports* **14**: 588–92 (2013).

Mittwoch U. The elusive action of sex-determining genes: mitochondria to the rescue? *Journal of Theoretical Biology* **228**: 359–65 (2004).

温度与代谢率

Clarke A, Pörtner H-A. Termperature, metabolic power and the evolution of endothermy. *Biological Reviews* **85**: 703–27 (2010).

线粒体疾病

Lane N. Powerhouse of disease. *Nature* **440**: 600–602 (2006).

Schon EA, DiMauro S, Hirano M. Human mitochondrial DNA: roles of inherited and somatic mutations. *Nature Reviews Genetics* **13**: 878–90 (2012).

Wallace DC. A mitochondrial bioenergetic etiology of disease. *Journal of Clinical Investigation* **123**: 1405–12 (2013).

Zeviani M, Carelli V. Mitochondrial disorders. *Current Opinion in Neurology* **20**: 564–71 (2007).

细胞质雄性不育

Chen L, Liu YG. Male sterility and fertility restoration in crops. *Annual Review Plant Biology* **65**: 579–606 (2014).

Innocenti P, Morrow EH, Dowling DK. Experimental evidence supports a sex-specific selective sieve in mitochondrial genome evolution. *Science* **332**: 845–48 (2011).

Sabar M, Gagliardi D, Balk J, Leaver CJ. ORFB is a subunit of F1FO-ATP synthase: insight into the basis of cytoplasmic male sterility in sunflower. *EMBO Reports* **4**: 381–86 (2003).

鸟类中的霍尔丹法则

Hill GE, Johnson JD. The mitonuclear compatibility hypothesis of sexual selection. *Proceedings Royal Society B* **280**: 20131314 (2013).

Mittwoch U. Phenotypic manifestations during the development of the dominant and default gonads in mammals and birds. *Journal of Experimental Zoology* **281**: 466–71 (1998).

飞行的要求

Suarez RK. Oxygen and the upper limits to animal design and performance. *Journal of Experimental Biology* **201**: 1065–72 (1998).

触发细胞凋亡的死亡门槛

Lane N. Bioenergetic constraints on the evolution of complex life. *Cold Spring Harbor Perspectives in Biology.* **doi**: 10.1101/cshperspect.a015982 (2014).

Lane N. The costs of breathing. *Science* **334**: 184–85 (2011).

人类早期隐性流产的发生率

Van Blerkom J, Davis PW, Lee J. ATP content of human oocytes and developmental potential and outcome after in-vitro fertilization and embryo transfer. *Human Reproduction* **10**: 415–24 (1995).

Zinaman MJ, O'Connor J, Clegg ED, Selevan SG, Brown CC. Estimates of human fertility and pregnancy loss. *Fertility and Sterility* **65**: 503–509 (1996).

自由基老化理论

Barja G. Updating the mitochondrial free-radical theory of aging: an integrated view, key aspects, and confounding concepts. *Antioxidants and Redox Signalling* **19**: 1420–45 (2013).

Gerschman R, Gilbert DL, Nye SW, Dwyer P, Fenn WO. Oxygen poisoning and X irradiation: a mechanism in common. *Science* **119**: 623–26 (1954).

Harmann D. Aging – a theory based on free-radical and radiation chemistry. *Journal of Gerontology* **11**: 298–300 (1956).

Murphy MP. How mitochondria produce reactive oxygen species. *Biochemical Journal* **417**: 1–13 (2009).

自由基老化理论的问题

Bjelakovic G, Nikolova D, Gluud LL, Simonetti RG, Gluud C. Antioxidant supplements for prevention of mortality in healthy participants and patients with various diseases. *Cochrane Database of Systematic Reviews* **doi**: 10.1002/14651858.CD007176 (2008).

Gutteridge JMC, Halliwell B. Antioxidants: Molecules, medicines, and myths. *Biochemical Biophysical Research Communications* **393**: 561–64 (2010).

Gnaiger E, Mendez G, Hand SC. High phosphorylation efficiency and depression of uncoupled respiration in mitochondria under hypoxia. *Proceedings National Academy Sciences* **97**: 11080–85 (2000)

Moyer MW. The myth of antioxidants. *Scientific American* **308**: 62–67 (2013).

自由基信号与衰老的关系

Lane N. Mitonuclear match: optimizing fitness and fertility over generations drives ageing within generations. *BioEssays* **33**: 860–69 (2011).

Moreno-Loshuertos R, Acin-Perez R, Fernandez-Silva P, Movilla N, Perez-Martos A, de Cordoba SR, Gallardo ME, Enriquez JA. Differences in reactive oxygen species production explain the phenotypes associated with common mouse mitochondrial DNA variants. *Nature Genetics* **38**: 1261–68 (2006).

Sobek S, Rosa ID, Pommier Y, *et al.* Negative regulation of mitochondrial transcrioption by mitochondrial topoisomerase I. *Nucleic Acids Research* **41**: 9848–57 (2013).

自由基与生命率理论的关系

Barja G. Mitochondrial oxygen consumption and reactive oxygen species production are independently modulated: implications for aging studies. *Rejuvenation Research* **10**: 215–24 (2007).

Boveris A, Chance B. Mitochondrial generation of hydrogen peroxide – general properties and effect of hyperbaric oxygen. *Biochemical Journal* **134**: 707–16 (1973).

Pearl R. *The Rate of Living. Being an Account of some Experimental Studies on the Biology of Life Duration.* University of London Press, London (1928).

自由基与老年病

Desler C, Marcker ML, Singh KK, Rasmussen LJ. The importance of mitochondrial DNA in aging and cancer. *Journal of Aging Research* **2011**: 407536 (2011).

Halliwell B, Gutteridge JMC. *Free Radicals in Biology and Medicine.* 4th edition. Oxford University Press, Oxford (2007).

He Y, Wu J, Dressman DC, *et al.* Heteroplasmic mitochondrial DNA mutations in normal and tumour cells. *Nature* **464**: 610–14 (2010).

Lagouge M, Larsson N-G. The role of mitochondrial DNA mutations and free radicals in disease and ageing. *Journal of Internal Medicine* **273**: 529–43 (2013).

Lane N. A unifying view of aging and disease: the double agent theory. *Journal of Theoretical Biology* **225**: 531–40 (2003).

Moncada S, Higgs AE, Colombo SL. Fulfilling the metabolic requirements for cell proliferation. *Biochemical Journal* **446**: 1–7 (2012).

有氧代谢能力与寿命

Bennett AF, Ruben JA. Endothermy and activity in vertebrates. *Science* **206**: 649–654 (1979).

Bramble DM, Lieberman DE. Endurance running and the evolution of Homo. *Nature* **432**: 345–52 (2004).

Koch LG Kemi OJ, Qi N, *et al.* Intrinsic aerobic capacity sets a divide for aging and longevity.

Circulation Research **109**: 1162–72 (2011).

Wisløff U, Najjar SM, Ellingsen O, *et al.* Cardiovascular risk factors emerge after artificial selection for low aerobic capacity. *Science* **307**: 418–420 (2005).

后　记　来自深海

真核生物还是原核生物？

Wujek DE. Intracellular bacteria in the blue-green-alga *Pleurocapsa minor. Transactions American Microscopical Society* **98**: 143–45 (1979).

Yamaguchi M, Mori Y, Kozuka Y, *et al.* Prokaryote or eukaryote? A unique organism from the deep sea. *Journal of Electron Microscopy* **61**: 423–31 (2012).

图片来源

图 1: A tree of life showing the chimeric origin of complex cells. Reproduced with permission from: Martin W. Mosaic bacterial chromosomes: a challenge en route to a tree of genomes. *BioEssays* **21**: 99–104 (1999).

图 2: A timeline of life.

图 3: The complexity of eukaryotes. Reproduced with permission from: (A) Fawcett D. *The Cell.* WB Saunders, Philadelphia (1981). (B) courtesy of Mark Farmer, University of Georgia. (C) courtesy of Newcastle University Biomedicine Scientific Facilities; (D) courtesy of Peter Letcher, University of Alabama.

图 4: The Archezoa – the fabled (but false) missing link. Reproduced with permission from: (A) Katz LA. Changing perspectives on the origin of eukaryotes. *Trends in Ecology and Evolution* **13**: 493–497 (1998). (B) Adam RD, Biology of *Giardia lamblia*. *Clinical Reviews in Microbiology* **14**: 447–75 (2001).

图 5: The 'supergroups' of eukaryotes. Reproduced with permission from: Koonin EV. The incredible expanding ancestor of eukaryotes. *Cell* 140: 606–608 (2010).

图 6: The black hole at the heart of biology. Photomicrograph reproduced with permission from: Soh EY, Shin HJ, Im K. The protective effects of monoclonal antibodies in mice from *Naegleria fowleri* infection. *Korean Journal of Parasitology*. 30: 113–123 (1992).

图 7: Structure of a lipid membrane. Reproduced with permission from: Singer SJ, Nicolson GL. The fluid mosaic model of the structure of cell membranes. *Science* 175: 720–31 (1972).

图 8: Complex I of the respiratory chain. Reproduced with permissions from: (A) Sazanov LA, Hinchliffe P. Structure of the hydrophilic domain of respiratory complex I from *Thermus thermophiles*. *Science* 311: 1430–1436 (2006). (B) Baradaran R, Berrisford JM, Minhas GS, Sazanov LA. Crystal structure of the entire respiratory complex I. *Nature* 494: 443–48 (2013). (C). Vinothkumar KR, Zhu J, Hirst J. Architecture of mammalian respiratory complex I. *Nature* 515: 80–84 (2014).

图 9: How mitochondria work. Photomicrograph reproduced with permission from: Fawcett D. *The Cell*. WB Saunders, Philadelphia (1981).

图 10: Structure of the ATP synthase. Reproduced with permission from: David S Goodsell. *The Machinery of Life*. Springer, New York (2009).

图 11: Iron-sulphur minerals and iron-sulphur clusters. Modified with permission from: Russell MJ, Martin W. The rocky roots of the acetyl CoA pathway. *Trends in Biochemical Sciences* **29**: 358063 (2004).

图 12: Deep-sea hydrothermal vents. Photographs reproduced with permission from Deborah S Kelley and the Oceanography Society; from *Oceanography* **18** September 2005.

图 13: Extreme concentration of organics by thermophoresis. Reproduced with permission from: (a-c) Baaske P, Weinert FM, Duhr S, *et al*. Extreme accumulation of nucleotides in simulated hydrothermal pore systems. *Proceedings National Academy Sciences USA* **104**: 9346–9351 (2007). (d) Herschy B, Whicher A, Camprubi E, Watson C, Dartnell L, Ward J, Evans JRG, Lane N. An origin-of-life reactor to simulate alkaline hydrothermal vents. *Journal of Molecular Evolution* **79**: 213–27 (2014).

图 14: How to make organics from H_2 and CO_2. Reproduced with permission from: Herschy B, Whicher A, Camprubi E, Watson C, Dartnell L, Ward J, Evans JRG, Lane N. An origin-of-life reactor to simulate alkaline hydrothermal vents. *Journal of Molecular Evolution* **79**: 213–27 (2014).

图 15: The famous but misleading three-domains tree of life. Modified with permission from: Woese CR, Kandler O, Wheelis ML. Towards a natural system of organisms: proposal for the domains Archaea, Bacteria, and Eucarya. *Proceedings National Academy Sciences USA* **87**: 4576–4579 (1990).

图 16: The 'amazing disappearing tree'. Reproduced with permission from: Sousa FL, Thiergart T, Landan G, Nelson-Sathi S, Pereira IAC, Allen JF, Lane N, Martin WF. Early bioenergetic evolution. *Philosophical Transactions Royal Society B* **368**: 20130088 (2013).

图 17: A cell powered by a natural proton gradient. Modified with permission from: Sojo V, Pomiankowski A, Lane N. A bioenergetic basis for membrane divergence in archaea and bacteria. *PLOS Biology* **12**(8): e1001926 (2014).

图 18: Generating power by making methane.

图 19: The origin of bacteria and archaea. Modified with permission from: Sojo V, Pomian-kowski A, Lane N. A bioenergetic basis for membrane divergence in archaea and bacteria. *PLOS Biology* **12**(8): e1001926 (2014).

图 20: Possible evolution of active pumping.

图 21: The remarkable chimerism of eukaryotes. Reproduced with permission from: Thiergart T, Landan G, Schrenk M, Dagan T, Martin WF. An evolutionary network of genes present in the eukaryote common ancestor polls genomes on eukaryotic and mitochondrial origin. *Genome Biology and Evolution* **4**: 466–485 (2012).

图 22: Two, not three, primary domains of life. Reproduced with permission from: Williams TA,

Foster PG, Cox CJ, Embley TM. An archaeal origin of eukaryotes supports only two primary domains of life. *Nature* **504**: 231–236 (2013).

图 23: Giant bacteria with 'extreme polyploidy'. (A) and (B) reproduced with permission from Esther Angert, Cornell University; (C) and (D) by courtesy of Heide Schulz-Vogt, Leibnitz Institute for Baltic Sea Research, Rostock. In: Lane N, Martin W. The energetics of genome complexity. *Nature* **467**: 929–934 (2010); and Schulz HN. The genus Thiomargarita. *Prokaryotes* **6**: 1156–1163 (2006).

图 24: Energy per gene in bacteria and eukaryotes. Original data from Lane N, Martin W. The energetics of genome complexity. *Nature* **467**: 929–934 (2010); modified in Lane N. Bioenergetic constraints on the evolution of complex life. *Cold Spring Harbor Perspectives in Biology* doi: 10.1101/cshperspect.a015982 CSHP (2014).

图 25: Bacteria living within other bacteria. Reproduced with permission from: (Top) Wujek DE. Intracellular bacteria in the blue-green-alga *Pleurocapsa minor*. *Transactions of the American Microscopical Society* **98**: 143–145 (1979). (Bottom) Gatehouse LN, Sutherland P, Forgie SA, Kaji R, Christellera JT. Molecular and histological characterization of primary (*beta-proteobacteria*) and secondary (*gamma-proteobacteria*) endosymbionts of three mealybug species. *Applied Environmental Microbiology* **78**: 1187 (2012).

图 26: Nuclear pores. Reproduced with permission from: Fawcett D. *The Cell*. WB Saunders, Philadelphia (1981).

图 27: Mobile self-splicing introns and the spliceosome. Modified with permission from: Alberts B, Bray D, Lewis J, *et al. Molecular Biology of the Cell*. 4th edition. Garland Science, New York (2002).

图 28: Sex and recombination in eukaryotes.

图 29: The 'leakage' of fitness benefits in mitochondrial inheritance. Reproduced with permission from: Hadjivasiliou Z, Lane N, Seymour R, Pomiankowski A. Dynamics of mitochondrial inheritance in the evolution of binary mating types and two sexes. *Proceedings Royal Society B* **280**: 20131920 (2013).

图 30: Random segregation increases variance between cells.

图 31: The mosaic respiratory chain. Reproduced with permission from: Schindeldecker M, Stark M, Behl C, Moosmann B. Differential cysteine depletion in respiratory chain complexes enables the distinction of longevity from aerobicity. *Mechanisms of Ageing and Development* **132**: 171–197 (2011).

图 32: Mitochondria in cell death.

图 33: Fate depends on capacity to meet demand.

图 34: The death threshold. From: Lane N. Bioenergetic constraints on the evolution of complex life. *Cold Spring Harbor Perspectives in Biology* doi: 10.1101/cshperspect.a015982 CSHP (2014).

图 35: Antioxidants can be dangerous. Based on data from: Moreno-Loshuertos R, Acin-Perez R, Fernandez-Silva P, Movilla N, Perez-Martos A, Rodriguez de Cordoba S, Gallardo ME,

Enriquez JA. Differences in reactive oxygen species production explain the phenotypes associated with common mouse mitochondrial DNA variants. *Nature Genetics* **38**: 1261–1268 (2006).

图 36: Why rest is bad for you.

图 37: A unique microorganism from the deep sea. Reproduced with permission from: Yamaguchi M, Mori Y, Kozuka Y, *et al*. Prokaryote or eukaryote? A unique organism from the deep sea. *Journal of Electron Microscopy* **61**: 423–31 (2012).

译后记

认识尼克·莱恩是从《能量、性、死亡：线粒体与我们的生命》（台版译名，*Power, Sex, Suicide: Mitochondria and the Meaning of Life*）开始的。被这本书彻底迷倒之后，我又找到了它的"前传"：《氧气：改变世界的分子》（*Oxygen: The Molecule that made the World*，后面简称《氧气》）。前两部书，加上拙译的这第三本，构成了莱恩以线粒体为中心的生物能量学三部曲。这是一座科学研究与科学普及的丰碑。

尼克·莱恩的第一个大陆简体译本是《生命的跃升》。在我看来，书是非常精彩的书，但在他迄今为止的四本重量级科普作品中，是最没有代表性的一本。

因为他的力量所在，并不是花团锦簇的诗集式作品（这方面的巅峰，请读马特·里德利《基因组》）；也不是宏大的全景视野以及科学人文的无缝连接（这种经典请读卡尔·萨根的《魔鬼出没的世界》）。他的语言"穿透"技巧（对非专业读者的思维而言）不是第一流的，比不上戴蒙德《枪炮、病菌与钢铁》那样娓娓道来的本事。他没有霍金神一般的光环，也没有阿西莫夫大祭司一般的庄严。

他虽然也变得越来越好斗，不断挑战伪科学、谬论乃至科学界的偏颇现象，但还赶不上道金斯的牙尖爪利。他的文笔起点相当高，但这些年来没有太大的进步。纯论科普作品的文字成就，我最欣赏的反而是系列第一本《氧气》。因为它在文笔、思想和科学之间保持着微妙的平衡。程颢曾把《论语》的文章比作玉，《孟子》的文章比作水晶，认为前者温润而后者明锐。在我看来，《氧气》就是玉一样的文章，后面两部越来越水晶。这第三部，简直是水晶制成的投枪。

这才是莱恩的力量所在：极端锐利的思想，以穷幽极微的科学细节和深厚的思辨功底大力投出，冲击读者的头脑。翻译《复杂生命的起源》的艰苦过程，再次印证了我从初见以来对他的认识：21 世纪以来最独特、最具冲击力的科普作家。

我最喜欢豆瓣网友毛樱桃对他的一句话简评（选自豆瓣《氧气》短评）："这人是真不拿读者当外行啊，什么专业名词都往上招呼。头回被一本科普书折磨得死去活来！"

是的，这就是莱恩。在本书的绪论中他还记得你是个非专业的读者，装模作样地说：我会尽量少用行话，多打比方。术语很简单的，多看看就懂了。接下来开始讲历史，就不太对劲了。怎么看，怎么像一章生动活泼的文献综述。进入戏肉章节，名词们开始蜂拥而至。逻辑之复杂纠结，各方观点之此起彼伏，你会开始怀疑，这到底是论文还是科普？

这是一个精神动物，一个偏执狂。一个蝼蚁掘地求长生的探索者，掘一阵就要抬头看看天上的星辰；一位怀着赤子之心的熊状大汉，相信读者对生物化学反应原理和他有同样炽烈的好奇心。

相信很多读者是跟着比尔·盖茨的年度推荐找到了这本书。然而盖茨在此的意义不是他有钱或者视野高妙。意义在于，盖茨有世上罕见的条件和心境，可以客观真诚地道出：如果困在荒岛上过一年，只能带五本书，那么什么书才能和他的大脑 party 至高潮。大脑这个东西很奇怪，就需要受折磨，才会分泌让你欣快的物质。大脑喜欢两种"毒品"：新的信息；严整的逻辑与秩序。莱恩的作品从不缺乏这两者。在《复杂生命的起源》中，两者都呼啸而来。

这本书雄心勃勃。它讨论两个生物学中皇冠明珠般的课题：拥有线粒体的真核细胞（即"复杂生命"）是怎样起源的，以及生命本身是怎样起源的。莱恩给出的回答当然是一家之言。然而他的视角之独特，观点之颠覆，逻辑之严整，证据之充分，对读者的期望之高，在我几十年的科普阅读中都是独一份。读完之后，我感觉自己差不多被他说服了。

于是我惶然提起译笔，再一次接受他的折磨。

严　曦

出版后记

　　从《氧气》到《能量、性、死亡：线粒体与我们的生命》再到《复杂生命的起源》，作为简体中文版的出版方，能够出版尼克·莱恩这个以线粒体为中心的能量生物学三部曲中的任何一部，都是莫大的荣幸。"自达尔文以来最好的生物学书籍，本质上都是一场强力的辩论。"可以这么说，在现世的所有生命科学科普写作者中，尼克·莱恩是极有能力接过这一传统接力棒的一位。和达尔文写作《物种起源》时一样，尼克在论证如何可以通过能量探究生命起源的写作中也要面对修辞上的挑战：如何把一个新想法阐述得像每个人都听过的常识；如何把一条具有潜在颠覆性的理念剖析得像作者本人脑中构想的一样理性和直白。前者包括在生命起源研究发展到现在积累下的所有事实证据中厘出演化的基本规律（与达尔文背负的是完全不同的知识遗产）——这甚至本身听起来就像是生物学研究中的"异端"之见：难道生物学可以像物理学一样做出可验证的预测吗？而后者除了包含作者为自己定下的雄心勃勃的写作标准之外，还对读者提出了极高的要求。诚挚邀请读者一同进入这场雄辩的尼克·莱恩恰恰不是站在知识和修辞的傲慢视角之上，而是作为信使站在生命起源最前沿研究和大众读者之间，发自内心地相信每个人只要稍加学习相关知识，就可以共同见证这场精彩至极的生命起源演化推理。这种体现在不强降阅读"门槛"的认知态度上的平等，是出版方理解的"科学普及"中"普及"的要义所在。

　　要跟上尼克的推理，关键之一要把握书中对环境与基因的关系的理解。如果我们把新达尔文主义简单地概括为对环境和基因的二分——也就是说把环境视为自然选择的施予者，基因是被施予者——那么，尼克对环境和基因的认识，更接近于美国著名的演化生物学家理查德·陆温顿（Richard Lewinton）。他们都认为：没有环境就没有生物，没有生物就没有环境，不能简单地分离二者。所以，尼克能把"能量"注入薛定谔的"什么是生命"之问，把这个经典的提问转化成"什么是活着"。活着意味着生长与繁殖，这两种生命过程都受制于能量。而能量的实质在于环境，在于生命体结构与环境的关联，在于物理条件对细胞结构和演化的约束。

　　基于这个逻辑，尼克·莱恩不同意薛定谔"生命抵抗熵"的信条。在尼克看来，生命的组织和有序性，以增加环境的无序性为代价，而且这种代价的数值更高。而有序性的达成有赖于对能量的消耗，进而形成了一种不自然的状态。限制这一演化路径的，正是能量本身。如果该论证成立，那么宇宙中有类似环境条件的其他地方也应该上演着一幕幕能量限制演化的大戏。如果我们解开了地球生命为何如此的谜题，也意味着可以在宇宙的其他地方找到生命。这不仅能为"搜寻地外文明计划"助力，为证明"我们在宇宙中并不孤独"增添更扎实的科学基础，也突破了"生物学研究无法做出预测"的学科桎梏。我们为什么会存在？是否存在创造地球生命的基本法则？尼克认为，如果我们把对生命的理解局限在 DNA 的信息视角之中，那我们永远在记载过去、记录环境对生命的影响；可是，结合能量理解演化，我们就能找出促使生命演化的环境。这是对生物学研究的重新导航！

　　尼克在《复杂生命的起源》中多次提及这种非二分的视角，也清晰地体现在本书的核心理论基石"化学渗透"中。提出这一理论的英国生物化学家彼得·米切尔正是因为把生命与环境结合起来思考，从而获得启发，构思出了化学渗透。尼克在多个地方反复引用米切尔那段著名的话："我无法脱离环境来考虑生命……在思考方式上，必须认为两者是同一连续体中旗鼓相当的两相，两者之间的动态联系由膜来维持；膜既隔开生命和环境，又让它们紧密相连。"

"化学渗透"和彼得·米切尔，也是引导出版方找到本书译者的航标。2012 年，有一位网友在豆瓣小组科学松鼠会读者花园中发布了一篇《二十世纪最"反直觉"的伟大生物学发现：化学渗透》的原创长文，写作风格、笔力和对化学渗透的理解都很像会写中文的尼克·莱恩。出版方后来真的联系到了这篇长文的作者严曦。能让系统熟悉尼克·莱恩作品的译者翻译本书，实在是书的幸运。同时，译者——也作为一个样本读者——基于尼克·莱恩作品的原创让人不禁想起美国作家 H. L. 门肯（H. L. Mencken）。门肯在讽刺自己那个年代纽约的绝大多数所谓的音乐爱好者时写过：真正的音乐爱好者总会尝试创作音乐。希望本书也能遇到和收获这样的爱好者。

服务热线：133-6631-2326　188-1142-1266

服务信箱：reader@hinabook.com

后浪出版公司

2020 年 7 月